大学物理实验

集美大学诚毅学院实验管理中心　编

厦门大学出版社 XIAMEN UNIVERSITY PRESS ｜国家一级出版社 ｜全国百佳图书出版单位

图书在版编目（CIP）数据

大学物理实验 / 集美大学诚毅学院实验管理中心编
. -- 2 版. -- 厦门：厦门大学出版社，2018.12（2022.12 重印）
ISBN 978-7-5615-7189-7

Ⅰ．①大… Ⅱ．①集… Ⅲ．①物理学－实验－高等学
校－教材 Ⅳ．①O4－33

中国版本图书馆CIP数据核字(2018)第268637号

出 版 人	郑文礼
责任编辑	眭　蔚

出版发行　厦门大学出版社

社　　　址	厦门市软件园二期望海路 39 号
邮政编码	361008
总 编 办	0592-2182177　0592-2181406(传真)
营销中心	0592-2184458　0592-2181365
网　　　址	http://www.xmupress.com
邮　　　箱	xmupress@126.com
印　　　刷	三明市华光印务有限公司

开本	787 mm×1 092 mm　1/16
印张	14.25
字数	363 千字
版次	2008 年 1 月第 1 版　2018 年 12 月第 2 版
印次	2022 年 12 月第 3 次印刷
定价	39.00 元

本书如有印装质量问题请直接寄承印厂调换

厦门大学出版社
微信二维码

厦门大学出版社
微博二维码

前　言

　　大学物理实验是高等学校理工科类专业学生必修的一门基础实验课程，是学生接受系统实验方法和实验技能训练的开端，是诸多后续实验课的基础。通过物理实验课，学生可获得基本的实验知识，掌握基本的实验方法和技能，从而培养学生良好的科学素养、严谨的治学态度、活跃的创新意识及综合应用能力。本书根据《非物理专业大学物理实验课程教学基本要求》，结合实际情况而编写，于2008年首次出版。结合这几年的教学实践和广大师生的意见和建议，以及仪器设备的部分更换，我们对第一版的内容做了修订，使本书的内容更加完善，更加适应实际教学需要。

　　全书共分四章。第一章讲述了物理实验的基础知识，包括测量、不确定度的标定、有效数字运算、实验数据处理等。第二章简单介绍了一些基本仪器的使用，主要是力、热和电磁学实验中用到的基本仪器。第三章为基本实验，共选编了17个力学、热学、电磁学和光学实验。第四章为综合与设计性实验，共选编了16个实验，主要培养学生自主进行科学研究的能力。

　　参加本书编写与修订工作的有刘艳（第一章，实验6、7、20、24、25、26、29、31、32及书后之附录）、黄秀节（第二章，实验1、10、16、18、19、21、22、27、28）、陈伟杰（实验2、8、13、15、23）、周志玉（实验3、9、11、12、30）、陈潇绎（实验4、5、14、17、33），陈仁安负责策划和统稿工作。

　　本书以第一版内容为基础，同时参考一些兄弟院校，特别是集美大学和厦门大学物理实验教材和教学经验修订完成，编写与修订过程中得到了学院领导的指导和大力支持，在此表示衷心的感谢。

　　由于编者水平有限，书中难免有缺点和不足之处，敬请读者批评指正。

集美大学诚毅学院实验管理中心

2018 年 11 月

目　录

第一章　实验测量不确定度与数据处理

§1－1　实验测量的基本知识

1　测量的基本概念

1.1　测量

物理实验不但要对物质运动的内在联系进行研究,而且要对表征物质运动状态的物理量进行测量。物理测量就是运用各种物理仪器和物理方法把待测未知量与已知标准计量单位作比较,其倍数即为该待测量的测量值。大多数的测量结果不但有数值,而且有单位。

1.2　直接测量与间接测量

测量按获得结果的方法分为直接测量和间接测量。

(1)直接测量。可以用测量仪器或仪表直接读出测量值的测量称为直接测量,相应的物理量值称为直接测量值。例如用米尺测长度,用天平称质量,用秒表计时,用电压表测电压等。

(2)间接测量。在实际测量中,许多物理量没有直接测量的仪器,往往需要根据某些原理得出函数关系式,由直接测量量通过数学运算才能获得测量结果。这种测量称为间接测量,相应的物理量称为间接测量量。例如,要测量电功率可以先测出电流和电压,再用公式计算出电功率。

一个物理量能否直接测量不是绝对的。随着科学技术的发展,测量仪器的改进,特别是数字化及计算机技术的应用,很多原来只能间接测量的量,现在可以直接测量了。

1.3　等精度测量和不等精度测量

如对某一物理量进行多次重复测量,而且每次的测量条件都相同(同一测量者,同一组仪器,同一种实验方法,温度和湿度等环境也相同),那么我们就没有任何依据可以判断某一次测量一定比另一次测量更准确,所以每次测量的精度只能认为是具有同等级别的。我们把这样进行的重复测量称为等精度测量。在诸测量条件中,只要有一个发生了变化,这时所进行的测量,就称为不等精度测量。一般在进行多次重复测量时,要尽量保持为等精度测量。

2　误差的基本概念

2.1　误差与偏差

(1)真值与误差。真值是指一个特定的物理量在一定条件下所具有的客观量值,又称为理论值或定义值。测量的目的就是要力图得到被测量的真值。一个物理量的测量值与真值之差值称为测量的误差。设被测量的真值为 X_0,测量值为 X,则误差 ε 为

$$\varepsilon = X - X_0 \qquad\qquad (1-1)$$

由于误差不可避免,故无法得到真值,所以误差的概念只有理论意义。

（2）最佳值与偏差。在实际测量中，为了减小误差，常常对某一物理量 X 进行 n 次等精度测量，得到一系列测量值 $X_1, X_2, \cdots, X_n$，则测量结果的算术平均值为：

$$\overline{X} = \frac{X_1 + X_2 + \cdots + X_n}{n} = \frac{1}{n} \sum_{i=1}^{n} X_i \tag{1-2}$$

算术平均值并非真值，但它比任一次测量值的可靠性更高，所以，也称其为真值的最佳值。测量值与算术平均值之差称为偏差（或残差）

$$v_i = X_i - \overline{X} \tag{1-3}$$

2.2　误差的种类

误差的产生有多方面的原因。根据误差的性质及产生的原因，一般将误差分为两大类，即系统误差和随机误差（也叫偶然误差）。

2.2.1　系统误差

在一定的实验条件下，对同一物理量进行多次重复测量时，误差的大小和符号均保持不变；而当条件改变时，误差按某种确定的规律变化（如递增、递减、周期性变化等），则这类误差称为系统误差。其来源主要有：

（1）仪器误差。是由于仪器本身的缺陷或没有按规定条件使用仪器造成的。例如仪器零点不准，天平不等臂，米尺刻度不均匀，在 20℃ 下标定的标准电阻在 30℃ 下使用等。

（2）理论（方法）误差。是由于测量所依据的理论公式本身的近似性或测量方法不完善而产生的。例如在空气中称衡物体时没有考虑空气浮力的影响，在电学测量中没有把接触电阻和接线电阻考虑在内等。

（3）环境误差。由于外部环境如温度、湿度、光照等与仪器要求的环境条件不一致而引起的误差。

（4）习惯误差。由于观测者本人的个性习惯、生理或心理特点而造成的，如用停表计时时，总是超前或滞后，对仪表读数时总是偏一方斜视等。

系统误差可根据其产生的原因采取一定的方法来减少或者消除它的影响。如对仪器进行校正，改变实验方法或条件，对测量结果引入修正量等。

因为任何理论模型都是实际情况的近似，任何"标准"的器具也总是有缺陷的。所以，对系统误差作修正也只能做到比较接近实际，不能"绝对"消除。实验中说已消除系统误差的影响是指相对于其他随机误差来说，把它的影响减少到可以忽略的程度。系统误差虽然可以消减，但是确定系统误差并非易事，需要丰富的实践经验以及实验知识。

2.2.2　随机误差

在相同条件下对一物理量进行多次测量时，由于偶然的或不确定的因素所造成的每一次测量值的无规律的涨落称为随机误差。它的主要来源有：

（1）多次测量的条件有无法控制的微小变化，如电磁波的干扰，温度与气压的涨落，地壳震动等。

（2）人的感官的灵敏程度的限制。如用米尺测量长度时，由于各人眼睛分辨力的限制及不同，在读数时就会有误差且各不相同。

（3）测量对象本身的不均匀性。如圆柱的直径在各处不同，有大有小。

2.3　测量的准确度、精密度、精确度

反映测量结果与真值接近程度的量，称为精度，它与误差的大小相对应，因此可用误差大小来表示精度的高低，误差小则精度高，误差大则精度低。

精度可分为：

（1）准确度：反映测量结果中系统误差的影响程度。

（2）精密度：反映测量结果中随机误差的影响程度。

（3）精确度：反映测量结果中系统误差和随机误差综合的影响程度，其定量特征可用测量的不确定度来表示。

以打靶为例，形象地说明以上三个术语的意义。如图 1-1 所示，其中图（a）表示精密度高而准确度低，图（b）表示准确度高而精密度低，图（c）表示精密度、准确度均低，即精确度低，图（d）表示精密度、准确度均高，即精确度高。

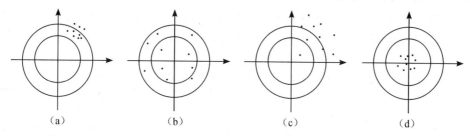

（a）　　　　　　　（b）　　　　　　　（c）　　　　　　　（d）

图 1-1　精密度、准确度、精确度示意图

3　随机误差的统计

实验中随机误差不可避免，也不可能消除，但是可以根据随机误差的理论来估算其大小。为了简化问题，在下面讨论随机误差的有关问题中，假设系统误差已经减小到可以忽略的程度。

3.1　标准误差、标准偏差与平均值的标准偏差

（1）标准误差。对一个被测量的物理量进行 n 次等精度测量时，每次测量值分别为 $X_1, X_2, \cdots, X_n$，而假设被测物理量的真值为 X_0。当测量次数 n 趋于无限大时，定义测量误差的方均根值（误差平方的平均值的开平方值）为标准误差，用符号 σ_X 表示，下标 X 为该物理量的符号，即

$$\sigma_X = \lim_{n \to \infty} \sqrt{\frac{1}{n} \sum_{i=1}^{n} (X_i - X_0)^2} \tag{1-4}$$

（2）标准偏差。在实际测量中，测量次数 n 总是有限的而且真值也不可知，因此标准误差只有理论意义。对标准误差 σ_X 的实际处理只能进行估算。估算标准误差的方法很多，最常用的是贝塞尔法，它用多次测量的平均值作为真值的近似值来计算测量的标准误差 σ_X，并用符号 S_X 表示，下标 X 为该物理量的符号。可以证明标准偏差的计算公式为

$$S_X = \sqrt{\frac{1}{n-1} \sum_{i=1}^{n} (X_i - \overline{X})^2} \tag{1-5}$$

实际测量中都是用标准偏差来描述测量的误差问题。

（3）平均值的标准偏差。如上所述，在我们进行了有限的 n 次测量后，可得到算术平均值 $\overline{X}$。平均值 $\overline{X}$ 也是一个随机变量，即在完全相同的条件下，进行 m 组有限的 n 次测量的平均值为 $\overline{X}_1, \overline{X}_2, \cdots, \overline{X}_m$，每次测量的平均值不尽相同，也具有离散性，也就是说有限次测量的算术平均值也是随机的，存在偏差。算术平均值的偏差一般用算术平均值的标准偏差来描述，用符号 $S_{\overline{X}}$ 表示，下标 $\overline{X}$ 为物理量 X 的平均值符号。由误差理论可以证明，算术平均值的标准偏差与标

准偏差之间满足

$$S_{\overline{X}} = \sqrt{\frac{1}{n(n-1)}\sum_{i=1}^{n}(X_i - \overline{X})^2} = \frac{S_X}{\sqrt{n}} \qquad (1-6)$$

的关系。由(1—6)式可以看出,平均值的标准偏差比任一次测量的标准偏差小。增加测量次数,可以减小平均值的标准偏差,提高测量的精度。但是 $S_{\overline{X}}$ 单纯凭增加测量次数来提高精度的作用是有限的。当 $n \geqslant 10$ 时,$S_{\overline{X}}$ 随测量次数 n 的增加而减小的趋势变得缓慢。实际测量中一般做 $8 \sim 10$ 次的重复测量即可。

3.2 随机误差的正态分布规律

假设系统误差已经修正,被测量值本身稳定,在重复条件下对同一被测量做 N 次测量。当 N 很大时,测量值的分布符合正态分布。我们用一组测量数据来形象地说明这一点,如测量某一长度 150 次,测得量值及该值出现的次数如表 1-1 所示。

表 1-1　对某量测量 150 次,测得量值及该量出现的次数

测得值 x_k	出现次数 N_k	频率 $\frac{N_k}{N}$
7.31	1	0.007
7.32	3	0.020
7.33	8	0.053
7.34	18	0.120
7.35	28	0.187
7.36	34	0.227
7.37	29	0.193
7.38	17	0.113
7.39	9	0.060
7.40	2	0.013
7.41	1	0.007

对表 1-1 的数据作 $\frac{N_k}{N}$-x_k 离散曲线图(图 1-2),其中 N 是测量的总次数,N_k 是在 N 次测量中测得值为 x_k 的次数(频数)。如果观测量 x 可以连续取值,当测量次数 $N \to \infty$ 时,离散曲线图将变成一条光滑的连续曲线。由图可见,每次测得的 x_k 尽管不相同,但 x_k 总围绕着平均值而起伏。虽然我们不能预言某一次测量的数值落在哪里,但可以肯定总的趋势是偏离平均值越远的次数越少,而且偏离过远的测量结果实际上不存在。也就是说,可以从总体上把握结果取某个测量值的可能性(概率)有多大。

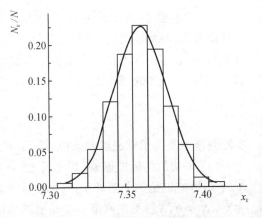

图 1-2　频率离散直方图

当测量次数足够多时,其误差分布将服从统计规律。在大部分的物理测量中,随机误差 ε 服从正态分布(或称高斯分布)规律,有的也满足均匀分布和三角分布规律。对于正态分布,可以证明分布概率密度函数的表达式为

$$f(\varepsilon) = \frac{1}{\sigma\sqrt{2\pi}}e^{\frac{\varepsilon^2}{2\sigma^2}} \tag{1-7}$$

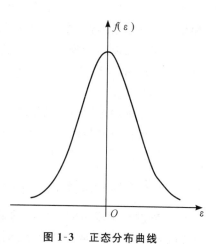

图 1-3 所示的分布就是正态(高斯)分布。该曲线的横坐标为误差 ε,纵坐标 $f(\varepsilon)$ 为误差分布的概率密度函数,σ 是标准误差。它的物理含义是在误差值 ε 附近,单位误差间隔内,误差出现的概率。面积元 $f(\varepsilon)\mathrm{d}\varepsilon$ 表示误差出现在区间 $(\varepsilon, \varepsilon + \mathrm{d}\varepsilon)$ 内的概率。按照概率理论,误差 ε 出现在区间 $(-\infty, +\infty)$ 范围内是必然的,即概率为百分之百。所以图中曲线与横轴所包围的面积应恒等于 1,即

$$\int_{-\infty}^{\infty} f(\varepsilon)\mathrm{d}\varepsilon = 1 \tag{1-8}$$

(1-8)式称为归一化条件。

图 1-3 正态分布曲线

正态分布中误差具有以下特点:

(1)单峰性:绝对值小的误差出现的概率比绝对值大的误差出现的概率大。

(2)对称性:绝对值相等的正负误差出现的概率相同。

(3)有界性:绝对值很大的误差出现的概率近于零。

(4)抵偿性:随机误差的算术平均值随着测量次数的增加而趋向于零,即

$$\frac{1}{n}\sum_{i=1}^{n}\varepsilon_i = 0(n \to \infty)$$

可见,通过多次测量求平均值的方法可以减少测量结果的随机性。

3.3　标准误差的统计意义

由概率理论可以证明标准误差 σ 在正态分布的情况下的物理意义是什么。首先定性分析,从(1-7)式可以看出,当 $\varepsilon = 0$ 时

$$f(0) = \frac{1}{\sigma\sqrt{2\pi}}$$

可见,σ 值越小,$f(0)$ 的值越大。由于曲线与横坐标轴包围的面积恒等于 1,所以曲线峰值高,两侧下降就较快。这说明测量值的离散性小,测量的精密度高。相反,如果 σ 值大,$f(0)$ 就小,误差分布的范围就较大,测量的精密度低。

我们还可以从另一角度理解 σ 的物理意义。可以证明测量结果分布在区间 $(-\sigma, \sigma)$ 内的概率

$$p_1 = \int_{-\sigma}^{\sigma} f(\varepsilon)\mathrm{d}\varepsilon = 0.683 = 68.3\% \tag{1-9}$$

这就是说,在所测的一组数据中有 68.3% 的数据测值误差落在区间 $(-\sigma, \sigma)$ 之内,同样也可以认为在所测的一组数据中,任一个测值的误差落在区间 $(-\sigma, \sigma)$ 内的概率为 68.3%。我们把 p_1 称作置信概率,$\pm\sigma$ 就是 68.3% 的置信概率所对应的置信区间。换言之,一个标准误差为 σ 的随机测量,测量结果落在区间 $(X_0 - \sigma, X_0 + \sigma)$ 内的概率为 68.3%。

显然扩大置信区间,置信概率就会提高,如果置信区间分别为 $(-2\sigma, 2\sigma)$ 和 $(-3\sigma, 3\sigma)$,则

相应的置信概率为

$$p_2 = \int_{-2\sigma}^{2\sigma} f(\varepsilon)\mathrm{d}\varepsilon = 95.5\% \tag{1-10}$$

$$p_3 = \int_{-3\sigma}^{3\sigma} f(\varepsilon)\mathrm{d}\varepsilon = 99.7\% \tag{1-11}$$

一般情况下置信区间可由 $\pm k\sigma$ 表示,k 称为置信系数。对于一个测量结果,只要给出置信区间和相应的置信概率就表达了测量结果的精密度。

对应于 $\pm 3\sigma$ 这个置信区间,其置信概率为 99.7%,即在 1000 次的重复测量中,随机误差超过 $\pm 3\sigma$ 的仅有 3 次。对于一般有限次测量来说,测值误差超出这一区间几乎不可能,因此常将 $\pm 3\sigma$ 称为极限误差。

可见标准误差给出了测量结果出现在某一区间内的置信概率以及误差界限。

以上统计意义是针对标准误差而言的,实际测量中用标准偏差 S_x 来表示随机误差的统计结果,以上统计意义同样可用。

4　仪器的精密度和仪器误差

仪器的精密度指的是仪器的最小读数。比如米尺的最小分度值是 1 mm,当我们读数时,读到该位的数字都是可靠数字。测量时,我们可再往下估读一位,即读到 0.1 mm 位,估读的一位是可疑数字。仪器的最小刻度越小,表示仪器的精密度越高,相应的测量误差就越小,当仪器使用正确,实验条件正常,不含有附加误差时,测量所能达到的准确度就高。米尺的精密度是 0.1 mm,如果米尺刻度不均匀、不准确,尽管读数时估读到 0.1 mm,但实际的准确度并没有达到 0.1 mm。测量结果的精密度和正确度与测量仪器的精确度等级是相关的。当用某种级别的一仪器进行测量时,我们要注意该级别仪器的额定误差,即国家计量局规定的该项仪器的出厂公差或最大允差。公差是一种系统误差,人们通常以 $\Delta_{仪}$ 来表示仪器公差。额定误差通常标明在仪器或测量工具上。比如游标卡尺的额定误差就是该类游标卡尺的精密度,通常有 0.02 mm 和 0.05 mm 两种。电表的额定误差为 $A_m K\%$,其中 A_m 为 m 挡的量程,K 为该电表的精密度等级,一般分为 0.1、0.2、0.5、1.0、1.5、2.5 和 5.0 七个级别,数值越大,精度越低。出厂公差是指厂家所制造的同规格的仪器可能产生的最大误差,并不表明每一台仪器的每个测量值都有这样大的误差。对于数字式仪表,测量值的误差往往取所显示的能稳定不变的数字中的最末一位的半个单位所代表的物理量。表 1-2 列出了常用仪器的主要技术条件和仪器的最大公差,供在测量不确定度时对系统误差作综合考虑。

表 1-2　常用仪器的主要技术条件和仪器的最大公差

量具(仪器)	量程	最小分度值	出厂公差
米尺(竹尺)	30 ~ 50 cm 60 ~ 100 cm	1 mm 1 mm	± 1.0 mm ± 1.5 mm
钢板尺	150 mm 500 mm 1000 mm	1 mm 1 mm 1 mm	± 1.0 mm ± 1.5 mm ± 2.0 mm
钢卷尺	1 m 2 m	1 mm 1 mm	± 0.8 mm ± 1.2 mm

续表

量具(仪器)	量程	最小分度值	出厂公差
游标卡尺	125 mm 300 mm	0.02 mm 0.05 mm	±0.02 mm ±0.05 mm
螺旋测微计 (千分尺)	0～25 mm	0.01 mm	±0.004 mm
七级天平 (物理天平)	500 g	0.05 g	0.08 g(接近满量程) 0.06 g(1/2 量程附近) 0.04 g(1/3 量程和以下)
三级天平 (分析天平)	200 g	0.1 mg	1.3 mg(接近满量程) 1.0 mg(1/2 量程附近) 0.7 mg(1/3 量程和以下)
普通温度计 (水银或有机溶剂)	0～100 ℃	1 ℃	±1 ℃
精密温度计(水银)	0～100 ℃	0.1 ℃	±0.2 ℃
电表			$A_m K\%$

§1－2　实验测量不确定度的评定

1　测量不确定度的产生背景及基本概念

测量的目的就是为了得到被测量的真值,由于测量误差的存在,使得被测量的真值难以确定,测量结果只能得到一个真值的近似估计值和一个用于表示近似程度的误差范围,导致测量结果不能定量(表示)给出,具有不确定性。引入"测量不确定度"的概念,利用测量不确定度的表示来定量评定测量水平或质量,是误差理论发展的一个重要成果。

由于测量误差是一个理想化的概念,实际中难以准确定量确定,加之系统误差和随机误差在某些情况下界限不是十分清楚,使得同一被测量在相同条件下的测量结果因评定方法不同而不同,从而引起测量数据处理方法、测量结果的表达不统一,影响国际交流。为了更加科学地表示测量结果和规范不确定度的表示方法,国际计量局(BIPM)和国际标准化(ISO)等国际组织制定了《实验不确定度的规定建议书 INC-1(1980)》及《测量不确定度表示指南》(1993),规定采用不确定度来评定测量结果的质量,并在术语定义、概念、评定方法和报告的表达方式上都作了明确的统一规定。

不确定度是表征测量结果具有分散性的一个参数,是被测量物理量的真值在某个量值范围内的一个评定。此参数可以是标准偏差或其倍数,或说明了置信水准的区间的半宽度,其值恒为正值。一个完整的测量结果应当包括被测量之值的最佳估计值和测量不确定度两部分。例如,被测量 X 的测量结果为 $x \pm u$,其中 x 是 X 的最佳估计值,u 是 x 的测量不确定度。

以标准差表示的测量不确定度称为标准不确定度。标准不确定度又分为用概率统计方法计算的 A 类标准不确定度和用非统计方法估算的 B 类标准不确定度。

2　直接测量标准不确定度的 A 类评定

在等精度条件下对一被测量进行多次测量时,观测值为 $X_i(i=1,2,\cdots,n)$,其测量不确定度的 A 类评定方法和步骤如下：

(1) 利用肖维涅准则判断有无坏值，若有则剔除。

(2) 计算测量列的算术平均值 $\overline{X}$

$$\overline{X} = \frac{1}{n}\sum_{i=1}^{n}X_i \qquad (1-12)$$

$\overline{X}$ 为测量结果的最佳估计值。

(3) 以贝赛尔公式求其标准偏差 S_X

$$S_X = \sqrt{\frac{1}{n-1}\sum_{i=1}^{n}(X_i - \overline{X})^2} \qquad (1-13)$$

(4) 计算平均值的标准偏差 $S_{\overline{X}}$

$$S_{\overline{X}} = \sqrt{\frac{1}{n(n-1)}\sum_{i=1}^{n}(X_i - \overline{X})^2} = \frac{S_X}{\sqrt{n}} \qquad (1-14)$$

被测量的 A 类标准不确定度应从平均值的标准偏差 $S_{\overline{X}}$ 入手。

(5) 确定置信因子 k_p

置信因子 k 与测量列的分布特征、自由度和置信水准 p 有关。置信水准 p 值一般采用 99% 和 95%，多数情况下采用 95%；自由度 $v = n - 1$；一般说来，实际测量是有限次的，实际测量不是遵从正态分布，而是遵从 t 分布，其 k_p 值采用 t 分布临界值 t_{vp}（查表 1-3 可得）。而当自由度 v 充分大而被测量可能值又接近正态分布时，可以近似认为 $k_{0.95} = 2, k_{0.99} = 3$。

表 1-3　三种概率下的不同自由度的 t_{vp}

$v p$	2	3	4	5	6	7	8	9	14	19	∞
0.683	1.32	1.20	1.14	1.11	1.09	1.08	1.07	1.06	1.04	1.03	1
0.950	4.30	3.18	2.78	2.57	2.46	2.37	2.31	2.26	2.15	2.09	1.96
0.990	9.93	5.84	4.60	4.03	3.71	3.50	3.36	3.25	2.98	2.86	2.58

A 类标准不确定度即表示为

$$u_A = k_p S_{\overline{X}} = t_{vp} S_{\overline{X}} \qquad (1-15)$$

3　直接测量标准不确定度的 B 类评定

B 类不确定度在测量范围内无法按照统计规律作统计评定，通常以 u_B 表示。有时由于仪器的精密度较低，多次测量的结果可能完全相同，多次测量便失去意义。在实际实验中，很多测量都是一次测量。对一般有刻度的量具和仪表，估计误差在最小刻度的 $1/10 \sim 1/5$，通常小于仪器的公差 $\Delta_仪$，所以通常以 $\Delta_仪$ 表示一次测量结果的不确定度。仪器的公差见表 1-2。一般地，在正态分布下，测量值的 B 类标准不确定度可表示为

$$u_B = k_p \frac{\Delta_仪}{C} \qquad (1-16)$$

式中 k_p 为置信因子，C 为置信系数，置信概率 p 与置信因子 k_p 的关系见表 1-4。

表 1-4　置信概率 p 与置信因子 k_p 的关系

p	0.500	0.683	0.900	0.950	0.955	0.990	0.997
k_p	0.675	1	1.65	1.96	2	2.58	3

下面列出几种常见仪器在公差内的误差分布与置信系数 C 的关系,见表 1-5。

表 1-5　误差分布与置信系数 C 的关系

仪器名称	米尺	游标卡尺	千分尺	物理天平	秒表
误差分布	正态分布	均匀分布	正态分布	正态分布	正态分布
C	3	$\sqrt{3}$	3	3	3

4　标准不确定度的合成

测量结果的总不确定度通常简称不确定度,用符号 u_X 表示,下标 X 为测量物理量的符号,是 A 类不确定度分量和 B 类不确定度分量的合成,在各不确定度分量相互独立的情况下,将两类不确定度分量按"方和根"的方法合成,即

$$u_X = \sqrt{u_{\mathrm{A}}^2 + u_{\mathrm{B}}^2} \tag{1-17}$$

5　扩展不确定度

由于标准偏差所对应的置信度(也称为置信概率)通常还不够高,在正态分布情况下仅为 68.27%,实际测量中经常用扩大置信度(置信概率)的不确定度来表达测量的不确定度,这种不确定度称为扩展不确定度。它是由合成不确定度乘以置信因子而得的,即 $k_p u$。

$$p = 68.3\%, k_p = 1$$
$$p = 95\%, k_p = 1.96$$
$$p = 99\%, k_p = 2.58 \tag{1-18}$$

6　测量结果的不确定度表示

按照国际计量局 1980 年的建议,直接测量量 X 的测量结果表示成

$$X = \overline{X} \pm u_x (单位)(p = \quad) \tag{1-19}$$

按照国家技术监督发布的文件规定,当置信概率 $p = 0.95$ 时,不必在结果表示式后面注明 p 值。

对于测量结果,同时常用相对不确定度补充说明测量的不确定度。相对不确定度用符号 E_X 表示,定义为

$$E_X = \frac{u_X}{\overline{X}} \times 100\% \tag{1-20}$$

7　间接测量不确定度的评定

设间接测量量 N 与直接测量物理量 $x, y, z\cdots$ 的函数关系为

$$N = f(x, y, z\cdots) \tag{1-21}$$

由于 $x, y, z\cdots$ 具有不确定度 $u_x, u_y, u_z\cdots$,那么 N 也必然具有不确定度 u_N,所以对间接测量量

N 的结果也需用不确定度来评定。

(1) 间接测量量最佳值。在直接测量中,我们以算术平均值 $\bar{x},\bar{y},\bar{z}\cdots$ 作为最佳值。间接测量量的最佳值等于把各直接测量量的算术平均值代入函数关系式进行计算所得的值,即 $\bar{N} = f(\bar{x},\bar{y},\bar{z},\cdots)$。

(2) 误差的传递。由于直接测量量具有误差而导致间接测量量也具有误差,称为误差的传递。下面介绍传递规律。

因为不确定度是一个微小量,故可借助于微分手段来研究。对(1－21)式取微分,得

$$dN = \frac{\partial f}{\partial x}dx + \frac{\partial f}{\partial y}dy + \frac{\partial f}{\partial z}dz + \cdots \tag{1－22}$$

以微小量 $\Delta N, \Delta x, \Delta y, \Delta z\cdots$ 代替微分量 $dN, dx, dy, dz\cdots$,得

$$\Delta N = \frac{\partial f}{\partial x}\Delta x + \frac{\partial f}{\partial y}\Delta y + \frac{\partial f}{\partial z}\Delta z + \cdots \tag{1－23}$$

上式对于加减运算的函数用起来方便。对于以乘、除运算为主的函数,也可以先对(1－21)式两边取自然对数,再取微分,得

$$\ln N = \ln f(x, y, z\cdots) \tag{1－24}$$

$$\frac{\Delta N}{N} = \frac{\partial \ln f}{\partial x}\Delta x + \frac{\partial \ln f}{\partial y}\Delta y + \frac{\partial \ln f}{\partial z}\Delta z + \cdots \tag{1－25}$$

可以证明,上述两种传递规律的表示式是完全等价的,差别在于对于某些形式的函数用(1－23)式来计算会简单得多。(1－23)式和(1－25)式中各直接测量量前面的系数

$$\frac{\partial f}{\partial x}, \frac{\partial f}{\partial y}, \frac{\partial f}{\partial z}\cdots \ \text{及} \ \frac{\partial \ln f}{\partial x}, \frac{\partial \ln f}{\partial y}, \frac{\partial \ln f}{\partial z}\cdots$$

称为误差传递系数。

(3) 间接测量量不确定度的合成。当直接测量量 $x, y, z\cdots$ 彼此独立时,且误差服从正态分布,利用(1－23)、(1－25)式和不确定度的定义可以求得间接测量量 N 的不确定度计算公式

$$u_N = \sqrt{\left(\frac{\partial f}{\partial x}u_x\right)^2 + \left(\frac{\partial f}{\partial y}u_y\right)^2 + \left(\frac{\partial f}{\partial z}u_z\right)^2 + \cdots} \tag{1－26}$$

$$E_N = \frac{u_N}{N} = \sqrt{\left(\frac{\partial \ln f}{\partial x}u_x\right)^2 + \left(\frac{\partial \ln f}{\partial y}u_y\right)^2 + \left(\frac{\partial \ln f}{\partial z}u_z\right)^2 + \cdots} \tag{1－27}$$

(1－26)、(1－27)式是等价的,究竟用哪个式子来计算要视函数的具体形式。对于单纯加减运算的函数先用(1－26)式求不确定度 u_N,再用 $\frac{u_N}{N}$ 求相对不确定度比较简便;而对于单纯包含乘除和乘方运算的函数则先用(1－27)式求出其相对不确定度 E_N,再用 $u_N = \bar{N} \cdot E_N$ 求不确定度比较简便。下面给出几种常见函数对应的间接测量不确定度计算公式(表1-6)。

表 1-6　几种常见函数对应的间接测量不确定度计算公式

函数表达式	测量不确定度计算公式
$N = x \pm y$	$u_N = \sqrt{u_x^2 + u_y^2}$
$N = xy$ 或 $N = \pm\dfrac{x}{y}$	$E_N = \dfrac{u_N}{N} = \sqrt{\left(\dfrac{u_x}{\bar{x}}\right)^2 + \left(\dfrac{u_y}{\bar{y}}\right)^2}$

续表

函数表达式	测量不确定度计算公式
$N = kx$	$u_N = k \cdot u_x, \dfrac{u_N}{\overline{N}} = \dfrac{u_x}{\overline{x}}$
$N = x^{\frac{1}{k}}$	$\dfrac{u_N}{\overline{N}} = \dfrac{1}{k} \cdot \dfrac{u_x}{\overline{x}}$
$N = \dfrac{x^k y^m}{z^n}$	$\dfrac{u_N}{\overline{N}} = \sqrt{k^2 \left(\dfrac{u_x}{\overline{x}}\right)^2 + m^2 \left(\dfrac{u_y}{\overline{y}}\right)^2 + n^2 \left(\dfrac{u_z}{\overline{z}}\right)^2}$
$N = \sin x$	$u_N = |\cos \overline{x}| \cdot u_x$
$N = \tan x$	$u_N = \sec^2 \overline{x} \cdot u_x = (1 + \overline{N}^2) u_x$
$N = \ln x$	$u_N = \dfrac{u_x}{\overline{x}}$
$N = x^k$	$u_N = k \overline{x}^{k-1} u_x, \dfrac{u_N}{\overline{N}} = k \dfrac{u_x}{\overline{x}}$

间接测量不确定度评定步骤归结如下：

（1）按照直接测量量不确定度评定步骤，确定各直接测量量的平均值及不确定度 $u_x, u_y, u_z \cdots$。

（2）求间接测量量的最佳值，即

$$\overline{N} = f(\overline{x}, \overline{y}, \overline{z} \cdots)$$

（3）给出用不确定度合成公式（1－26）或（1－27）导出的不确定度计算公式，并分别求出 N 的不确定度 u_N 以及相对不确定度 E_N。

（4）给出最后的测量结果

$$N = \overline{N} \pm u_N$$

$$E_N = \frac{u_N}{N} \times 100\% \qquad (p = \quad)$$

8　不确定度计算实例

例 1　使用 $0 \sim 25\ \text{mm}$ 的一级螺旋测微计（$\Delta_仪 = 0.004\ \text{mm}$）测量钢球的直径 d 10 次，测得的数据如下：

$d(\text{mm})$：$5.998, 5.997, 5.996, 5.997, 5.996, 5.996, 5.997, 5.996, 5.995, 5.996$

求直径及其不确定度，并完整表示测量结果（取 $p = 0.683$）。

解：

（1）使用肖维涅准则检验无坏值出现。

（2）计算直径的算术平均值：

$$\overline{d} = \frac{1}{n} \sum_{i=1}^{n} d_i$$

$$= \frac{1}{10}(5.998 + 5.997 + 5.996 + 5.997 + 5.996 + 5.996 + 5.997 + 5.996 + 5.995 + 5.996)$$

$$= 5.996(\text{mm})$$

（3）计算平均值的标准偏差

$$S_{\overline{d}} = \sqrt{\frac{1}{n(n-1)} \sum_{i=1}^{n} (d_i - \overline{d})^2} = 0.00027 (\text{mm})$$

（4）计算 A 类标准不确定度

因测量次数为 10 次，$n = 10$，则 $v = n - 1 = 9$，由 $p = 0.683$，查表可知 $t_{0.683} = 1.06$，计算得 A 类标准不确定度

$$u_A = t_{vp} \cdot S_{\overline{d}} = 1.06 \times 0.00027 = 0.00029 (\text{mm})$$

（5）计算 B 类标准不确定度

仪器误差为正态分布 $\Delta_{仪} = 0.004 \text{ mm}$，故 B 类标准不确定度为：

$$u_B = k_p \cdot \frac{\Delta_{仪}}{C} = 1 \times \frac{0.004}{3} = 0.0013 (\text{mm})$$

（6）计算合成不确定度

$$u = \sqrt{u_A^2 + u_B^2} = \sqrt{0.00029^2 + 0.0013^2} = 0.002 (\text{mm})$$

相对不确定度

$$E_d = \frac{u}{\overline{d}} = \frac{0.002}{5.996} \times 100\% = 0.033\%$$

（7）钢球直径 d 的测量结果

$$\begin{cases} d = \overline{d} \pm u = 5.996 \pm 0.002 (\text{mm}) \\ E_d = 0.033\% \end{cases} \quad (p = 0.683)$$

例 2　用 $0 \sim 125 \text{ mm}$，分度值为 0.02 mm 的游标卡尺测量一个铜柱体高度 h 6 次；用一级 $0 \sim 25 \text{ mm}$ 的千分尺测量其直径 d 6 次，数据如下：

$h(\text{mm})$：80.38，80.36，80.36，80.38，80.36，80.38

$d(\text{mm})$：19.465，19.466，19.465，19.464，19.467，19.466

用最大称量为 500 g 的分析天平称其质量为 213.04 g，求该铜柱体的密度及其不确定度（取 $p = 0.683$）。

解：

（1）高度 h 的最佳值及不确定度

由肖维涅准则检验无坏值出现，高度 h 的最佳值

$$\overline{h} = \frac{1}{6} \sum_{i=1}^{6} h_i = 80.37 (\text{mm})$$

高度 h 的 A 类评定：平均值的标准偏差

$$S_{\overline{h}} = \sqrt{\frac{\sum_{i=1}^{6} (h_i - \overline{h})^2}{n(n-1)}} = 0.0045 (\text{mm})$$

$p = 0.683$，$v = n - 1 = 5$，$t_{vp} = 1.11$，得

$$u_{hA} = t_{vp} \cdot S_{\overline{d}} = 1.11 \times 0.0045 = 0.0050 (\text{mm})$$

高度 h 的 B 类评定：游标卡尺的 $\Delta_{仪} = 0.02 \text{ mm}$，按近似均匀分布

$$u_{hB} = \frac{\Delta_{仪}}{\sqrt{3}} = \frac{0.02}{\sqrt{3}} = 0.012 (\text{mm})$$

高度 h 的合成不确定度：

$$u_h = \sqrt{u_{hA}^2 + u_{hB}^2} = \sqrt{0.0050^2 + 0.012^2} = 0.013 (\text{mm})$$

（2）直径 d 的最佳值及不确定度

由肖维涅准则检验无坏值出现，直径 d 的最佳值

$$\overline{d} = \frac{1}{6}\sum_{i=1}^{6} d_i = 19.466 (\text{mm})$$

直径 d 的 A 类评定：

平均值的标准偏差

$$S_{\overline{d}} = \sqrt{\frac{\sum\limits_{i=1}^{6}(d_i - \overline{d})^2}{n(n-1)}} = 0.0043 (\text{mm})$$

$p = 0.683, v = n - 1 = 5, t_{vp} = 1.11$，得

$$u_{dA} = t_{vp} \cdot S_{\overline{d}} = 1.11 \times 0.0043 = 0.0048 (\text{mm})$$

直径 d 的 B 类评定：

一级千分尺的 $\Delta_{仪} = 0.004$ mm，按正态分布

$$u_{dB} = \frac{\Delta_{仪}}{3} = \frac{0.004}{3} = 0.0013 (\text{mm})$$

直径 d 的合成不确定度

$$u_d = \sqrt{u_{dA}{}^2 + u_{dB}{}^2} = \sqrt{0.0048^2 + 0.0013^2} = 0.0050 (\text{mm})$$

（3）质量 m 的不确定度

从所用天平检定证书上查得，称量为 1/2 量程时的扩展不确定度为 0.06 g，按近似高斯分布

$$u_m = \frac{0.06}{3} = 0.02 (\text{g})$$

（4）铜柱体密度的算术平均值

$$\overline{\rho} = \frac{4m}{\pi \overline{d}^2 \overline{h}} = \frac{4 \times 213.04}{3.1416 \times 19.466^2 \times 80.37} = 8.907 \times 10^{-3} (\text{g/mm}^3)$$

（5）铜柱体密度的不确定度

$$E_\rho = \frac{u_\rho}{\overline{\rho}} = \sqrt{\left(\frac{u_m}{m}\right)^2 + \left(2\frac{u_d}{\overline{d}}\right)^2 + \left(\frac{u_h}{\overline{h}}\right)^2} = \sqrt{\left(\frac{0.02}{213.04}\right)^2 + \left(2 \times \frac{0.0050}{19.466}\right)^2 + \left(\frac{0.013}{80.37}\right)^2}$$
$$= 0.05\%$$

$$u_\rho = \overline{\rho} \times E_\rho = 8.907 \times 10^{-3} \times 0.05\% = 0.005 \times 10^{-3} (\text{g/mm}^3)$$

（6）铜柱体密度最后的测量结果

$$\begin{cases} \rho = (8.907 \pm 0.005)(\text{g/cm}^3) \\ E_\rho = 0.05\% \end{cases} \quad (p = 0.683)$$

§1-3　有效数字及其运算

1　有效数字定义及其基本性质

1.1　有效数字的定义

物理量的直接测量结果以及经过计算的间接测量结果都是以数字表现出来的。正确而有

效地表示直接测量以及运算结果的数字称为有效数字。通过计算出来的数字并不是每一个都是有效数字。众所周知,由于测量误差的影响,通过计算出来的数字通常包含若干个确定的数字(常称作可靠数字)和若干个不确定的数字(常称作可疑数字)。确定的数字当然有效地表示测量结果,可是不确定的数字就不一定都能有效地表示测量结果。实际上,当一个数字前面的那一个数字是不确定(或可疑)的,那么这个数字就更加不准了,就无法有效地表示测量的结果,像这样的数字就被认为是无效的,不能用来表示测量的结果。但是紧接在可靠数字后面的那个可疑数字对表达测量结果还是有意义的,被认为是有效的。

因此根据合理的约定,有效数字是由所有的可靠数字加上紧接在可靠数字后面的一位可疑数字组成的。反过来说,如果一个数据是有效数字的话,那只有最后一个数字是可疑的,其他数字均为可靠数字。例如用米尺测量某物体的长度为10.34 cm,如果每个数字都是可靠的,那么最后一位"4"是可疑的,其他10.3是可靠数字。这样测量结果的有效数字是四个。

1.2　有效数字的基本性质

(1) 有效数字的位数随着仪器的精度(最小分度值)而变化。一般来说,有效数字位数越多,相对误差越小,测量仪器精度越高。例如(3.50 ± 0.07)cm 为 3 位数,相对误差为百分之几(2%);(3.500 ± 0.007)cm 为四位数,相对误差为千分之几$(2‰)$。

(2) 有效数字的位数不能任意增减,且与小数点的位置无关,在十进制单位中不因单位的变换而改变,如 $L = 15.03$ cm $= 150.3$ mm $= 0.1503$ m;进行非十进制单位变换时,测量结果的有效数字位数应由相应的不确定度来确定,如 $t = (1.8 \pm 0.1)$min $= (108 \pm 6)$s 等。

(3) 出现在数值中间的"0"及末尾的"0"均为有效数字。如2.304 m是4位有效数字,3.600是4位有效数字。数值前的"0"不是有效数字,此时"0"用于表示小数点的位置。如0.0542 m是3位有效数字。

1.3　有效数字与不确定度的关系

有效数字的末位是估读数字,存在不确定性。在我们规定绝对不确定度的有效数字只取一位时,任何测量结果的数值的最后一位应与不确定度所在的最后一位对齐。例如,在计算圆环体积的例子中,$V = (9.11 \pm 0.08)$cm^3,测量值的末位"1"刚好与不确定度0.08的"8"对齐。如果写成 $V = (9.112 \pm 0.08)$cm^3 或 $V = (9.11 \pm 0.077)$cm^3 都是错误的。

由于有效数字的最后一位是不确定度所在位,因此有效数字或有效位数在一定程度上反映了测量值的不确定度(或误差限值)。测量值的有效数字位数越多,测量的相对不确定度就越小;有效数字位数越少,相对不确定度就越大。一般来说,两位有效数字对应于$10^{-1} \sim 10^{-2}$的相对不确定度;三位有效数字对应于$10^{-2} \sim 10^{-3}$的相对不确定度,依此类推。可见,有效数字可以粗略地反映测量结果的不确定度。

1.4　数值的科学表示法

当一个数值很大,而有效数字的位数不多时,则产生了数值大小与有效数字位数的矛盾,为了解决这个矛盾,通常用标准的形式来表示,即用 10 的方幂来表示其数量级,前面的数字是测得的有效数字,通常在小数点前只写一位数字,这种数值的科学表达方式称为科学记数法。如 0.000451 m $= 4.51 \times 10^{-4}$ m,又如某人测得的真空中的光速为 299700 km/s,不确定度为 300 km/s,这个结果写成(299700 ± 300)km/s 显然是不妥的,应写成$(2.997 \pm 0.003) \times 10^5$ km/s,表示不确定度取一位,测量值的有效数字为四位,测量值的最后一位与不确定度对齐。

科学表达式不仅可以正确表示有效数字及不确定度,且对运算定位及书写都带来方便。

2　有效数字的运算法则

间接测量量是由直接测量量通过函数关系求得的,计算结果也应该用有效数字表示,所得结果也只有最后一位是可疑数字。其运算过程依照下列定则来判断数字性质。

(1) 可靠数字与可靠数字运算,结果为可靠数字。

(2) 可疑数字与可靠数字(或可疑数字)运算,结果为可疑数字。

以下根据定则给出四则运算中运算结果有效数字的确定方法。

2.1　加减法则

加减运算所得结果的最后一位数,保留到所有参加运算的数据中末位数数量级最大的那一位为止。如

$$
\begin{array}{r}
0.108\underline{2}\\
+\ 1648.\underline{0}\\
\hline
=1648.\underline{1}082
\end{array}
$$

数值下的横线表示该值可疑,有效数字只保留一位可疑数值,故其结果应写成 1648.$\underline{1}$。

2.2　乘除法则

积和商的位数与参与运算中位数最少的那一项相同。如

$$
\begin{array}{r}
1.364\underline{2}\\
\times\ 0.002\underline{6}\\
\hline
\underline{8}1\underline{8}5\underline{2}\\
272\underline{8}\underline{4}\\
\hline
0.003\underline{5}4\underline{6}9\underline{2}
\end{array}
$$

参加运算的两数中,位数最少者为两位,结果也只取两位,最后应写为 0.003$\underline{5}$。

2.3　乘方和开方运算

乘方和开方运算时,计算结果应保留的有效数字与原来被乘方或被开方的有效数字的位数相同。如 $1.52^2 = 2.31$,$\sqrt{3.1643} = 1.7788$。

2.4　无理数运算法则

取无理数(如 π、e、$\sqrt{2}$ 等)的位数比有效数字位数最少的多一位。如求一圆盘面积 $S = \pi R^2$ 时,$R = 1.325$ cm(四位),则 π 值应取 3.1416(五位)进行计算。

2.5　其他几种函数运算法则

(1) 对数法则:对数结果首位不算有效数字的位数,取尾数的位数与真数 x 的位数相同。如 $\log 21.308 = 1.32854$,$\ln 5.374 = 1.6816$ 等。

(2) e^x 运算法则:将 e^x 的运算结果写成科学表达式(小数点前仅保留一位整数),其小数点后保留的位数与 x 值的小数点后面的位数相同。如 $e^{9.24} = 1.03 \times 10^4$。

(3) 10^x 运算法则:将 10^x 的运算结果写成科学表达式,则小数点后保留的位数与 x 值的小数点后的位数相同或少取一位。如 $10^x = 10^{9.64} = 4.37 \times 10^9$(小数点后两位),或 $= 4.4 \times 10^9$(小数点后一位)。

(4) 正弦、余弦函数运算法则:角度误差在 $0.1°$ 或 $1'$ 位置的,函数值取四位;角度误差在 $1°$ 位的,函数值取三位。如 $\sin 39°6' = 0.6307$,$\cos 23° = 0.921$。

对于其他函数形式运算结果的有效数字的确定,可以根据级数展开的方法,再根据四则运

算的有效数字确定方法来加以确定。

3 测量结果有效数字的确定方法

3.1 直接测量结果有效数字的确定

在进行直接测量时,要用到各种各样的仪器和量具。从仪器和量具上直接读数,必须正确读取有效数字,它是进一步估算误差和数据处理的基础。

一般而言,仪器的分度值是考虑到仪器误差所在位来划分的。仪器多种多样,正确读取有效数字的方法大致归纳如下:

（1）一般读数应读到最小分度以下再估读一位。但不一定估读十分之一,也可根据情况（如分度的间距、刻线及指针的粗细、分度的数值等）估读最小分度值的 $\frac{1}{5}$、$\frac{1}{4}$ 或 $\frac{1}{2}$。但无论怎样估读,最小分度位总是准确位,最小分度的下一位是估读的可疑数。

（2）有时读数的估计位,就取在最小分度位。如仪器的最小分度值为 0.5,则 0.1、0.2、0.3、0.4 及 0.6、0.7、0.8、0.9 都是估读的;如仪器最小分度值为 0.2,则 0.3、0.5、0.7、0.9 都是估读的。此时不必再估到下一位。

（3）对游标类量具,只读到游标分度值,一般不估读,特殊情况估读到游标分度值的一半。

（4）数字式仪表及步进读数仪器（如电阻箱）不需要进行估读,一般仪器所显示的末位,就是可疑数字。

（5）特殊情况下,直读数据的有效数字由仪器的灵敏阈决定,如在"灵敏电流计研究"实验中,测临界电阻时,调节电阻箱的"×10"Ω（仪表上才刚有反应,尽管电阻箱的最小步进值为 0.1 Ω,电阻值也只能记录到"×10"Ω）,如记为 $R_C = 8.53 \times 10^3$ Ω。

（6）在读取数据时,如果测值恰好为整数,则必须补"0",一直补到可疑位。例如:用最小刻度为 1 mm 的钢板尺测量某物体的长度恰好为 12 mm 时,应记为 12.0 mm;如果改用游标卡尺测量同一物体,读数也为整数,应记为 12.00 mm;如再改用千分尺来测量,读数仍为整数,则应记为 12.000 mm。切不可都记为 12 mm。

3.2 间接测量结果有效数字的确定

间接测量结果的有效数字应该严格按照有效数字运算法则进行确定。在需要进行多层复杂计算才能确定测量的最后结果时,中间计算过程应该多保留一个有效数字,避免由于进行多次的数字尾数修约积累而造成计算结果偏差。比如直接测量结果可能作为间接测量计算的上一层的计算,那么直接测量量结果的有效数字应多保留一个数字。不知道不确定度的大小时也应多保留一个数字。

3.3 最后测量结果有效数字的确定方法

最后测量结果规范的表达形式中应以正确的有效数字给出测量的算术平均值（即测量的最佳值）、测量的不确定度以及相对不确定度的数值。

3.3.1 不确定度的有效数字保留方法

由于误差本身只是一个估计数,所以它不应当非常"准确"。在一般情况下,不确定度的有效数字只有一位,其尾数修约采用逢数进位的法则。

3.3.2 相对不确定度（或扩展相对不确定度）有效数字的保留方法

相对不确定度的有效数字可以保留 1～2 个,如果相对不确定度计算结果中第一位为 1、2、3 时应保留 2 个,第一位大于 3 时保留 1 个即可。相对不确定度的有效数字尾数修约应按"4

舍 6 入 5 凑偶"的方法修约。

3.3.3 测量平均值有效数字的确定方法

测量平均值的有效数字的确定应根据不确定度的数值来确定。根据有效数字的定义可知任何测量结果数值最后一位应为可疑数字,根据不确定度的大小可以判断表示测量结果的数字中可疑数字的位置。

以上是对最后测量结果的有效数字来说的,中间量的测量结果要求多保留一个数字,以避免多次的尾数修约可能造成修约累积而使最后测量结果出现附加偏差。

3.4 有效数字尾数的修约法则

过去对有效数字的尾数采用"4 舍 5 入"的规则来修约,但是这样处理"入"的机会总是大于"舍"的机会,不甚合理。为了弥补这一缺陷,目前普遍采用"小于 5 舍去,大于 5 进位,等于 5 凑偶"的规则来修约。例如,将下列数据保留三位有效数字的修约结果是:

$8.7625 \rightarrow 8.76$　　小于 5 舍去　　　　$8.4650 \rightarrow 8.46$　　等于 5 凑偶

$6.2466 \rightarrow 6.25$　　大于 5 进位　　　　$2.14601 \rightarrow 2.15$　　大于 5 进位

$7.9350 \rightarrow 7.94$　　等于 5 凑偶　　　　$4.84499 \rightarrow 4.84$　　小于 5 舍去

4　有效数字计算例子

(1) $2.325 + 1.59 = 3.92$;

(2) $5.641 - 3.158 = 2.483$;

(3) $92.34 - 4.8 + 8.4 + 157 = 253$;

(4) $233 \times 5.6 = 1.3 \times 10^3$;

(5) $\dfrac{1432}{1.5} = 9.5 \times 10^2$;

(6) $\dfrac{1.731 \times 2.524}{3.0136 - 3.0134} + 31.763 = \dfrac{4.369}{0.0002} + 31.763 = 2 \times 10^4 + 31.763 = 2 \times 10^4$;

(7) $\lg^{-1} 3.850 = 7.08 \times 10^3$。

§1－4　实验数据处理方法

物理实验的数据处理不单纯是取得数据后的数学运算,而是要以一定的物理模型为基础,以一定的物理条件为依据,通过对数据的整理、分析和归纳计算,得出明确的实验结论。因此,实验中的数据记录、整理、计算或作图分析都必须具有条理性和严密的逻辑性,图表的建立应易于直观地对数据进行分析和处理。下面介绍几种常用的实验数据的处理方法。

1　列表法

1.1　列表法

列表法是将大量的直接测量的数据和有关的计算结果用表格的形式分门别类地表示的方法。数据列表可以简单而明确地表示出有关的物理量之间的对应关系,便于检查对比和分析,有助于找出有关量之间的规律性的联系。列表必须简明并符合列表的规范。

一个表格通常由表头、项目栏和数据栏组成。

（1）表头。表头即表格的名称,简称表名。表格名称应尽可能取得能够反映出表格中所表达的信息。表格名称应该放在表格的上方。如果涉及多个表格,还应该给表格编序号。

（2）项目栏。项目栏用于描述和数据相关的物理量以及单位。物理量通常采用表示该物理量的符号。单位与物理量之间以"/"分隔。若整个表格内各数字的单位相同,也可将单位写在表格的上方。

（3）数据栏。在物理量对应的列上列出物理量的测量数据,但不可以在每个数据上标单位。数据的有效数字必须正确。

1.2 实验数据检验与坏值的剔除方法

在大量测量数据中,有时可能会混有过大或过小的"可疑值","可疑值"的存在可能会影响测量结果,这些"可疑值"可能是坏值应给予剔除。另一方面,当一组正确测量值的分散性较大时,出现个别偏差较大的数据,尽管概率很小,但也是可能的。如果人为地将这些正常值也一起剔除,也不合理。因此要有一个合理的判断标准,以此为依据,将真正的"坏值"剔除掉。下面介绍两种常用的准则。

1.2.1 拉依拉达准则

如前所述,置信区间 $\pm 3\sigma$ 可认为是极限误差。作为它的估算值 $\pm 3S_x$ 也可认为是极限偏差。按照拉依拉达准则将偏差大于 $\pm 3S_x$ 的数据视为坏值而将它们剔除。剔除坏值时,首先应算出测量列 $X_1,X_2,\cdots,X_n$ 的算术平均值 $\overline{X}$ 和任一测量值的标准偏差 S_x,然后检验每一个测值的偏差,如果 $|X_i-\overline{X}|>3S_x$,则确定 X_i 为坏值并予以剔除。对剔除后的测量列再重复上述步骤,直到无坏值为止。应该指出的是拉依拉达准则只有在测量次数 n 较大时才准确。

1.2.2 肖维涅准则

设重复测量的次数为 n,任一次测量值的标准偏差为 S_x,肖维涅准则认为凡是测值 $X_i(i=1,2,\cdots,n)$ 满足 $|X_i-\overline{X}|>c_nS_x$ 则认为 X_i 为坏值,予以剔除。式中 c_n 称为肖维涅系数,其值与测量次数 n 有关,表1-7给出了各种测量次数对应的 c_n 值。可见,测量次数越多,c_n 越大。当 $n>100$ 时,c_n 值接近于3,和拉依拉达准则相当。但当 $n\leqslant 4$ 时,准则无效,所以表中的系数 n 从5开始。

表1-7 肖维涅系数表

n	c_n	n	c_n	n	c_n
5	1.65	14	2.10	23	2.30
6	1.73	15	2.13	24	2.31
7	1.80	16	2.15	25	2.33
8	1.86	17	2.17	30	2.39
9	1.92	18	2.20	40	2.49
10	1.96	19	2.22	50	2.58
11	2.00	20	2.24	75	2.71
12	2.03	21	2.26	100	2.81
13	2.07	22	2.28	200	3.02

必须指出,按以上准则判别时,若测量数据中存在两个以上测值需剔除,只能先剔除偏差

最大的测值,然后重新计算平均值 $\overline{X}$ 及标准偏差 S_x,再对余下的测值进行判断,直至所有的测值均不是坏值为止。

2 作图法

作图法是将一系列数据之间的关系或变化情况用图线直观地表达出来,是一种最常用的数据处理方法。

2.1 作图法的作用及优点

(1) 它可以研究物理量之间的变化规律,找出对应的函数关系,求取经验公式;

(2) 如果图线是依据许多测量数据点描述出来的光滑曲线,则作图法有多次测量取其平均效果的作用;

(3) 能简便地从图线上求出实验需要的某些结果,绘出仪器的校准曲线;

(4) 在图线范围内可以直接读出没有进行观测的对应于某 x 的 y 值(即内插法),在一定条件下,也可以从图线的延伸部分读到测量范围以外无法测量的点的值(即外推法);

(5) 由图线还可以帮助发现实验中个别的测量错误,并可通过图线进行系统误差分析;

(6) 通过图线可方便地得到许多有用的参量,如最大值、最小值、直线的斜率、截距等。

2.2 作图要求

(1) 选用合适的坐标纸。应根据物理量之间的函数性质合理选用坐标纸的类型。例如函数关系为线性关系时选用直角坐标纸,为对数关系时选用对数坐标纸。

(2) 标明坐标轴。一般以横轴代表自变量,纵轴代表因变量,用粗细适当的线画出坐标轴及方向,在其末端近旁标明所代表的物理量及其单位。

(3) 坐标纸的大小和坐标轴的比例要适当。应根据测量数据的有效数字及测量结果的需要来确定。原则上,数据中的可靠数字在图中也是可靠的,数据中有误差的一位,即不确定度所在位,在图中应是估计的,即坐标中的最小格对应测量值可靠数字的最后一位。

为使图线布局合理,应当合理选取比例,使图线比较对称地充满整个图纸,而不是偏向一边。纵横两坐标轴的比例可以不同,坐标轴的起点也不一定从零开始。对于数据特别大或特别小的,则可以用数量级表示法,如 $\times 10^m$ 或 $\times 10^{-n}$,并放在坐标轴最大值的右边(或上方)。

(4) 标点。根据测量数据,用适当的符号如"+"、"×"、"●"、"○"等在坐标纸上清楚地描出对应的数据点,应使各测量数据对应的坐标准确地落在所标符号的中心。一条实验曲线用同一种符号。当一张图纸上要画几条曲线时,各条曲线应分别用不同的符号标记,以便区别。

(5) 连线。应当根据数据点的分布特征用直尺或曲线板等器具把点连成直线或光滑曲线。由于测量存在不确定度,因此图线并不一定通过所有的点,而要求数据点均匀地分布在图线两旁。如果个别点偏离太大,应仔细分析后决定取舍或重新测定。对仪表进行校准时使用的校准曲线要通过校准点连成折线。

(6) 标注图名。作好图后应在图中的空白处或者图下方写出图的名称,若用物理量的符号表示图名,应按 y-x 轴顺序书写。涉及多个图时,还应该给图编号,如图 1-4 所示。

2.3 图解法

根据已作好的图线,可以用解析的方法得到图线所对应的函数关系 —— 方程式(又叫经验公式)。

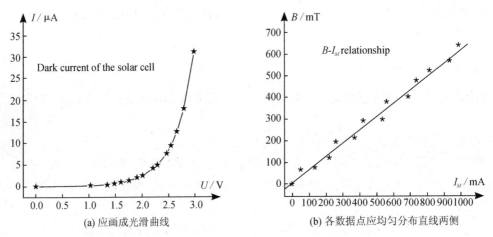

(a) 应画成光滑曲线　　　　　　　(b) 各数据点应均匀分布直线两侧

图 1-4　作图范例

2.3.1　直线图解

如图 1-5 所示,直线的图线相当于线性方程 $y = a + bx$,可在图线上任取两相距较远的点,一般取靠近直线两端的点 $P_1(x_1, y_1)$ 和点 $P_2(x_2, y_2)$,则斜率

$$b = \frac{y_2 - y_1}{x_2 - x_1} \tag{1-28}$$

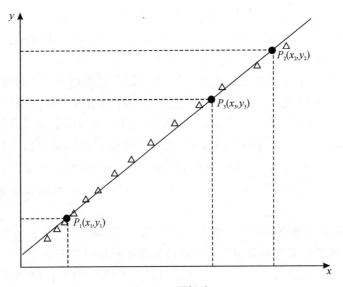

图 1-5　图解法

注意:选取的两点最好不用原始实验数据点,两点不应相距太近,以免 $y_2 - y_1$ 及 $x_2 - x_1$ 之值的有效数字位数减少,增大误差。

一般情况下,如果横坐标的原点为零,则直线与纵坐标 y 轴的交点即为截距 a(即 $x = 0$, $y = a$)。或者也可在图线上再取一点 $P_3(x_3, y_3)$,利用点斜式求得截距

$$a = y_3 - \frac{y_2 - y_1}{x_2 - x_1} x_3 \tag{1-29}$$

利用描点求斜率和截距仅是一种粗略的方法,严格的方法应该用线性拟合最小二乘法,后面将予以介绍。

2.3.2　曲线改直

在物理实验中,经常遇到的曲线除了直线外,还有抛物线、双曲线、指数曲线和对数曲线等,非线性关系的曲线可以通过变量替换改为直线进行求解。表 1-8 给出几种物理特性对应的函数形式。

表 1-8　几种物理特性对应的函数形式

图线类型	方程式	例子	物理学公式
直线	$y = ax + b$	金属棒的热膨胀	$l_t = l_0(1 + at)$
抛物线	$y = ax^2$	单摆摆动	$L = \dfrac{g}{4\pi^2}T^2$
双曲线	$xy = a$	波意耳定律	$pV = C$
指数函数曲线	$y = ax^2$	泊松公式(绝热方程)	$p = CV^{-\gamma}$

建立经验公式并非易事,在简单情况下大致步骤如下:

① 根据解析几何知识判断图线的类型;

② 由图线的类型断定公式的可能特点;

③ 作变量代换,利用对数、半对数或倒数坐标纸将原图线改画为直线,计算原公式中的常数;

④ 确定公式的形式,并用实验数据检验所得公式的正确程度。

其中最重要的步骤是变量代换,表 1-9 给出几种常用的曲线改直变量代换及函数关系。

表 1-9　几种常用的曲线改直函数关系

函数	坐标	斜率	截距	坐标纸
$y = \dfrac{a}{x}$	$y - \dfrac{1}{x}$	a	0	直角
$y = ax^2 + b$	$y - x^2$	a	b	直角
$y = a \cdot b^x$	$\ln y - x$	$\ln b$	$\ln a$	单对数
$y = a \cdot x^b$	$\ln y - \ln x$	b	$\ln a$	双对数

曲线改直举例:太阳能电池开路电压与相对光照强度的数据点绘制的图如图 1-6(a) 所示,从图中找出开路电压与相对光强的近似函数关系为

$$U_{oc} = A + B\lg\left(\dfrac{J}{J_0}\right)$$

采用半对数坐标纸作图。所用的半对数坐标纸的一个坐标为均分坐标,另一个坐标是刻度不均匀的对数坐标。作 U_{oc}-$\lg\left(\dfrac{J}{J_0}\right)$ 图,即取对数坐标纸为 $\lg\left(\dfrac{J}{J_0}\right)$,等距离坐标为 U_{oc}。根据测量数据点描 U_{oc}-$\lg\left(\dfrac{J}{J_0}\right)$ 图,如图 1-6(b) 所示,得一条直线。对该直线进行图解得到开路电压与相对光强的函数关系为

$$U_{oc} = 4.413 + 1.164\lg\left(\dfrac{J}{J_0}\right)$$

采用图示图解的方法处理实验数据来确定测量结果的应用非常广泛。而随着现代计算机技术的发展,已经开发出许多应用计算机软件进行作图以及数据处理(例如美国 Pasco 公司的

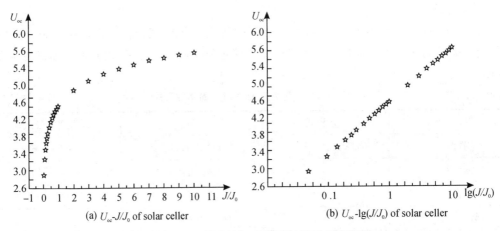

(a) U_{oc}-J/J_0 of solar celler　　　　　　(b) U_{oc}-$\lg(J/J_0)$ of solar celler

图 1-6　　太阳能电池开路电压与相对光强关系

科学工作室物理实验系统就带有计算机作图及曲线参数处理的工具，Excel 软件、Origin 软件也可用于作图），并在实验数据处理中得到广泛的应用，使得实验数据的处理过程变得简单。这将在最小二乘法进行线性拟合以及具体的实验中进行介绍。

3　逐差法

有一大类型的实验经常采用观测两个物理量之间的线性关系的方法来测量与其相关的物理参数。这类实验过程是让一个物理量作等量的变化，观测另一个物理量随之变化的情况，然后根据这一系列有规律变化的测量实验数据来得出测量结果的最佳值及其不确定度。这类的实验数据常用逐差法来处理。例如，对某物理量 x 每变化 Δx 进行了 n 次测量，测得数据分别为 $x_1, x_2, \cdots, x_n$，要求出相邻二量之间差数的平均值，则有

$$\overline{\Delta x} = \frac{(x_2 - x_1) + (x_3 - x_2) + \cdots + (x_n - x_{n-1})}{n-1} = \frac{x_n - x_1}{n-1} \qquad (1-30)$$

结果实际上只用了首末两个数据，其余数据不起作用，未达到多次测量减小随机误差的目的。

为了保持多次测量的优越性，可以在数据的处理方法上作一些变化。通常是把数据分为两组（设 $n = 10$）：一组是 $x_1, x_2, \cdots, x_5$；另一组是 $x_6, x_7, \cdots, x_{10}$，取相应项的差值 $(x_{m+i} - x_i)_1$，$(x_{m+i} - x_i)_2, \cdots, (x_{m+i} - x_i)_5$，则算术平均值为

$$\overline{(x_{m+i} - x_i)} = \frac{(x_6 - x_1) + (x_7 - x_2) + \cdots + (x_{10} - x_5)}{5} \qquad (1-31)$$

这里，$\overline{(x_{m+i} - x_i)}$ 是相隔 5 个数据的差数的平均值。这样处理，使每个测量数据都可用上，达到了多次测量减小随机误差的目的。这种数据的处理方法称为逐差法。逐差法的不确定度计算可以把 $x_{m+i} - x_i$ 当作一个新物理量来处理，视作对 $x_{m+i} - x_i$ 进行多次测量。

应用逐差法处理数据的前提是自变量与因变量之间的函数关系为线性关系，如 $y = a + bx$，且自变量 x 是等量变化的，y 也会随之作等量变化。这样可以采用逐差法分别对 x 和 y 进行处理，得到差值的平均值及其不确定度，就可以确定系数 b 的测量最佳值及其不确定度。对于非线性函数关系，也可通过变量替换变成线性函数后利用逐差法来处理数据。此种方法在本课程的后续实验中如"牛顿环实验"、"迈克耳孙干涉实验"、"声速测量"等都会用到。

下面举个例子说明逐差法的应用。

例 1　空气中声速测量，采用驻波法测得每半波长位置，求声速。

表 1-10　驻波法测声速中每半波长的位置(频率 $f = 37055$ Hz)

次序	$L_i(\times 10^{-3}$ m$)$	次序	$L_{i+n}(\times 10^{-3}$ m$)$	$l_{k+n} - l_k(\times 10^{-3}$ m$)$
0	0.00	6	28.25	28.25
1	4.71	7	32.96	28.25
2	9.45	8	37.68	28.23
3	14.21	9	42.50	28.29
4	18.92	10	47.15	28.23
5	23.61	11	51.82	28.21

注：$\Delta = m_f = 5$ Hz, $\Delta m_L = 0.02$ mm。

解：

(1)用逐差法计算波长

$L_{11} - L_5 = 28.21 \times 10^{-3}$ m, $L_{10} - L_4 = 28.23 \times 10^{-3}$ m

$L_9 - L_3 = 28.29 \times 10^{-3}$ m, $L_8 - L_2 = 28.23 \times 10^{-3}$ m

$L_7 - L_1 = 28.25 \times 10^{-3}$ m, $L_6 - L_0 = 28.25 \times 10^{-3}$ m

$\overline{\Delta L} = 28.24 \times 10^{-3}$ m

某次测量的标准偏差：$S_{\Delta L} = 0.027 \times 10^{-3}$ m, 平均值的标准偏差：$S_{\overline{\Delta L}} = 0.011 \times 10^{-3}$ m, 肖维涅系数 $c_n = c_6 = 1.73$, $c_6 \cdot S_{\Delta L} = 1.73 \times 0.027 \times 10^{-3}$ m $= 0.047 \times 10^{-3}$ m。

根据肖维涅准则(坏值条件：$|\Delta L_i - \overline{\Delta L}| > c_6 \cdot S_{\Delta L}$)检验无坏值出现。

ΔL 不确定度估算：

$u_A = t_{vp} \cdot S_{\overline{\Delta L}} = 1.11 \times 0.011 \times 10^{-3}$ m $= 0.012 \times 10^{-3}$ m

$u_B = \sqrt{u_0^2 + u_6^2} = \dfrac{\sqrt{2} \times \Delta m_l}{\sqrt{3}} = \dfrac{\sqrt{2} \times 0.02}{\sqrt{3}} = 0.016$ mm

$u_{\Delta L} = \sqrt{u_A^2 + u_B^2} = \sqrt{0.012^2 + 0.016^2} = 0.02 \times 10^{-3}$ m, $E_{\Delta L} = \dfrac{u_{\Delta L}}{\Delta L} = \dfrac{0.02}{28.24} = 0.07\%$

所以，$\overline{\lambda} = \dfrac{\overline{\Delta L}}{3} = \dfrac{28.24 \times 10^{-3}}{3} = 9.413 \times 10^{-3}$ m

(2)计算声速

$\overline{v} = f \cdot \overline{\lambda} = f \cdot \dfrac{\overline{\Delta L}}{3} = 37055$ Hz $\times 9.413 \times 10^{-3}$ m $= 348.8$ m/s

$u_f = \dfrac{\Delta m_f}{\sqrt{3}} = \dfrac{5}{\sqrt{3}} = 2.9$ Hz, $E_f = \dfrac{u_f}{f} = \dfrac{2.9}{37055} = 0.008\%$

$E_v = \sqrt{E_f^2 + E_{\Delta L}^2} = \sqrt{(8 \times 10^{-5})^2 + (7 \times 10^{-4})^2} \approx 0.07\%$

$u_v = \overline{v} \times E_v = 348.8 \times 0.07\% = 0.3$ m/s

$v = \overline{v} \pm u_v = 348.8 \pm 0.3$ m/s $(p = 0.683)$

4　测量数据的线性拟合

在科学实验中，经常遇到二元或多元变量，这些变量之间相互关联，相互依存，可以分为确定性关系和相关关系。相关关系是一种数理统计关系，变量间即存在密切关联，却又不能由一个或数个变量的数值精确地求出另一个变量的数值，即存在不确定性。运用有关误差理论的知识,求一条能最佳地描述原函数的曲线的过程,称为拟合。而以比较符合事物内部规律性的数学表达式来代表这一函数关系或拟合曲线的方法,称为回归分析。

4.1　最小二乘法与线性拟合

设物理量 y 和 x 之间满足线性关系,则函数形式为

$$y = a + bx$$

测出若干组 x、y 测量值 (x_i, y_i),利用这些测量值求出参数 a、b 的过程就是线性拟合。最小二乘法是线性拟合的常用方法。

我们讨论最简单的情况,即每个测量值都是等精度的,且假定 x 和 y 中只有 y 有明显的测量随机误差。如果 x 和 y 均有误差,只要把误差相对较小的变量作为 x 即可。由实验测量得到一组数据为 $(x_i, y_i; i = 1, 2, \cdots, n)$,其中 $x = x_i$ 时对应 $y = y_i$。由于测量总是有误差的,我们将这些误差归结为 y_i 的测量偏差,并记为 $\varepsilon_1, \varepsilon_2, \cdots, \varepsilon_n$,见图 1-7。这样,将实验数据 (x_i, y_i) 代入方程 $y = a + bx$ 后,得到

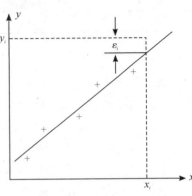

图 1-7　y_i 的测量偏差

$$\left. \begin{array}{c} y_1 - (a + bx_1) = \varepsilon_1 \\ y_2 - (a + bx_2) = \varepsilon_2 \\ \vdots \\ y_n - (a + bx_n) = \varepsilon_n \end{array} \right\}$$

我们要利用上述的方程组来确定 a 和 b,那么 a 和 b 要满足什么要求呢?显然,比较合理的 a 和 b 是使 $\varepsilon_1, \varepsilon_2, \cdots, \varepsilon_n$ 数值都比较小。但是,每次测量的误差不会相同,反映在 $\varepsilon_1, \varepsilon_2, \cdots, \varepsilon_n$ 上大小不一,而且符号也不尽相同。所以只能要求总的偏差最小,即

$$\sum_{i=1}^{n} \varepsilon_i^2 \rightarrow \min$$

令

$$S = \sum_{i=1}^{n} \varepsilon_i^2 = \sum_{i=1}^{n} (y_i - a - bx_i)^2$$

使 S 为最小的条件是

$$\frac{\partial S}{\partial a} = 0, \frac{\partial S}{\partial b} = 0, \frac{\partial^2 S}{\partial a^2} > 0, \frac{\partial^2 S}{\partial b^2} > 0$$

由一阶微商为零,得

$$\left. \begin{array}{c} \dfrac{\partial S}{\partial a} = -2 \displaystyle\sum_{i=1}^{n} (y_i - a - bx_i) = 0 \\[2mm] \dfrac{\partial S}{\partial b} = -2 \displaystyle\sum_{i=1}^{n} (y_i - a - bx_i) x_i = 0 \end{array} \right\}$$

解得

$$a = \frac{\displaystyle\sum_{i=1}^{n} x_i \sum_{i=1}^{n} x_i y_i - \sum_{i=1}^{n} x_i^2 \sum_{i=1}^{n} y_i}{\left(\displaystyle\sum_{i=1}^{n} x_i \right)^2 - n \sum_{i=1}^{n} x_i^2} \tag{1-32}$$

$$b = \frac{\displaystyle\sum_{i=1}^{n} x_i \sum_{i=1}^{n} y_i - n \sum_{i=1}^{n} x_i y_i}{\left(\displaystyle\sum_{i=1}^{n} x_i \right)^2 - n \sum_{i=1}^{n} x_i^2} \tag{1-33}$$

令 $\bar{x} = \dfrac{1}{n} \displaystyle\sum_{i=1}^{n} x_i, \bar{y} = \dfrac{1}{n} \sum_{i=1}^{n} y_i, \overline{x}^2 = \left(\dfrac{1}{n} \sum_{i=1}^{n} x_i \right)^2, \overline{x^2} = \dfrac{1}{n} \sum_{i=1}^{n} x_i^2, \overline{xy} = \dfrac{1}{n} \sum_{i=1}^{n} x_i y_i$,则

$$a = \overline{y} - b\overline{x}$$

$$b = \frac{\overline{x} \cdot \overline{y} - \overline{xy}}{\overline{x}^2 - \overline{x}^2}$$

如果实验是在已知 y 和 x 满足线性关系下进行的,那么用上述最小二乘法线性拟合(又称一元线性回归)可解得斜率 a 和截距 b,从而得出回归方程 $y = a + bx$。如果实验是要通过对 x、y 的测量来寻找经验公式,则还应判断由上述一元线性拟合所确定的线性回归方程是否恰当。这可用下列相关系数 r 来判别

$$r = \frac{\overline{xy} - \overline{x} \cdot \overline{y}}{\sqrt{(\overline{x^2} - \overline{x}^2)(\overline{y^2} - \overline{y}^2)}}$$

其中 $\overline{y}^2 = \left(\dfrac{1}{n}\sum\limits_{i=1}^{n} y_i\right)^2$,$\overline{y^2} = \dfrac{1}{n}\sum\limits_{i=1}^{n} y_i^2$,即

$$r = \frac{n\left(\sum\limits_{i=1}^{n} x_i y_i\right) - \left(\sum\limits_{i=1}^{n} x_i\right)\left(\sum\limits_{i=1}^{n} y_i\right)}{\sqrt{\left[n\left(\sum\limits_{i=1}^{n} x_i^2\right) - \left(\sum\limits_{i=1}^{n} x_i\right)^2\right]\left[n\left(\sum\limits_{i=1}^{n} y_i^2\right) - \left(\sum\limits_{i=1}^{n} y_i\right)^2\right]}} \tag{1-34}$$

可以证明,$|r|$ 值总是在 0 和 1 之间。$|r|$ 值越接近 1,说明实验数据点密集地分布在所拟合的直线的近旁,用线性函数进行回归是合适的。$|r| = 1$ 表示变量 x、y 完全线性相关,拟合直线通过全部实验数据点。$|r|$ 值越小线性越差,一般 $|r| \geqslant 0.9$ 时可认为两个物理量之间存在较密切的线性关系,此时用最小二乘法直线拟合才有实际意义,见图 1-8。

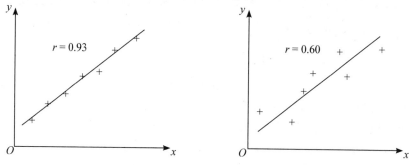

图 1-8　相关系数与线性关系

4.2　回归分析

一般情况下,最小二乘法可用于线性参数,也可用于非线性参数。在测量技术中大量的问题是属于线性的,而非线性的有时可通过变量代换变为线性情况来处理。

回归分析时,经常采用的回归方程形式有:

(1)直线方程 $y = a_0 + bx$ 或 $y = bx$;

(2)多元线性模型 $y = a_0 + \sum\limits_{i=1}^{m} a_i x_i$;

(3)多项式模型 $y = \sum\limits_{i=1}^{m} a^i x^i$;

(4)各种特殊的非线性模型 $y = ax^b$。

4.3　变换例子

$y = ax^b$ 左右两边取对数,可变为 $\ln y = \ln a + b\ln x$;

$y = ae^{bx}$ 左右两边求对数，可变为 $\ln y = \ln a + bx$；

$y = ae^{\frac{b}{x}}$ 左右两边求对数，可变为 $\ln y = \ln a + b\dfrac{1}{x}$；

$y = \dfrac{1}{a + be^{-x}}$ 左右两边求倒数再求对数，可变为 $\ln\left(\dfrac{1}{y} - a\right) = \ln b - x$；

$y = ax + bx^2$ 左右两边各除以 x，可变为 $\dfrac{y}{x} = a + bx$。

4.4　经验公式

当 x、y 间的函数式 $y = y(x)$ 未知时，由 n 组测量值 (x_i, y_i) 探索得到的函数式为经验公式。探索经验公式大体可按如下的步骤进行：

（1）坐标纸上绘出实验曲线；

（2）参照已知的函数曲线，拟定实验曲线的函数；

（3）变换坐标，将实验曲线改为直线；

（4）用最小二乘法求直线参数；

（5）返回到原函数，即为经验公式；

（6）和测量值比较修改经验公式。

上面举的把非线性的模型变为线性的模型的例子即可用线性拟合的方法加以处理。

用最小二乘法拟合的一个前提条件是函数 $y = f(x_i; c_0, \cdots, c_m)$ 的形式已知。函数形式的选择或假设一般有两种方式：一种是通过问题的物理知识来确定函数形式；另一种是根据实测的数据在坐标图上描出曲线，察看接近哪种已知曲线来确定。最好两种方法兼用。

5　计算机实验数据处理

随着计算机应用的普及及程序设计的提高，大部分实验数据都可以采用计算机软件进行处理，如采用 Delphi、C、C++ 等针对具体实验或某类型数据设计出来的处理软件。图 1-9 显示的数据处理软件可以针对磁滞回线、转动惯量、分光计、逐差法等实验数据进行分析处理；图 1-10 的软件可以应用最小二乘法原理对数据进行线性拟合。除此，常用的计算机数据处理软件还有 Excel 和 Origin。下面重点介绍 Origin 软件的应用。

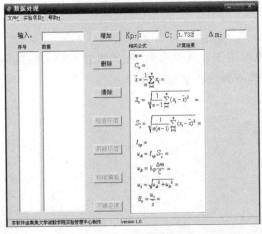

图 1-9　数据处理软件

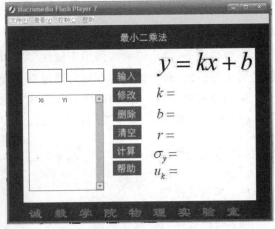

图 1-10　最小二乘法

Excel 提供的主要是电子表格功能,可以简单地将数据可视化,但在作图方面不如 Origin 功能强大,比如对图形分析时只能添加简单的趋势线,不能进行 Gaussian 或 Lorentizan 拟合等,没有积分和微分等计算功能。而 Origin 不仅可以根据数据制出满意的图形,包括条状、线形、扇形和三维图形,还可以将几组数据放在一个图形中,进行比较处理,更重要的是可以对图形进行分析处理,比如平滑、拟合、过滤、积分和微分等。

Origin 是 OriginLab 公司(其前身为 Microcal 公司)开发的图形可视化和数据分析软件,具有快速、灵活、易学的优点,为科学家和工程师提供了图形、分析和数据处理的综合解决方案。Origin 像 Microcal Word、Excel 等一样,是一个多文档界面(Multiple Document Interface,MDI)的应用程序。它将用户所有工作都保存在后缀为 OPJ 的工程文件中(File/Save Project),保存工程文件时,各子窗口也随之一起存盘;各子窗口也可以单独保存(File/Save Window as),以便别的工程文件调用。一个工程文件可以包括多个子窗口,可以是工作表窗口(Worksheet)、绘图窗口(Graph)、函数图窗口(Function Graph)、矩阵窗口(Matrix)、版面设计窗口(Layout Page)等。一个工程文件中各窗口相互关联,可以实现数据实时更新,即如果工作表中数据改动之后,其变化能立即反映到其他各窗口,比如绘图窗口中所绘数据点可以立即得到更新。然而,正因为它功能强大,其菜单界面也就较为繁复,且当前激活的子窗口类型不一样时,主菜单、工具条结构也不一样。

(1)Worksheet(工作表窗口)

当 Origin 启动或建立一个新的工程文件时,其默认设置是打开一个 Worksheet 窗口。该窗口缺省为两列,分别为 A(X)、B(Y),代表自变量和因变量。A 和 B 是列的名称,将影响到绘图时的图例。可以双击列的顶部进行更改。此时可以在该工作表窗口中直接输入数据,用光标键或鼠标移动插入点,也可以从外部文件导入数据,但应选择 File/Import。Origin 可以识别的数据文件格式有文本型(ASCII)、Excel(XLS)、Dbase(DBF)等,甚至可以导入一个声音文件(. WAV),Origin 可以分析这个声音文件并绘出其声波的波形图。

当数据输入工作表后,可以先对输入的数据进行调整,选 Edit/Set As Begin 使选定的行作为绘图的起始行,Edit/Set As End 则将选定行作为绘图终止行。在该种情况下可以只绘出某一段数据。选 Column/Set as X、Y、Z,可以将选定列分别设为 X、Y、Z 轴。也可以选 Column/Add New Columns 在工作表中加入新的一列。当选定某列后再选 Column/Set Column Values,可以对该列的数据进行设置。Origin 内置了一些函数,可以在文本框中输入某个函数表达式,Origin 将计算该表达式并将值填入该列。例如新增加一个 C(Y) 列,选定该列后,其缺省的表达式为 $Col(C) = Col(B) - Col(A)$,表示把每行对应的 B 列值减去 A 列值,所得结果填入 C 列。数据的输入也可以通过输入一个新的函数以完成相应的功能,具体函数名称及其用法可以参见 Origin 的用户手册或帮助文件。

(2)Analysis(基本数据分析)

选 Analysis/Statistics on Columns,将弹出一个新的工作表窗口,里面给出了选定各列数据的各项统计参数,包括平均值(Mean)、标准差(Standard Deviation,SD)、标准误差(Standard Error,SE)、总和(Sum)以及数据组数 N。该工作表窗口上方的 Recalculate 按钮表示当原始工作表中的数据改动以后,点一下这个按钮,就可以重新计算,以得到更新的统计数据。同样,选 Analysis/Statistics on Rows 可以对行进行统计,只是统计结果直接附在原工作表右边,不另建新窗口。Analysis/Extract Worksheet Data 则用于从工作表窗口中提取符合一定条件的数据。例如它给定的缺省条件为 $Col(B) > 0$,即表示从选定工作表中提取所有 B 列大于零的数据,并在新建的工作表窗口中显示。选 Analysis/t-test 可以对数据进行 t 检验,判断所选数据在给定置信度下是否存在显著性差异。对 Script Window 中的计算结果可以单独保存、打印、拷贝等,另外还可以在 Analysis 菜单下对数据排序(Sort)、快速傅里叶变换(FFT)、多重回归(Multiple Regression) 等,可根据需要选用。

（3）Graph（二维绘图）

Origin 具有强大的绘图功能。可以先在工作表窗口中选好要用的数据,点 Plot 菜单,将显示 Origin 可以制作的各种图形,包括直线图、描点图、向量图、柱状图、饼图、区域图、极坐标图以及各种 3D 图表、统计用图表等。这里简单介绍二维图形的绘制。若直接选中某个数据栏点击右键的 Plot 进行绘图,则默认以 Worksheet 中的第一个数据栏为 X 轴。若要自定义图形的 X、Y 轴,则不选中任何数据栏,点击工具栏的 Plot 菜单,选择数据点的描点形式后将出现各个数据栏的名称,可以根据自己的要求选择任何数据栏作为 X 轴和 Y 轴。图形绘制完后,可以双击坐标轴进行个性化坐标轴设置,如对坐标轴的刻度进行重新标定,设置坐标轴范围、坐标轴格式等。值得特别注意的是在 Scale 栏目里还可以选定坐标轴以线性（Linear） 或者对数（ln、Log10） 等形式绘制图形,这为寻找图形的函数关系及拟合提供了方便。在 Graph 窗口,可以双击坐标轴的名称进行坐标轴名称的修改。另外,在 Graph 窗口中,可以利用 Screen Reader、Data Reader 等工具读取屏幕或曲线上数据点的坐标,还可以选用 Text Tool 进行文本输入等。

（4）Linear Fitting（线性拟合）

首先激活要拟合的曲线,在菜单命令 Data 下面列出了窗口激活层中的所有数据组,前面带"√"的为当前激活的数据组。回归分析只针对激活的数据曲线,拟合后,Origin 生成一个隐藏的拟合数据 Worksheet 窗口,在 Graph 窗口中制图并将拟合结果显示在 Results Log 窗口中（Results Log 子菜单在主菜单 View 下面）。在 Tools 菜单下选择 Linear Fit、Polynomial Fit 或 Sigmoidal Fit 将分别调出线性拟合、多项式拟合、S 形曲线拟合的工具箱。例如要将选中的数据点拟合为直线,选择 Analysis\Fit Linear,那么 Origin 将曲线拟合为直线,以 X 为自变量,Y 为因变量,回归拟合的函数形式为:$Y = A + BX$,其中 A、B 为参数。拟合后 Origin 生成一个隐藏的拟合数据 Worksheet 文件,在 Graph 窗口中制图,并将拟合日期、拟合方程以及一些相应的参数显示在 Results Log 窗口中。若同一层中有几条曲线,则该操作只对激活的曲线进行拟合。在 Results Log 窗口中的每个条目都包含日期/时间、文件位置、分析类型和计算结果。其中各个参数意义如下:参数 A 代表截距及其标准误差,B 为直线的斜率值及其标准误差,R 为拟合的相关参数及回归系数（该参数越趋近于 1,表明拟合的结果越好）,N 表示数据点数目,SD 表示拟合的标准差。Origin 除了线性拟合外,还可以进行非线性拟合及单/多峰高斯、洛伦兹拟合等。

（5）其他一些简单功能

在 Edit 菜单下选 Copy Page,可将当前 Graph 窗口中所绘的整个图形拷贝至 Windows 系统剪贴板。这时就可以在其他应用程序,如 Word 中进行粘贴等操作了。若同台计算机安装有 Origin 软件,则在 Word 文档里双击该 Graph 可以进入其 Origin 形式,进行修改保存等操作。若选择 Edit 的 Copy Page 还可以将图形直接 Paste 在另外一个 Graph 窗口中,实现大图嵌小图的效果。另外,Origin 还可进行数据平滑、积分、微分、平移等。

下面举例说明应用 Origin 进行实验数据的线性拟合。

把表 1-11 数据输入 Origin 软件进行线性拟合,步骤如下:

表 1-11　某半导体二极管的输出电压和输出电流值

U/V	2.601	2.654	2.727	2.787	2.853	2.928
$I/\mu A$	5.46×10^{-6}	6.21×10^{-6}	7.49×10^{-6}	8.79×10^{-6}	1.041×10^{-5}	1.276×10^{-5}

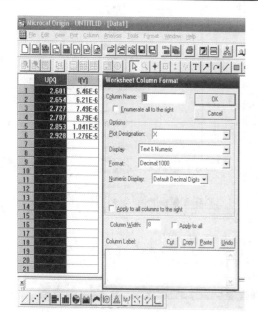

step1:输入数据
输入数据，双击数据栏目，
修改Column Name，点击OK

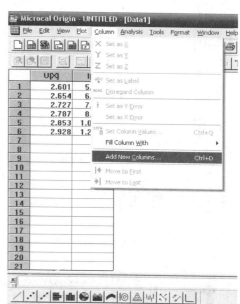

step2:增加数据栏
在Column工具下点击Add New Column
输入欲增加的数据栏数

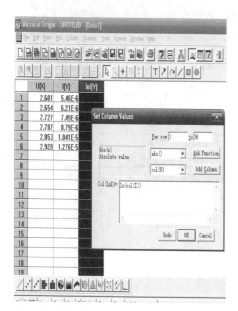

step3:设置数据值
修改完数据栏名称后点击右键
选择Set Column Values
输入设置的数据函数

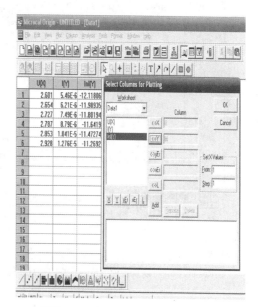

step4:画图
在plot下选择Scatter绘图
设置X轴、Y轴数据栏
绘制的图形如step5图

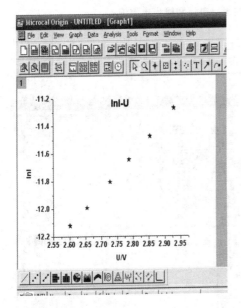

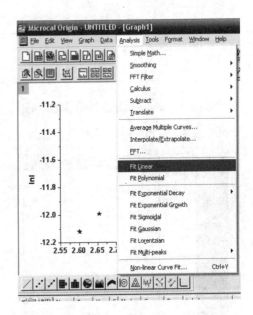

step5:图表名称
双击X轴和Y轴名称并更改为具体物理量

step6:线性拟合
在Analysis工具栏下选择Fit Linear
拟合结果如step7图

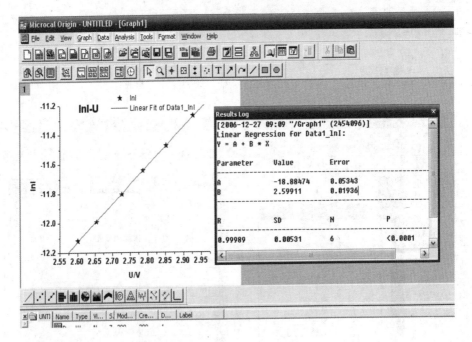

step7：拟合结果
生成lnI-U拟合直线，并给出拟合结果Results Log
由Results Log 可以直接读出拟合直线的参数和拟合程度值R

习　题

1. 指出下列各项哪些属于系统误差,哪些属于偶然误差:

(1) 米尺刻度不均匀；

(2) 实验者的偏见；

(3) 刻度因温度改变而伸缩；

(4) 最小分度值后一位的估读；

(5) 游标卡尺零点不为零；

(6) 电表指针的摩擦；

(7) 视差。

2. 把下列数值改用有效数字的标准式来表示：

(1) 光速 $= 299792458 \pm 100$ m/s；

(2) 比热 $C = 0.001730 \pm 0.0005$ J/(kg·℃)；

(3) 9623.64 准确到 0.2%。

3. 做下列加减运算：

(1) $9.3 + 6.27 =$

(2) $7.9 - 2.16 =$

(3) $11.5 - 3.0 =$

(4) $8.6382 + 2.2 - 3.32 =$

4. 做下列乘除运算：

(1) $0.50 \times 0.10 =$

(2) $50 \times 80 =$

(3) $0.5 \times 0.01 =$

(4) $550 \div 25 =$

(5) $500 \div 20 =$

(6) $0.25 \div 25.00 =$

5. 混合运算：

(1) $(0.25 + 0.75) \times 1.100 =$

(2) $(12.5 - 11.5) \times 300 =$

(3) $(4.5 + 5.5) \div 0.100 =$

(4) $\dfrac{76.000}{40.00 - 2.0} =$

(5) $\dfrac{200 \times 1500}{52.60 - 48.6} =$

6. 请将下列数值运算的结果以正确的有效数字表示(假设各数值的最后一位都是估计的)：

(1) $1.732 \times 1.74 = 3.01368$；

(2) $10.22 \times 0.0832 \times 0.41 = 0.34862464$；

(3) $628.7/7.8 = 80.6026$；

(4) $(17.34 - 17.13) \times 14.28 = 2.9988$。

7. 计算下列结果并确定其不确定度的表示式：

$$N = A + 2B + C - 5D$$

设：$A = 38.206 \pm 0.001$ cm $B = 13.2487 \pm 0.0001$ cm

$C = 161.25 \pm 0.01$ cm $D = 1.3242 \pm 0.0001$ cm

8. 两分量：(10.20 ± 0.04)cm 和 (3.01 ± 0.03)cm，相加时其不确定度该如何表示？

9. 用一级千分尺(示值误差限为 0.004 mm)测某钢球的直径，得下列数据(单位为 mm)：

1.670, 1.674, 1.676, 1.678, 1.673, 1.675

试写出直径的表达式 $D = \bar{D} \pm u_D$，并计算钢球的体积，把结果正确地表示出来。

10. 推导下列各式的不确定度或相对不确定度的计算公式：

(1) $V = \dfrac{\pi}{4}(D_1^2 H - D_2^2 h)$；

(2) $V = \dfrac{\pi}{6} d^3$；

$(3) Y = \dfrac{8LDF}{\pi d^2 hN}$;　　　　　　　　　$(4) I = \dfrac{1}{8} M(D_1^2 - D_2^2)$;

$(5) R = \dfrac{L_a}{L_b} R_0$;　　　　　　　　　$(6) \varphi = \dfrac{Az^4}{x^3 \sqrt{y}}$（其中 A 为常数）。

附录　　实验报告格式及范例

实验报告是描述、记录某项科研课题实验的过程和结果的报告。实验报告除实验名称之外的正文部分应包括以下几部分：

（1）实验目的。指为什么要进行此项实验，要简明扼要。

（2）实验原理。实验原理是进行实验的理论依据。有的实验要给出计算公式及公式的推导，电学实验要给出线路图，光学实验要给出光路图。

（3）实验内容及步骤。叙述实验过程中实施的主要步骤及注意事项。

（4）实验数据及处理。这是对整个实验记录的处理，包括实验数据、实验数据的可靠性验证说明（即数据的坏值剔除）、相关物理量的平均值计算、物理量测量的不确定度评定等内容。实验数据应该罗列实验中所有的原始数据以及引用的数据，并以规范的表格表示。实验数据的可靠性说明应给出采用什么方法进行查错及查错结果，如有坏值应说明予以剔除。相关物理量的测量的平均值计算中，对于直接测量的物理量的计算，一般都采用数据处理应用软件来计算，所以在报告中可以直接给出计算结果而不必写出计算过程；对于间接测量的物理量的计算应详细写出包括计算公式、代入数据及计算结果等在内的计算过程，同时应保证有效数字的正确性。直接测量物理量的不确定度评定，应根据测量的实际情况（测量仪器及测量条件等因素）进行测量误差的分析并给出合理的估计，评定出测量的 B 类不确定度，同时给出 A 类不确定度的计算结果，最后给出测量的总不确定度。计算间接测量物理量的不确定度，应清楚写出计算公式、代入数据及计算过程。必须强调的是，测量的最后结果要求以规范表达式来表达，并保证各个量的有效数字保留正确。但是在数据处理中，就没有必要以规范的表达式写出各个物理量的测量结果，而每个量的数字应该比有效数字确定方法规定的多保留一位。也就是说，不确定度的数字应保留 2 个数字。

（5）实验结果。对于不同类型的实验，表述实验结果的形式有所区别。测量型的实验应以规范的结果表达式给出测量结果，并保证有效数字正确，同时应该用适当的文字进行说明，使结果意思清晰。验证型实验应通过实验事实给出对所验证的理论及其推论的肯定或否定的结论，即说明实验结果与验证理论的相符合情况。演示型的实验结果一般多以文字来叙述。研究型实验结果通常给出的是物理量间的关系表达式、测量结果的分布特性曲线、对表达式及分布特性曲线的进一步说明以及推论等研究的结果。

（6）讨论。讨论是对问题的讨论，对异常现象或数据的解释，对实验方法及装置提出改进建议。通常分条进行讨论，说明也比较简单，如影响实验的根本因素是什么，提高与扩大实验结果的途径是什么，实验中发现了哪些规律，实验中观察到哪些现象。将实验结果与理论结果相对照，解释它们之间的差异，分析测量的误差。

伸长法测定杨氏弹性模量

1　实验目的

(1) 掌握拉伸法测定金属杨氏模量的方法；

(2) 学习用光杠杆放大测量微小长度变化量的方法；

(3) 学习用逐差法处理数据。

2　实验原理

任何固体在外力作用下都要发生形变，最简单的形变就是物体受外力拉伸(或压缩)时发生的伸长(或缩短)形变。本实验研究的是棒状物体弹性形变中的伸长形变。

设金属丝的长度为 L，截面积为 S，一端固定，一端在延长度方向上受力为 F，并伸长 ΔL，如图 1 所示。

比值 $\dfrac{\Delta L}{L}$ 是物体的相对伸长，叫应变。

比值 $\dfrac{F}{S}$ 是物体单位面积上的作用力，叫应力。

根据胡克定律，在物体的弹性限度内，物体的应力与应变成正比，即

$$\frac{F}{S} = Y\frac{\Delta L}{L}$$

则有

$$Y = \frac{FL}{S\Delta L}$$

（1）图 1　金属丝形变示意图

(1) 式中的比例系数 Y 称为杨氏弹性模量(简称杨氏模量)。

实验证明：杨氏模量 Y 与外力 F、物体长度 L 以及截面积 S 的大小均无关，而只取决定于物体的材料本身的性质。它是表征固体性质的一个物理量。

根据(1)式，测出等号右边各量，杨氏模量便可求得。(1)式中的 F、S、L 三个量都可用一般方法测得。唯有 ΔL 是一个微小的变化量，用一般量具难以测准。本实验采用光杠杆法进行间接测量(具体方法如图 2 所示)。

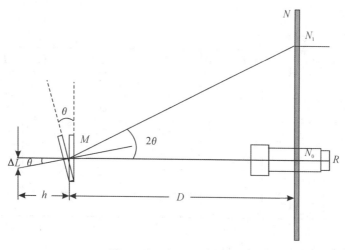

图 2　光杠杆法测量形变

$$Y = \frac{8LD\Delta F}{\pi d^2 h \Delta N}$$

这就是本实验所依据的公式。

3　实验内容及步骤

(1) 在待测金属丝下端砝码钩上加 1.000 kg 砝码使它伸直。调节仪器底部三脚螺丝,使 G 平台水平。

(2) 将光杠杆的两前足置于平台的槽内,后足置于 C 上,调整镜面与平台垂直。

(3) 调整标尺与望远镜支架于合适位置使标尺与望远镜相对光杠杆镜面中心对称,并使镜面与标尺距离 D 约为 1.5 m。

(4) 用千分尺测量金属丝上、中、下直径,用卷尺量出金属丝的长度 L。

(5) 调整望远镜使其与光杠杆镜面在同一高度,先在望远镜外面附近找到光杠杆镜面中标尺的像(如找不到,应左右或上下移动标尺的位置或微调光杠杆镜面的垂直度),再把望远镜移到眼睛所在处,结合调整望远镜的角度,在望远镜中便可看到光杠杆镜面中标尺的反射像(不一定很清晰)。

(6) 调节目镜,看清十字叉丝,调节调焦旋钮,看清标尺的反射像,而且无视差。若有视差,应继续细心调节目镜,直到无视差为止。检查视差的办法是使眼睛上下移动,看叉丝与标尺的像是否相对移动;若有相对移动,说明有视差,就应再调目镜直到叉丝与标尺像无相对运动(即无视差)为止。记下水平叉丝(或叉丝交点)所对准的标尺的初读数 N_0,N_0 一般应调在标尺 0 刻线附近,若差得很远,应上下移动标尺或检查光杠杆反射镜面是否竖直。

(7) 每次将 1.000 kg 砝码轻轻地加于砝码钩上,并分别记下读数 N_1',N_2',$\cdots$,N_i',共做 5 次。

(8) 每次减少 1.000 kg 砝码,并依次记下读数 N_{i-1}'',N_{i-2}'',$\cdots$,N_0''。

(9) 当砝码加到最大时(如 6.000 kg)时,再测一次金属丝上、中、下的直径 d,并与挂 1.000 kg 砝码时对应的直径求平均值,作为金属丝的直径 d 值。

(10) 用卡尺测出光杠杆后足尖与前两足尖的距离 h,用卷尺或尺读望远镜的测距功能测出 D。

(11) 用作图、图解法处理实验数据,确定测量结果及测量不确定度。

4　实验数据及处理

(1) 实验数据记录表格

次序	$F(\times 9.8\ N)$	N_i(加,cm)	N_i(减,cm)	d(1 kg)	d(6 kg)	L/cm	D/cm	h/cm
1	1.000	0	-0.05	0.442	0.440	98.00	150	7.842
2	2.000	1.38	1.65	0.465	0.460	—	—	—
3	3.000	2.90	2.95	0.438	0.455	—	—	—
4	4.000	4.30	4.45	—	—	—	—	—
5	5.000	5.72	5.90	—	—	—	—	—
6	6.000	7.12	—	—	—	—	—	—

(2) 用作图法处理数据确定 $\dfrac{\Delta F}{\Delta N}$ 的测量结果及不确定度

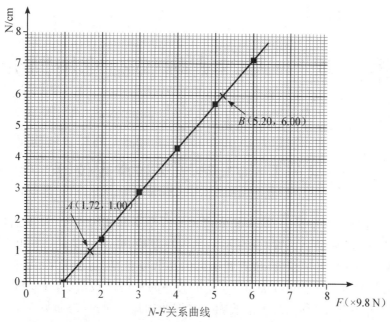

N-F关系曲线

$$\frac{\Delta F}{\Delta N} = \frac{F_2 - F_1}{N_2 - N_1} = \frac{(5.20 - 1.72) \times 9.8}{6.00 - 1.00} \times 10^2 = 6.82 \times 10^2 \, (\mathrm{N/m})$$

$$E_{\frac{\Delta F}{\Delta N}} = \sqrt{\left(\frac{u_{\Delta F}}{\Delta F}\right)^2 + \left(\frac{u_{\Delta N}}{\Delta N}\right)^2} = \sqrt{\left(\frac{\sqrt{2} u_{F_1}}{\Delta F}\right)^2 + \left(\frac{\sqrt{2} u_{N_1}}{\Delta N}\right)^2}$$

$$= \sqrt{\left(\frac{\sqrt{2} \times 0.05}{\sqrt{3} \times 4.5}\right)^2 + \left(\frac{\sqrt{2} \times 0.05}{\sqrt{3} \times 5}\right)^2} = \sqrt{8.2 \times 10^{-5} + 6.7 \times 10^{-5}} = 1.2\%$$

$$u_{\frac{\Delta F}{\Delta N}} = E_{\frac{\Delta F}{\Delta N}} \times \frac{\Delta F}{\Delta N} = 1.2\% \times 6.82 \times 10^2 = 8 \, (\mathrm{N/m})$$

（3）计算钢丝的杨氏模量的测量结果及不确定度

$$Y = \frac{8LD\Delta F}{\pi d^2 h \Delta N} = \frac{8 \times 98.00 \times 150 \times 10^2}{3.14 \times 0.0450^2 \times 7.842} \times 6.82 \times 10^2 = 1.59 \times 10^{11} \, (\mathrm{N/m^2})$$

$$E_Y = \sqrt{\left(\frac{u_L}{L}\right)^2 + \left(\frac{u_D}{D}\right)^2 + \left(2\frac{u_d}{d}\right)^2 + \left(\frac{u_H}{H}\right)^2 + \left(E_{\frac{\Delta F}{\Delta N}}\right)^2}$$

$$= \sqrt{\left(\frac{0.05}{\sqrt{3} \times 98.00}\right)^2 + \left(\frac{5}{\sqrt{3} \times 150}\right)^2 + \left(\frac{2 \times 0.004}{\sqrt{3} \times 0.45}\right)^2 + \left(\frac{0.002}{\sqrt{3} \times 7.842}\right)^2 + (1.2\%)^2}$$

$$= \sqrt{8.7 \times 10^{-8} + 3.7 \times 10^{-4} + 1.1 \times 10^{-4} + 2.2 \times 10^{-8} + 1.44 \times 10^{-4}}$$

$$= 2.5\%$$

$$u_Y = Y \times E_Y = 1.59 \times 10^{11} \times 2.5\% = 0.04 \times 10^{11} \, (\mathrm{N/m^2})$$

$$\begin{cases} Y = \bar{Y} \pm u_Y = (1.59 \pm 0.04) \times 10^{11} \, (\mathrm{N/m^2}) \\ E_Y = 2.5\% \end{cases} \quad (p = 0.683)$$

5　实验结果

钢丝杨氏模量的测量结果及不确定度为

$$\begin{cases} Y = \bar{Y} \pm u_Y = (1.59 \pm 0.04) \times 10^{11} \, (\mathrm{N/m^2}) \\ E_Y = 2.5\% \end{cases} \quad (p = 0.683)$$

6　讨论

本实验需要测试的几个长度量应根据其大小及精度要求选择不同的仪器。本实验采用逐差法处理数据，求得的值实际上是多次测量结果的平均值，这样准确度较高。

第二章　　基本测量仪器使用简介

§2－1　　力、热学实验常用仪器

　　长度、质量、时间、温度是力、热实验常遇到的四个基本的物理量。长度测量常用到的仪器有米尺、游标卡尺、螺旋测微计(千分尺)、读数显微镜,微小长度变化则用光杠杆镜尺法。天平是用于测量物体质量的仪器,按其精确度的高低分台秤、物理天平、工业天平及分析天平(阻尼、光电阻尼),台秤的精确度最低,分析天平的精确度最高。天平的主要规格除精度级别外,尚有称量和感量。称量是天平所能允许称衡的最大质量。感量则是天平指针从度盘的平衡位置偏转一个分格时,天平两称盘上的质量差。一般说,天平感量的大小应与砝码(或游码)读数的最小分度值相适应。时间测量常用的仪器有机械停表计时、电子计时器等。温度测量仪器一般采用温度计。下面主要对游标卡尺、螺旋测微计、物理天平的使用进行简单介绍。

1　游标卡尺

1.1　结构

　　游标卡尺的结构如图 2-1 所示。它包含最小分度值为毫米的主尺 E 和套在主尺上可以滑动的游标 F。主尺一端有两个垂直于主尺长度的固定量爪 A 和 C。游标左端也有两个垂直于主尺长度的活动量爪 B 和 D。另外有一测量深度的尾尺 G。B、D 和 G 都随游标一起移动。游标上方有一个制动螺丝 T,当它松开时可使游标沿主尺自由滑动。当量爪 A 和 B 密切接触时,量爪 C 和 D 也密切接触,且尾尺 G 的尾端恰与主尺的尾端对齐,主尺上的"0"线和游标上的"0"线也正好对齐。外量爪 A 和 B 用于测量物体长度或圆柱体外径,前端的刀刃用来测量弯曲处的厚度。内量爪 C 和 D 用于测量空心物体的内径和其他尺寸。尾尺 G 用于测量小孔的深度。

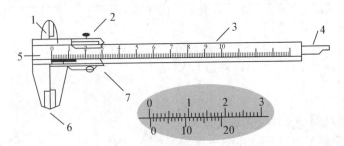

1. 内测量爪;2. 紧固螺钉;3. 主尺;4. 深度尺;5. 尺身;6. 外测量尺;7. 游标尺
图 2-1　游标卡尺

1.2　读数原理

利用游标卡尺测量长度，其读数值是由游标的"0"线和主尺的"0"线之间的距离表示出来的。毫米以上的整数部分可以从主尺上直接读出，即主尺上与游标尺"0"刻度相邻的左边那条毫米刻度线所对应的数值。而毫米以下的小数部分要从游标上那一条刻线与主尺上的某条刻线对齐来读。究竟怎么读，要看游标尺如何分度而定。下面以 10 分度游标为例来说明。

游标卡尺在结构上的主要特点是：游标上 n 个分格的总长与主尺上 $n-1$ 个分格的总长相等。设 y 代表主尺上一个分格的长度，x 代表游标上一个分格的长度，则有

$$nx = (n-1)y$$

主尺与游标上每个分格的长度差值为

$$\Delta = y - x = \frac{1}{n}y$$

Δ 称为游标的精确度。

10 分度游标的精确度：主尺上一分格长为 1 mm，游标上一分格长为 0.9 mm，$\Delta = 0.1$ mm。当量爪 A、B 合拢时，游标上的"0"线与主尺上的"0"线重合，如图 2-2 所示。

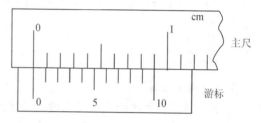

图 2-2　游标上的"0"线与主尺上的"0"线重合

这时游标上第一条刻线在主尺第一条刻线的左边 0.1 mm 处，游标上第二条刻线在主尺第二条刻线的左边 0.2 mm 处，依此类推，这就提供了利用游标进行测量的依据。如果在量爪 A、B 间放进一张厚度为 0.1 mm 的薄板，那么与量爪 B 相连的游标就要向右移动 0.1 mm，这时游标的第一条线就与主尺的第一条线相重合，而游标上其他各条线都不与主尺上任一条刻线重合。如果薄板厚 0.2 mm，则游标就要向右移动 0.2 mm，游标上的第二条线与主尺上的第二条线相重合，依此类推。

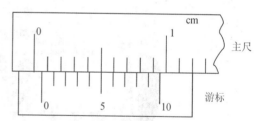

图 2-3　游标卡尺读数示例 1

反过来说，如果游标上第五条线与主尺上的刻度线重合，而且游标上的零线又没有超过主尺上一毫米的刻度线，那么薄板的厚度就是 0.5 mm，如图 2-3 所示。

综上所述，游标卡尺的读数方法可以总结为：如果游标上"0"刻度线在主尺上 k 毫米与 $k+1$ 毫米之间的某一位置，而游标上第 P 条刻度线与主尺上某刻度线对齐，则这个被物体的长度为

$$L = k + P \cdot \Delta$$

例如在测量某物体的长度时，游标处在图 2-4

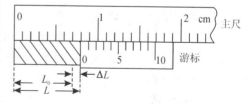

图 2-4　游标卡尺读数示例 2

所示的位置，毫米以上的整数部分 L，可直接从主尺上读出，$L_0 = 7$ mm，因游标尺上第 9 条刻度线与主尺上的刻度线对齐，毫米以下的小数部分 ΔL 应为 $9 \times \Delta = 9 \times 0.1 = 0.9$ mm，所以待测物体的长度为 $L = L_0 + \Delta L = 7 + 0.9 = 7.9$ mm。

从上面的例子（图 2-3、图 2-4）可以看出，由于用了游标，毫米以下这一位数是准确的，而用米尺测量，毫米以下这一位数是估计的。这表明使用游标可以提高读数的准确度。

常用的还有 20 分度和 50 分度的游标，其有关公式均可依照上述方法推导，表 2-1 列出了

各种游标的精确度。

表 2-1　各种游标的精确度

名称	精度	刻度总长	分度数	最小分度值	主尺最小分度
10 分尺	0.1 mm	9 mm	10 格	$9/10$ mm = 0.9 mm	1 mm
20 分尺	0.05 mm	19 mm	20 格	$19/20$ mm = 0.95 mm	1 mm
50 分尺	0.02 mm	49 mm	50 格	$49/50$ mm = 0.98 mm	1 mm

1.3　注意事项

　　使用游标尺时,应一手拿物体,另一手持尺。要特别注意保护量爪,使用时轻轻把物体夹住即可读数,不要用力过大。不允许用它来测量粗糙物体,切忌把被夹紧的物体在卡口内挪动。用游标卡尺测量之前,应先把量爪 A、B 合拢,检查游标尺的"0"线和主尺的"0"线是否重合,如不重合,应记下零点读数 X_0,加以修正。当游标"0"线在主尺"0"线右边,结果要减去 X_0,反之,则要加上 X_0。

2　螺旋测微计

2.1　结构与原理

　　螺旋测微计是比游标卡尺精确的长度测量仪器。常用的一种如图 2-5 所示。它的量程是 25 mm ,精确度为 0.01 mm 或 0.001 cm,故又称千分尺。

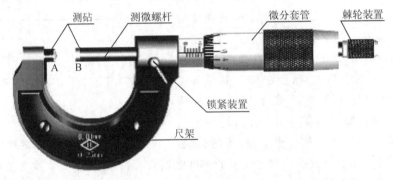

测砧　　测微螺杆　　　　　　　　　微分套管　　棘轮装置

A　B

锁紧装置

尺架

图 2-5　螺旋测微计结构

　　螺旋测微计的主要部分是测微螺杆,它由一根精密的测微螺杆和有毫米刻度的固定套管组成。固定套管外有一微分筒,微分筒上沿圆周刻有 50 个等分格,当微分筒旋转一周,即 50 分格,测微螺杆正好沿轴线方向移动一个螺距 0.5 mm。所以微分筒转动一分格,螺杆沿轴向移动 $0.5/50 = 0.01$ mm ,这就是所谓机械放大原理。

2.2　读数方法

　　测量物体尺寸时,应先把测微螺杆推开,将待测物体放在测砧面 A、B 之间,然后轻轻转动后端的棘轮装置,推动螺杆,把待测物体刚好夹住。读数时,应该先从固定套管上读出整数格(每格 0.5 mm),再以固定套管上的水平线为读数准线,读出微分筒上的分格数(每格 0.01 mm),估计到最小分格的十分之一,即 0.001 mm 这一位。如图 2-6(a)、(b),其读数为 7.983 mm 和 8.132 mm。

　　需要提醒的是固定套管的标尺刻在水平线的上下,上面刻度线是整毫米数,下面刻度线在上面两刻度线的中间,表示 0.5 mm。读数时由主尺读整刻度值,0.5 mm 以下由微分套筒读出

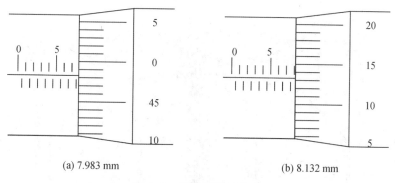

(a) 7.983 mm　　　　　　　　(b) 8.132 mm

图 2-6　螺旋测微计读数

分格值,并估读到 0.001 mm 那一位。

注意主尺半毫米刻线是否露出套筒边缘,如图 2-6(a)、(b) 读数的差别。

2.3　注意事项

(1) 测量时手握螺旋测微计的绝热板部分,被测工件也尽量少用手接触,以免因热胀影响测量精度。

(2) 测量前应检查零点读数。当测量面 A、B 刚好接触时,看微分筒上的零线是否对准固定套管上的水平线,如果没对准,就要记下零点读数 X_0,记住最后测出的读数要减 X_0。当微分筒上的零线在固定套管的水平线之上时,X_0 为负值。如果零点读数不为零,不得强行转动微分筒到零,否则将损坏仪器。

(3) 测量时须用棘轮。测量者转动螺杆时对被测物施加压力的大小,会直接影响测量的准确度。当测微螺杆端面与被测物接近时,应旋转棘轮,直至接触被测物时,棘轮自动打滑,发出"嗒嗒"声,此时立即停止旋转,进行读数。

(4) 用毕还原仪器时,应将螺杆退回几转留出空隙,以免热胀使螺杆变形。

3　物理天平

3.1　物理天平的结构

物理天平是一种等臂的杠杆。它的外形如图 2-7 所示,主要由横梁、底座、带有标尺的支柱以及两个称盘组成。横梁的中点及两端各有一个刀口,中间刀口安置在支柱顶端的刀垫上,作为梁的支点,左右两端的刀口悬有两个砝码盘。这三个刀口用硬质合金及玛瑙制成,须加以保护,以免磨损而影响精确度。

为了确定横梁的倾斜位置,在其中点装有一根指针,当横梁摆动时,指针的尖端就在支柱下部的标尺前后左右摆动。标尺下方有一制动手轮,可使横梁上升或下降。横梁下降时制动托架将它托住,以免磨损刀口。横梁两端各有一个平衡螺母,用以天平空载时调节平衡。横梁上有一可以移动的游码,用于一克以下的称衡。立柱左边有一个托盘,用来托住不需要称衡的物体。底座下的两个调平螺丝用于调节天平立柱成铅直状态(由水准仪的气泡在中心来判断)。

3.2　物理天平的操作步骤

(1) 调节水平

调节水平螺丝使支柱垂直,具体步骤为:首先调节水平螺丝中的任一个,使水准仪上的气泡处在顶部或底部位置。接着同步调节(即同方向旋转)两个水平螺丝,使气泡位于水准仪的中央,这时天平就处于水平状态。

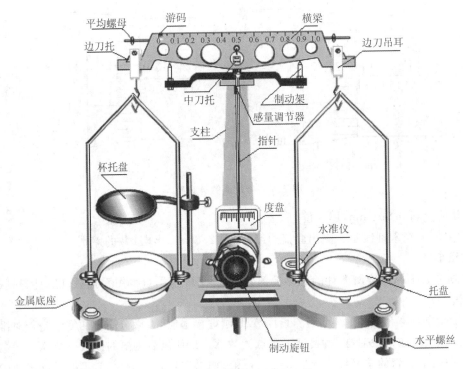

图 2-7   物理天平结构

（2）调节平衡

把游码拨到零位置，将称盘挂在两端刀口上，转动制动旋钮，支起横梁，观察指针摆动情况。如果指针停在中间或在中间左右等幅摆动，则天平平衡。如果指针偏向某一边，则应该止动天平，调节平衡螺母，然后再支起横梁观察是否平衡，如此反复调节，直到天平平衡。

（3）称衡

将待测物体放在左盘内，砝码放在右盘内，进行称衡。轻轻转动制动手轮使横梁慢慢升起，观察天平是否平衡，若不平衡，适当增减砝码或移动游码，直至平衡。此时右盘上的砝码加上游标所示的克数即为称衡物体的质量。

（4）每次称衡完毕，都要将制动旋钮向左旋转，放下横梁，全部称完后，应该将称盘摘离刀口。

3.3 使用物理天平的注意事项

（1）天平的负载量不得超过其最大称量，以免损坏刀口或压弯横梁。

（2）为了避免刀口受冲击而损坏，必须切记：在取放物体、取放砝码、调节平衡螺母以及不使用天平时，都必须将天平止动，即将横梁放下。只是在判断天平是否平衡时才将天平启动，天平启、止动时动作要轻，止动时最好在天平指针接近标尺中间刻度时进行。

（3）取砝码时只准用夹子夹取，切勿用手拿，用完应立即用夹子夹回到砝码盒中。

§2—2   电磁学测量常用仪器

电磁测量仪器按工作原理分为模拟式电子仪器和数字式电子仪器。模拟式电子仪器指具有连续特性并可与同类模拟量相比较的仪器。数字式电子仪器指通过模拟数字转换，把具有连续性的被测量变成离散的数字量,再显示其结果的仪器。

1　磁电式电流计

电表是电磁测量中常用的基本仪器之一。电磁测量电表的种类很多,按工作原理分,有磁电式、热电式、电动式、静电式和整流式等。其中磁电式仪表只适用于测量直流电,但它具有准确度高,稳定性好,功率消耗小,受外界磁场和温度影响小,分度均匀,便于读数等优点,应用很广泛。下面以磁电式电流计为例介绍磁电式电表的工作原理。电流计是将通过它的微弱电流变成指针或光点的偏转。电流计常用来测量微小电流或作电路平衡指示器。

1.1　电流计的结构及工作原理

表头的内部结构如图 2-8 所示。永久磁铁的两个磁极上各连着一个圆筒形的极掌,极掌之间有一个圆柱形软铁芯,极掌与铁芯间的空隙内有以圆柱的轴为中心的均匀辐射状分布的磁场。在这磁场中,放有长方形线圈,线圈可以绕铁芯的轴线转动,线圈转轴上附有一根指针。

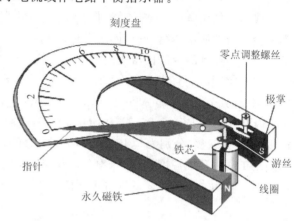

当电流通过线圈时,线圈受到电磁力矩的作用而偏转,直到与游丝的反扭力矩平衡,线圈转角维持一定。线圈转角的大小与所通过的电流大小成正比。电流方向不同,偏转方向也不同。这就是磁电式仪表的工作原理。

图 2-8　磁电式表头的结构示意图

1.2　电表的主要特性参数

（1）量程

它表示电表满偏时的电流值。例如 0-2.5 mA-5 mA 的电流表,表示该电流表有两个量程,第一个量程在电流为 2.5 mA 时偏转满刻度,第二个量程在电流为 5 mA 时偏转满刻度。

（2）等级

模拟电表的等级即电表极限误差,它主要是由于机械原因造成的。我国常用电表分为七个等级,分别为 0.1、0.5、1.0、1.5、2.0、2.5、5.0,等级数越大电表测量的极限误差越大。电表的测量极限误差与电表等级的关系为:电表测量的极限误差等于电表等级的百分数乘以电表的量程。数字式电表在仪器出厂的技术指标中一般会给出电表的极限误差,如果查不到误差指标,可用仪器示值的最小单位的 5 倍作为电表的示值极限误差,或根据示值的变化情况来估计。

例如一个量程为 5 mA 的电流表,如果它的等级为 0.5 级,则表示它在测量时可能产生的最大误差为

$$\Delta I = 0.5\% \times 5 \text{ mA} = 0.025 \text{ mA}$$

由于电表的等级误差是绝对误差,当测量值相对量程比较小的时候,该测量值的相对误差非常大。因此在测量过程中如何正确选择量程是非常重要的。

（3）内阻

理想的电流表被认为内阻为零,但实际使用的电流表都存在一定的内阻。在测量电流时是将电流表串联在某个回路之中,由于电流表本身内阻的影响,电路的参数将发生变化,会给测

量带来误差,当这种误差不是小到可以忽略的时候,我们就必须知道电流表的内阻,以便对测量值做出相应的修正。理想的电压表被认为内阻为无限大,但实际使用的电压表并非如此,当电压表并联入电路进行电压测量时也影响电路的参数,给测量带来误差,如果认为这种误差不可忽略,就必须根据电压表内阻的影响对测量结果进行修正。数字式电表的内阻近乎理想。

实验室常用的磁电式电表大体有三种:(1) 检流计:主要用来检测微小电流。(2) 电流表:主要用来测量电路中的电流值。(3) 电压表:电压表实际上是用一个电流表加上一个电阻而构成的,主要用来测量两个端点之间的电压(或电位差)。

我们在使用电表时,应该特别注意电表的极性和量程的选择。这里仅仅是对最常用的电磁学实验仪器的简单介绍,在具体使用时必须事先熟读仪器的使用说明以便正确地使用该仪器。其他实验中用到的专门仪器我们将在该实验里具体描述。

实验室现有的直流电表为 C31-μA、mA 型 0.5 级直流电表。它是在磁电式表头上并联分流电阻而成的。其中 C31-μA 型微安表(0 ~ 1000 μA) 有四个量程,分别是 100、200、500、1000 μA,内阻分别为 $R \approx 1200, 1100, 560, 300\ \Omega$,准确度等级为 0.5 级。C31-mA 型毫安表(0 ~ 50 mA) 有四个量程,分别为 5、10、20、50 mA,压降为 $U \approx 12 \sim 28$ mV,准确度等级为 0.5 级。仪器适用于周围环境温度为 (23 ± 10)℃ 及相对湿度为 $25\% \sim 80\%$ 的条件下工作。

图 2-9 为直流电流表的原理电路图。

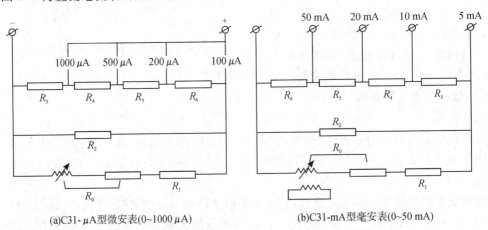

(a)C31-μA型微安表(0~1000μA)   (b)C31-mA型毫安表(0~50 mA)

图 2-9　直流电流表的原理电路图

2　数字式仪表

2.1　数字式仪表概述

数字电表是一种新型的电测仪表,具有准确度高、灵敏度高、测量速度快的优点,并可以和计算机结合使用给出一定形式的编码输出。数字电表的测量误差与模拟式电表的测量误差有所不同。下面以数字电压表为例讨论数字电表的测量误差。

数字电压表(DVM) 的误差公式常表示为

$$\Delta = \pm (a\% U_x + b\% U_m)$$

式中,Δ 为绝对误差;U_x 为测量指示值;U_m 为满度值;a 为误差的相对项系数(仪器说明书提供);b 为误差的固定项系数(仪器说明书提供)。从上式可以看出,数字电表的绝对误差分为两部分,第一项为可变误差部分;第二项为固定误差部分,与被测值无关,属于系统误差。所以测

量值 U_x 的相对误差 r 为

$$r = \frac{\Delta}{U_x} = \pm(a\% + b\% \frac{U_m}{U_x})$$

可见,当满量程($U_x = U_m$)时,测量相对误差 r 最小,随着 U_x 的减小,r 逐渐增大。当 $U_x \leqslant 0.1$ U_m 时应该换下一个量程使用,这是因为数字电压表量程是十进位的。

数字电表的数字显示部分的误差很小,一般为最后一个数字 ±1。

例 1 一个数字电压表在使用 2.0000 V 量程时,$a = 0.02$,$b = 0.01$,其绝对误差为

$$\Delta = \pm(0.02\%U_x + 0.01\%U_m)$$

当 $U_x = 0.1U_m = 0.2000$ V 时,相对误差为

$$r = \pm(0.02\% + 10 \times 0.01\%) = \pm0.12\%$$

当 $U_x = U_m$ 时,

$$r = \pm(0.02\% + 0.01\%) = \pm0.03\%$$

由此可见,在使用数字电压表时,应选择合适的量程,使其略大于被测值,以减小测量值的相对误差。

2.2 数字式电流表和数字式电压表的测量误差

实验室现用的直流数字电流表和电压表均为杭州大华科教仪器制造有限公司生产的,型号分别为 DHA-3A 型 4 位半直流数字电流表和 DHV-2A 型 4 位半直流数字电压表。它们的测量范围及基本误差分别如表 2-2、表 2-3 所示。

表 2-2 DHA-3A 型 4 位半直流数字电流表规格(0 ~ 4 A,4 个量程)

量程	测量范围	分辨率	基本误差
1	0 ~ 3.9999 A	200 μA	$\pm$0.2%$\pm$3 个字
2	0 ~ 199.99 mA	10 μA	$\pm$0.1%$\pm$2 个字
3	0 ~ 19.999 mA	1 μA	$\pm$0.1%$\pm$1 个字
4	0 ~ 1.9999 mA	0.1 μA	$\pm$0.2%$\pm$2 个字

表 2-3 DHV-2A 型 4 位半直流数字电压表规格(0 ~ 200 V,4 个量程)

量程	测量范围	分辨率	基本误差
1	0 ~ 199.99 V	10 mV	$\pm$0.1%$\pm$1 个字
2	0 ~ 19.999 V	1 mV	$\pm$0.1%$\pm$1 个字
3	0 ~ 1.9999 mA	100 μV	$\pm$0.1%$\pm$1 个字
4	0 ~ 199.99 mV	10 μV	$\pm$0.1%$\pm$1 个字

仪器的工作温度皆为 10 ~ 35 ℃,相对湿度 25% ~ 80%。

3 电源

电源是提供电能的装置,一般按提供电能的种类分为直流电源和交流电源两类。常用的直流电源有化学电池(如干电池、蓄电池等)和利用交流电转变为直流电的稳压或稳流电源。电磁学实验中最常用的电源为直流稳压电源。它是将市交流电(220 V,50 Hz)经降压、整流、稳压而成为直流电的装置,具有输出电压稳定,内阻小,功率较大,输出电压连续可调,使用方便

等优点。

　　下面以实验室使用的 DF1731SLL3A 型号的可调式直流稳压、稳流电源为例作一简单介绍。DF1731SLL 为四组 3 位半 LED 数字表,分别显示二组电源的输出电压、电流值。它是由二路可调输出电源和一路固定输出电源组成的高精度电源。其中二路可调输出电源具有稳压与稳流自动转换功能,其电路由调整管功率损耗控制电路、运算放大器和带有温度补偿的基准稳压器等组成。二路可调输出电源既可独立使用,又可以任意进行串联或并联,在串联和并联的同时还可由一路主电源进行电压或电流(并联时)跟踪。串联时最高输出电压可达两路电压额定值之和,并联时最大输出电流可达两路电流额定值之和。另一路固定输出 5 V 电源,控制部分由单片集成稳压器组成。三组电源均具有可靠的过载保护功能,输出过载或短路都不会损坏电源。额定电压为 $2\times(0\sim30)$ V,额定电流为 $2\times(0\sim3)$ A,表头的电压表和电流表精度 2.5 级,即电压表 $\pm1\%\pm2$ 个字,电流表 $\pm2\%\pm2$ 个字。DF1731SLL3A 直流稳压稳流电源的面板如图 2-10 所示。

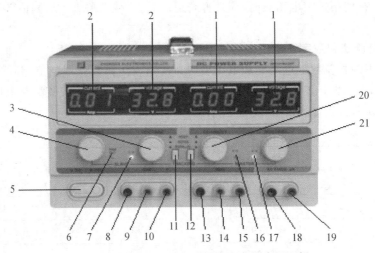

图 2-10　DF1731SLL3A 直流稳压稳流电源面板

3.1　面板各元件的作用

表 2-4　各面板元件作用

序　号	功　　　能
1	电表或数字表:指示主路输出电压、电流值
2	电表或数字表:指示从路输出电压、电流值
3	从路稳压输出电压调节旋钮:调节从路输出电压值
4	从路稳流输出电流调节旋钮:调节从路输出电路值(即限流保护点调节)
5	电源开关
6	从路稳流状态或二路电源并联状态指示灯:当从路电源处于稳流工作状态或二路电源处于并联状态时,此指示灯亮
7	从路稳压状态指示灯
8	从路直流输出负接线柱
9	机壳接地端

续表

序　号	功　　　　能
10	从路直流输出正接线柱
11	二路电源独立、串联、并联控制开关
12	二路电源独立、串联、并联控制开关
13	主路直流输出负接线柱
14	机壳接地端
15	主路直流输出正接线柱
16	主路稳流状态指示灯
17	主路稳压状态指示灯
18	固定 5 V 直流电源输出负接线柱
19	固定 5 V 直流电源输出正接线柱
20	主路稳流输出电源调节旋钮
21	主路稳压输出电压调节旋钮

3.2　使用

3.2.1　双路可调电源独立使用

（1）将 11 和 12 开关分别置于弹起位置。

（2）可调电源作为稳压电源使用时，首先应将稳流调节旋钮 4 和 20 顺时针调节到最大，然后打开电源开关 5，并调节电压调节旋钮 3 和 21，使从路和主路输出直流电压至需要的电压值，此时稳压状态指示灯 7 和 17 亮。

（3）可调电源作为稳流源使用时，在打开电源开关 5 后，先将稳压调节旋钮 3 和 21 顺时针调节到最小，然后接上所需负载，再顺时针调节稳流调节旋钮 4 和 20，使输出电流至所需要的稳定电路值。此时稳压状态指示灯 7 和 17 熄灭，稳流状态指示灯 6 和 16 亮。

（4）作为稳压源使用时稳流电流调节旋钮 4 和 20 一般应该调至最大，但是本电源也可以任意设定限流保护点。设定办法为：打开电源，逆时针将稳流调节旋钮 4 和 20 调到最小，然后短接输出正、负端，并顺时针调节稳流调节旋钮 4 和 20，使输出电流等于所要求的限流保护点的电流值，此时限流保护点就设定好了。

（5）若电源只带一路负载时，为延长机器的使用寿命，减少功率管的发热量，请在主路电源上使用。

3.2.2　双路可调电源串联使用

（1）将 11 开关按下，12 开关置于弹起，此时调节主电源电压调节旋钮 21，从路的输出电压严格跟踪主路输出电压，使输出电压最高可达两路电流的额定值之和（即端子 8 和 15 之间电压）。

（2）在两路电源串联以前应先检查主路和从路电源的负端是否与接地端相连，如相连则应将其断开，不然在两路电源串联时将造成从路电源短路。

（3）在两路电源处于串联状态时，两路的输出电压由主路控制，但是两路的电流调节仍然是独立的。因此在两路串联时应注意电流调节旋钮 4 的位置，如旋钮 4 在逆时针到底的位置或从路输出电流超过限流保护点,此时从路的输出电压将不再跟踪主路的输出电压。所以一般两路串联时应使旋钮 4 顺时针旋到最大。

(4)在两路电源串联时,如有功率输出则应用与输出功率相对应的导线将主路的负端和从路的正端可靠短接。

3.2.3　双路可调电源并联使用

(1)将 11、12 开关按下,此时两路电路并联,调节主电源电压调节旋钮 21,两路输出电压一样,同时从路稳流指示灯 6 亮。

(2)在两路电源处于并联状态时,从路电源的稳流调节旋钮 4 不起作用。当电源作稳流源使用时,只需调节主路的稳流调节旋钮 20,此时主、从路的输出电流均受控制并相同。其输出电流最大可达二路输出电流之和。

(3)在两路电源处于并联状态时,如有功率输出则应用与输出功率相对应的导线分别将主、从电源的正端和正端、负端和负端可靠短接,以使负载可靠地接在两路输出的输出端上。

4　电阻器

4.1　滑线变阻器

滑线变阻器的结构如图 2-11 所示,涂有绝缘层的电阻丝绕在绝缘瓷管上,电阻丝两端分别与固定在瓷管上的接线柱 A 和 B 相连。瓷管上方装有一根与瓷管平行的金属杆,金属杆的一端连有接线柱 C,杆上还套有紧压在电阻线圈上的接触器。线圈与接触器接触处的绝缘层被刮掉。滑动接触器,即改变滑动端的位置,就可以改变 AC 或 BC 之间的电阻,而 A、B 两端之间的电阻是固定的总电阻。

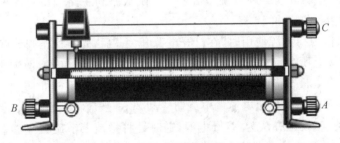

图 2-11　滑线变阻器

电路中常常用滑线变阻器来做变流器(限流器)或分压器,以下是滑线变阻器在电路中的两种接法(图 2-12、图 2-13):

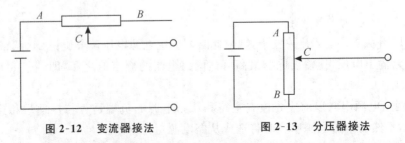

图 2-12　变流器接法　　　　**图 2-13　分压器接法**

(1)变流器(限流器)接法:如图 2-12 所示,将滑线变阻器的一个固定端 A 与滑动端 C 串联在电路中,当滑动端 C 的位置发生变化时,电路的总电阻也发生了变化,从而使电路的电流发生变化,也使电路的最大电流受到一定的限制。

(2)分压器接法:如图 2-13 所示,将滑线变阻器的两个固定端 A 和 B 分别与电源的两极相连,由滑动端 C 和固定端 B 引出电压来。当滑动端 C 的位置发生变化时,C、B 间的电压也随之发生变化,改变滑动端 C 的位置就可以达到调整输出电压的目的。

应该注意的是,在开始实验操作前,在变流器接法中,应该把滑动端 C 调整到离 A 端最远的位置,使 A、C 间的电阻最大,使电路的输出电流达到最小;在分压器接法中也同样要使滑动端 C 离 A 端最远(即离 B 点最近),使输出电压达到最小。

4.2　旋转式电阻箱

电阻箱是由若干个标准电阻按一定的组合方式连接在一起的电阻组件,ZX21 型旋转式电阻箱的外部和内部结构如图 2-14 所示。

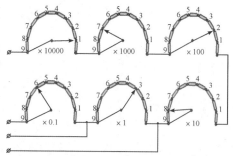

图 2-14　旋转式电阻箱面板及内部结构

电阻箱的输出端共有 4 个接线柱,分别标记为 0,0.9,9.9,99999.9,其含义为:0 ~ 99999.9 之间的最大电阻值为 99999.9 Ω,0 ~ 9.9 之间的最大电阻值为 9.9 Ω,0 ~ 0.9 之间的最大电阻值为 0.9 Ω。在上例中,如果把接线连在 0 ~ 99999.9 两个接线柱之间,则电阻箱的电阻值为 $10000 + 7000 + 200 + 80 + 3 + 0.6 = 17283.6$ Ω。同理,如果把接线连在 0 ~ 9.9 两个接线柱上,则此时电阻箱的电阻值为 3.6 Ω;如果把接线连在 0 ~ 0.9 两个接线柱上,则此时电阻箱的电阻值为 0.6 Ω。

电阻箱的准确度等级表示的是电阻箱标称值允许误差的百分数。准确度一般分为 0.01,0.02,0.05,0.1,0.5,1.0 级。对 0.1 级电阻箱,在工作条件下,标称值的允许误差为 0.1%。电阻箱的误差除了允许误差外,还有电阻箱旋钮的接触误差。电阻箱接触电阻的大小依等级不同而不同,等级 $a \geq 0.1$ 级的电阻箱,每个旋钮的接触电阻不大于 0.005 Ω,$a \leq 0.1$ 级的电阻箱,每个旋钮的接触电阻不大于 0.002 Ω。电阻箱的基本误差(在额定电流范围内)为允许误差和旋钮接触误差之和。基本误差的绝对值为

$$\Delta R = \pm (a\% R + mb)$$

式中,a 为电阻箱的准确度等级;R 为电阻箱的接入电阻值;b 为每个旋钮的接触电阻;m 为电阻箱接入的旋钮个数。

实验室现用的电阻箱型号为 ZX21a 型直流电阻箱,其有三个接线柱,分别为 0 Ω,11 Ω,111.111 kΩ,阻值调节范围为 0 ~ 111111.0 Ω。每个步进盘的准确度如表 2-5 所示。

大学物理实验

表 2-5   ZX21a 型直流电阻箱的准确度

步进盘	$\times 10\ \mathrm{k\Omega}$	$\times 1\ \mathrm{k\Omega}$	$\times 100\ \Omega$	$\times 10\ \Omega$	$\times 1\ \Omega$	$\times 0.1\ \Omega$
准确度/%	±0.1	±0.1	±0.1	±0.1	±0.5	±2

电阻器各挡电流不应超过表 2-6 规定。

表 2-6   ZX21a 型直流电阻箱的额定电流

步进电阻/Ω	0.1	1	10	10^2	10^3	10^4
额定电流/A	1.5	0.5	0.15	0.05	0.015	0.005

第三章　基本物理实验

实验 1　转动惯量的测定

转动惯量是刚体转动中惯性大小的量度。它取决于刚体的总质量、质量分布、形状和转轴位置。对于形状简单，质量均匀分布的刚体，可以通过数学方法计算出它绕特定转轴的转动惯量，但对于形状比较复杂，或质量分布不均匀的刚体，用数学方法计算其转动惯量是非常困难的，因而大多采用实验方法来测定。

在涉及刚体转动的机电制造、航空、航天、航海、军工等工程技术和科学研究中，转动惯量的测定具有十分重要的意义。测定转动惯量常采用扭摆法或恒力矩转动法，本实验采用恒力矩转动法测定转动惯量。

【实验目的】

1. 学习用恒力矩转动法测定刚体转动惯量的原理和方法；
2. 观测刚体的转动惯量随其质量、质量分布及转轴不同而改变的情况，验证平行轴定理；
3. 学会使用智能计时计数器测量时间。

【实验仪器】

ZKY-ZS 转动惯量实验仪、ZKY-TD 智能计时计数器

【实验原理】

1. 恒力矩转动法测定转动惯量的原理

根据刚体的定轴转动定律

$$M = J\beta \tag{1-1}$$

只要测定刚体转动时所受的总合外力矩 M 及该力矩作用下刚体转动的角加速度 β，就可计算出该刚体的转动惯量 J。

设以某初始角速度转动的空实验台转动惯量为 J_1，未加砝码时，在摩擦阻力力矩 M_μ 的作用下，实验台将以角加速度 β_1 作匀减速运动，即

$$-M_\mu = J_1\beta_1 \tag{1-2}$$

将质量为 m 的砝码用细线绕在半径为 R 的实验台塔轮上，并让砝码下落，系统在恒外力作用下将作匀加速运动。若砝码的加速度为 a，则细线所受张力为 $T = m(g-a)$。若此时实验台的角加速度为 β_2，则有 $a = R\beta_2$。细线施加给实验台的力矩为 $TR = m(g-a)R$，此时有

$$m(g-R\beta_2)R - M_\mu = J_1\beta_2 \tag{1-3}$$

将(1-2)、(1-3)两式联立消去 M_μ 后，可得

$$J_1 = \frac{mR(g - R\beta_2)}{\beta_2 - \beta_1} \tag{1-4}$$

同理,若在实验台上加上被测物体后系统的转动惯量为 J_2,加砝码前后的角加速度分别为 β_3 与 β_4,则有

$$J_2 = \frac{mR(g - R\beta_4)}{\beta_4 - \beta_3} \tag{1-5}$$

由转动惯量的叠加原理可知,被测试件的转动惯量 $J_测$ 为

$$J_测 = J_2 - J_1 \tag{1-6}$$

得 R、m 及 β_1、β_2、β_3、β_4,由(1-4),(1-5),(1-6)式即可计算被测试件的转动惯量。

2. 角加速度 β 的测量

实验中采用智能计时计数器记录遮挡次数和相应的时间。固定在载物台圆周边缘相差 π 角的两遮光细棒,每转动半圈遮挡一次固定在底座上的光电门,即产生一个计数光电脉冲,计数器计下遮挡次数 k 和相应的时间 t。若从第一次挡光($k = 0, t = 0$)开始计次、计时,且初始角速度为 ω_0,则对于匀变速运动中测量得到的任意两组数据(k_m, t_m)、(k_n, t_n),相应的角位移 θ_m、θ_n 分别为

$$\theta_m = k_m\pi = \omega_0 t_m + \frac{1}{2}\beta t_m^2 \tag{1-7}$$

$$\theta_n = k_n\pi = \omega_0 t_n + \frac{1}{2}\beta t_n^2 \tag{1-8}$$

从(1-7)、(1-8)两式中消去 ω_0,可得

$$\beta = \frac{2\pi(k_n t_m - k_m t_n)}{t_n^2 t_m - t_m^2 t_n} \tag{1-9}$$

由(1-9)式即可计算角加速度 β。

3. 平行轴定理

理论分析表明,质量为 m 的物体绕通过质心 O 的转轴转动时的转动惯量 J_0 最小。当转轴平行移动距离 d 后,绕新转轴转动的转动惯量为

$$J = J_0 + md^2 \tag{1-10}$$

【仪器介绍】

ZKY-ZS 转动惯量实验仪。

转动惯量实验仪如图 1-1 所示,绕线塔轮通过特制的轴承安装在主轴上,使转动时的摩擦力矩很小。塔轮半径共 5 挡,分别为 15 mm、20 mm、25 mm、30 mm、35 mm,可与大约 5 g 的砝码托及 1 个 5 g、4 个 10 g 的砝码组合,产生大小不同的力矩。载物台用螺钉与塔轮连接在一起,随塔轮转动。随仪器配置的被测试样有 1 个圆盘、1 个圆环、两个圆柱。圆柱试样可插入载物台上的不同孔,如图 1-2 所示,这些孔离中心的距离分别为 45 mm、60 mm、75 mm、90 mm、105 mm,便于验证平行轴定理。铝制小滑轮的转动惯量与实验台相比可忽略不计。一只光电门作测量,一只作备用,可通过智能计时计数器上的按钮方便地切换。

关于 ZKY-TD 智能计时计数器的详细介绍请参考本实验中附录部分。

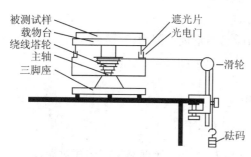

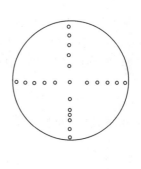

图 1-1　转动惯量装置　　　　　　图 1-2　载物台俯视图

【实验内容和步骤】

1. 实验准备

在桌面上放置 ZKY-ZS 转动惯量实验仪,并利用基座上的三颗调平螺钉,将仪器调平。将滑轮支架固定在实验台面边缘,调整滑轮高度及方位,使滑轮槽与选取的绕线塔轮槽等高,且方位相互垂直,如图 1-1 所示,并且用数据线将智能计时计数器中 A 或 B 通道与转动惯量实验仪中的一个光电门相连。

2. 测量并计算实验台的转动惯量 J_1

（1）测量 β_1

上电开机后 LCD 显示"智能计数计时器 成都世纪中科"欢迎界面,延时一时间后,显示操作界面。

① 选择"1 计时　　1-2 多脉冲"。

② 选择通道。

③ 用手轻轻拨动载物台,使实验台有一初始转速并在摩擦阻力力矩作用下作匀减速运动。

④ 按确认键进行测量。

⑤ 载物盘至少转动 5 圈后才按确认键停止测量。

⑥ 查阅数据,并将查阅到的数据(除第一组外)记入表 1-1 中。

采用逐差法处理数据,将第 2 组和第 6 组、第 3 组和第 7 组……(分别组成 4 组)用(1-9)式计算对应各组的 β_1 值,然后求其平均值作为 β_1 的测量值。

⑦ 按确认键后返回"1 计时　　1-2 多脉冲"界面。

（2）测量 β_2

① 选择塔轮半径 R 及砝码质量,将一端打结的细线沿塔轮上开的细缝塞入,并且不重叠地密绕于所选定半径的轮上,细线另一端通过滑轮后连接砝码托上的挂钩,用手将载物台稳住。

② 选择"1 计时　　1-2 多脉冲"和相应通道,按测量键进行测量。

③ 释放载物台,砝码重力产生的恒力矩使实验台产生匀加速转动。

④ 记录 8 组数据后停止测量。查阅、记录数据于表 1-2 中并计算 β_2 的测量值。

由(1-4)式即可算出 J_1 的值。

3. 测量并计算实验台放上试样后的转动惯量 J_2,计算试样的转动惯量 $J_测$ 并与理论值比较

将待测试样放上载物台并使试样几何中心轴与转轴中心重合,按与测量 J_1 同样的方法可

分别测量未加砝码的角加速度 β_3 与加砝码后的角加速度 β_4。由(1-5)式可计算 J_2 的值,已知 J_1、J_2,由(1-6)式可计算试样的转动惯量 $J_测$。

已知圆盘、圆柱绕几何中心轴转动的转动惯量理论值为

$$J_0 = \frac{1}{2}mR^2 \tag{1-11}$$

圆环绕几何中心轴的转动惯量理论值为

$$J = \frac{m}{2}(R_外^2 + R_内^2) \tag{1-12}$$

计算试样的转动惯量理论值并与测量值 $J_测$ 比较,计算测量值的相对误差

$$E = \frac{J_测 - J}{J} \times 100\% \tag{1-13}$$

4. 验证平行轴定理

将两圆柱体对称插入载物台上与中心距离为 d 的圆孔中,测量并计算两圆柱体在此位置的转动惯量。将测量值与由(1-10)、(1-11)式所得的计算值相比较,若一致即验证了平行轴定理。

【注意事项】

1. 实验台的水平度调好之后不要再移动转动惯量实验仪。

2. 测量匀减速角加速度的时候手拨动实验台的动作要轻,等放手后再按测量键进行测量。测量匀加速的角加速度的时候顺序则相反,应先按测量键后放开砝码。

【数据处理要求】

1. 数据记录表格

表 1-1　实验台匀减速的角加速度

k_m	t_m/s	$\Delta m_{tm}/s$	k_n	t_n/s	$\Delta m_{tn}/s$	β_1/s^{-2}	$u_{\beta_{1n}}/s^{-2}$	$\overline{\beta_1}/s^{-2}$
2			6					
3			7					
4			8					
5			9					

表 1-2　实验台匀加速的角加速度

$R_塔轮 = 0.025\ \text{m}, m_砝码 = 0.054\ \text{kg}, g_厦门 = 9.789\ \text{m} \cdot \text{s}^{-2}$

k_m	t_m/s	$\Delta m_{tm}/s$	k_n	t_n/s	$\Delta m_{tn}/s$	β_2/s^{-2}	$u_{\beta_{1n}}/s^{-2}$	$\overline{\beta_2}/s^{-2}$
1			5					
2			6					
3			7					
4			8					

表 1-3 实验台加圆环后匀减速的角加速度

k_m	t_m/s	$\Delta m_{tm}/\text{s}$	k_n	t_n/s	$\Delta m_{tn}/\text{s}$	β_3/s^{-2}	$u_{\beta_{1n}}/\text{s}^{-2}$	$\overline{\beta_3}/\text{s}^{-2}$
2			6					
3			7					
4			8					
5			9					

表 1-4 实验台加圆环后匀加速的角加速度

$R_{外} = 0.120 \text{ m}, R_{内} = 0.105 \text{ m}, m_{圆环} = 0.463 \text{ kg}, R_{塔轮} = 0.025 \text{ m}, m_{砝码} = 0.054 \text{ kg}$

k_m	t_m/s	$\Delta m_{tm}/\text{s}$	k_n	t_n/s	$\Delta m_{tn}/\text{s}$	β_4/s^{-2}	$u_{\beta_{1n}}/\text{s}^{-2}$	$\overline{\beta_4}/\text{s}^{-2}$
1			5					
2			6					
3			7					
4			8					

表 1-5 实验台加圆柱后匀减速的角加速度

$R_{圆柱} = 0.015 \text{ m}, m_{圆柱} \times 2 = 0.332 \text{ kg}, d = 0.105 \text{ m}$

k_m	t_m/s	$\Delta m_{tm}/\text{s}$	k_n	t_n/s	$\Delta m_{tn}/\text{s}$	β_5/s^{-2}	$u_{\beta_{1n}}/\text{s}^{-2}$	$\overline{\beta_5}/\text{s}^{-2}$
2			6					
3			7					
4			8					
5			9					

表 1-6 实验台加圆柱后匀加速的角加速度

$R_{圆柱} = 0.015 \text{ m}, m_{圆柱} \times 2 = 0.332 \text{ kg}, R_{塔轮} = 0.025 \text{ m}, m_{砝码} = 0.054 \text{ kg}$

k_m	t_m/s	$\Delta m_{tm}/\text{s}$	k_n	t_n/s	$\Delta m_{tn}/\text{s}$	β_6/s^{-2}	$u_{\beta_{1n}}/\text{s}^{-2}$	$\overline{\beta_6}/\text{s}^{-2}$
1			5					
2			6					
3			7					
4			8					

2. 数据处理要求

（1）将各表格中的数据代入转动惯量数据处理工具中，算出相应情况下的角加速度、角加速度不确定。

（2）将 β_1、β_2 代入公式(1－4)可计算空实验台转动惯量 J_1。

（3）将 β_3、β_4 代入公式(1－5)可计算实验台加圆环样品后的转动惯量 J_2。

（4）由(1－6)式可计算圆环的转动惯量测量值 $J_{环测}$。

（5）由（1－12）式可计算圆环的理论值 $J_{环理}$。

（6）将 β_5、β_6 代入公式（1－5）可计算实验台加圆柱样品后的转动惯量 J_3。

（7）由（1－6）式可计算两圆柱的转动惯量测量值 $J_{柱测}$。

（8）由（1－10）、（1－11）式可计算圆柱的理论值 $J_{柱理}$。

（9）由（1－10）、（1－11）、（1－13）式比较 $J_{柱测}$、$J_{柱理}$ 并验证平行轴定理。

3. 说明

（1）样品的转动惯量是根据公式 $J_测 = J_2 - J_1$ 间接测量而得到的，由标准误差的传递公式有 $\mu_{J_测} = \sqrt{\mu_{J_2}^2 + \mu_{J_1}^2}$。当试样的转动惯量远小于实验台的转动惯量时，误差的传递可能使测量的相对误差增大。

（2）待测样品的转动惯量不随转动力矩的变化而变化。改变塔轮半径或砝码质量（五个塔轮、五个砝码）可得到 25 种组合，形成不同的力矩。可改变实验条件进行测量并对数据进行分析，探索其规律，寻求发生误差的原因，探索测量的最佳条件。

附录　智能计时计数器简介及技术指标

1. 技术指标

时间分辨率（最小显示位）为 0.0001 s，误差为 0.004%，最大功耗 0.3 W。

2. 计时计数器简介

智能计时计数器配备一个 +9 V 稳压直流电源。

智能计时计数器：+9 V 直流电源输入段端；122×32 点阵图形 LCD；三个操作按钮：模式选择/查询下翻按钮、项目选择/

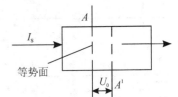

图 1-3　不等位电势

查询上翻按钮、确定/开始/停止按钮；四个信号源输入端，两个 4 孔输入端是一组（图 1-4），两个 3 孔输入端是另一组（图 1-5），4 孔的 A 通道与 3 孔的 A 通道同属同一通道，不管接哪个效果一样，同样 4 孔的 B 通道和 3 孔的 B 通道属同一通道。

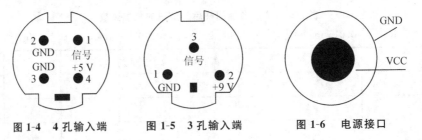

图 1-4　4 孔输入端　　　图 1-5　3 孔输入端　　　图 1-6　电源接口

3. 计时计数器操作

上电开机后显示"智能计数计时器 成都世纪中科"画面延时一段时间后，显示操作界面：上行为测试模式名称和序号，如"1 计时"表示按模式选择/查询下翻按钮选择测试模式；下行为测试项目名称和序号，如"1-1 单电门"表示按项目选择/查询上翻按钮选择测试项目。

选择好测试项目后，按确定键，LCD 将显示"选 A 通道测量"，然后通过按模式选择/查询下翻按钮和项目选择/查询上翻按钮进行 A 或 B 通道的选择，选择好后再次按下确认键即可开始测量。一般测量过程中将显示"测量中＊＊＊＊＊"，测量完成后自动显示测量值，若该项目有几组数据，可按查询下翻按钮或查询上翻按钮进行查询，再次按下确定键退回到项目选择界面。如未测量完成就按确定键,则测量停止,将根据已测量到的内容进行显示,再次按下确定键将退回到测量项目选择界面。

注意:有 A、B 两通道,每通道都各有两个不同的插件(分别为电源＋5 V 的光电门 4 芯和电源＋9 V 的光电门 3 芯),同一通道不同插件的关系是互斥的,禁止同时接插同一通道不同插件。

A、B 通道可以互换,如为单电门时,使用 A 通道或 B 通道都可以,但应尽量避免同时插 A、B 两通道,以免互相干扰。如为双电门,则产生前脉冲的光电门可接 A 通道也可接 B 通道,后脉冲的光电门也可随便插在余下的通道中。

如果光电门被遮挡时输出的信号端是高电平,则仪器是测脉冲的上升前沿间时间。如光电门被遮挡时输出的信号端是低电平,则仪器是测脉冲的上升后沿间时间。

4. 模式种类及功能

（1）计时

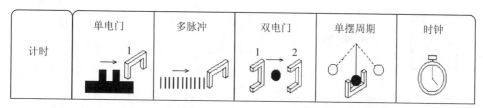

（2）平均速度

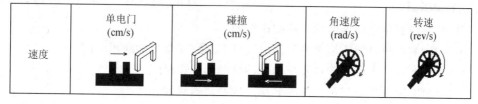

（3）加速度

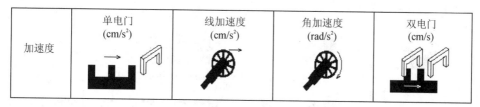

（4）计数计

计　数	30 秒	60 秒	3 分钟	手动

（5）自检

自　检	光电门自检

测量信号输入:

（1）计时

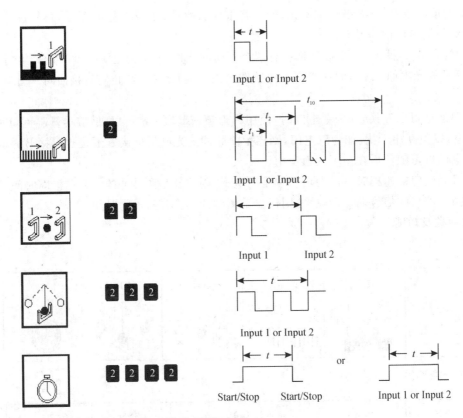

① 单电门,测试单电门连续两脉冲间距时间。

② 多脉冲,测量单电门连续脉冲间距时间,可测量 99 个脉冲间距时间。

③ 双电门,测量两个电门各自发出单脉冲之间的间距时间。

④ 单摆周期,测量单电门第三脉冲到第一脉冲间隔时间。

⑤ 时钟,类似跑表,按下确定则开始计时。

（2）速度

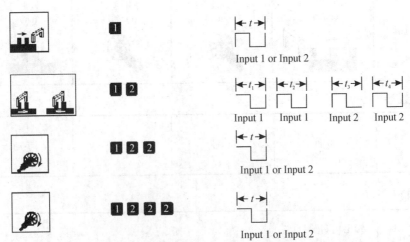

① 单电门,测得单电门连续两脉冲间距时间 t,然后根据公式计算速度。

② 碰撞,分别测得各个光电门在去和回时遮光片通过光电门的时间 t_1、t_2、t_3、t_4,然后根据公式计算速度。

③ 角速度,测得圆盘两遮光片通过光电门产生的两个脉冲间距时间 t,然后根据公式计算速度。

④ 转速,测得圆盘两遮光片通过光电门产生的两个脉冲间距时间 t,然后根据公式计算速度。

（3）加速度

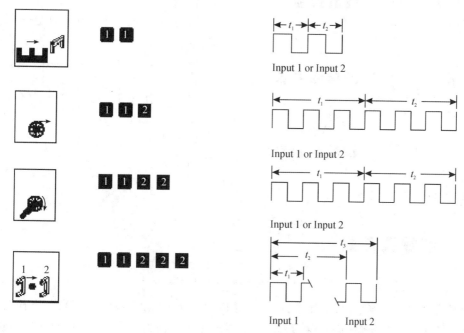

① 单电门,测得单电门连续三脉冲各个脉冲与相邻脉冲间距时间 t_1、t_2,然后根据公式计算速度。

② 线加速度,测得单电门连续 7 个脉冲中第 1 个脉冲与第 4 个脉冲间距时间 t_1、第 7 个脉冲与第 4 个脉冲间距时间 t_2,然后根据公式计算速度。

③ 角加速度,测得单电门连续 7 个脉冲中第 1 个脉冲与第 4 个脉冲间距时间 t_1、第 7 个脉冲与第 4 个脉冲间距时间 t_2,然后根据公式计算速度。

④ 双电门,测得 A 通道第 2 个脉冲与第 1 个脉冲间距时间 t_1、B 通道第 1 个脉冲与 A 通道第 1 个脉冲间距时间 t_2 及 B 通道第 2 个脉冲与 A 通道第 1 个脉冲间距时间 t_3。

（4）计数

① 30 秒,第 1 个脉冲开始计时,共计 30 秒,记录累计脉冲个数。

② 60 秒,第 1 个脉冲开始计时,共计 60 秒,记录累计脉冲个数。

③ 5 分钟,第 1 个脉冲开始计时,共计 5 分钟,记录累计脉冲个数。

④ 手动,第 1 个脉冲开始计时,手动按下确定键停止,记录累计脉冲个数。

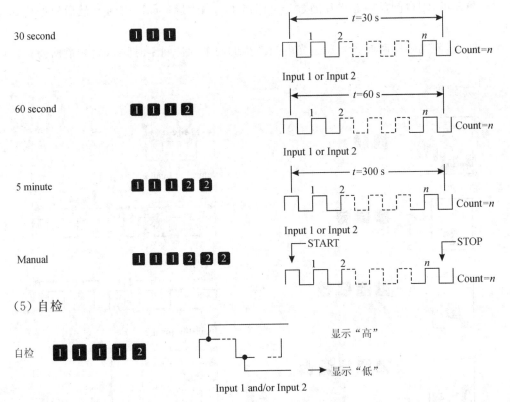

（5）自检

检测信号输入端电平。特别注意：如某一通道无任何线缆连接将显示"高"。自检时正确的方法应该是通过遮挡光电门来查看 LCD 显示通道是否有高低变化。有变化则光电门正常，反之则异常。

实验 2　空气比热容比的测定

气体的定压比热容与定容比热容之比称为气体的绝热指数,它是一个重要的热力学常数,在研究物质结构、确定相变、鉴定物质纯度等方面起着重要的作用。本实验将介绍一种通过测定物体在特定容器中的振动周期来计算气体比热容比的方法。

【实验目的】

1. 学会测定空气的定压比热容与定容比热容之比;
2. 学会使用千分尺。

【实验仪器】

FB212 型气体比热容比测定仪、千分尺、水准仪、小钢球

【仪器介绍】

FB212 型气体比热容比测定仪的结构和连接方式见图 2-1:

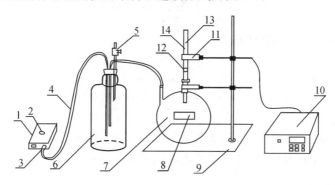

1.气泵;2.气量调节旋钮;3.出气口;4.橡皮管;5.调节阀门;6.储气瓶 I;7.储气瓶 II;
8.标签;9.底板;10.计时仪;11.光电门;12.钢球;13.空心玻璃管;14.出气小孔

图 2-1　仪器连接图

【实验原理】

气体的定压比热容 C_p 与定容比热容 C_v 之比 $\gamma = C_p/C_v$,在热力学过程特别是绝热过程中是一个很重要的参数,测定的方法有很多种。这里介绍一种较新颖、简易的方法,通过测定物体在特定容器中的振动周期来计算 γ 值。实验基本装置如图 2-2 所示,振动物体小球的直径比玻璃管的直径仅小 $0.01 \sim 0.02$ mm。它能在此精密的玻璃管中上下移动,在瓶子的壁上有一小孔,并在 C 孔插入一根细管,通过它气体可以注入玻璃瓶中。

钢珠 A 的质量为 m,半径为 r(直径为 d),当瓶子内压力 p 满足下面

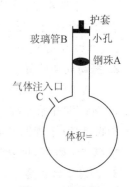

图 2-2　玻璃瓶

条件时,钢珠 A 处于力平衡状态:$p = p_L + \dfrac{mg}{\pi r^2}$,式中 p_L 为大气压力。为了补偿由于空气阻尼引起振动钢珠 A 振幅的衰减,通过 C 管一直注入小气压的气流,在精密玻璃管 B 的中央开设有一个小孔。当钢珠 A 处于小孔下方的半个振动周期时,注入气体使容器的内压力增大,引起钢珠 A 向上移动,而当钢珠 A 处于小孔上方的半个振动周期时,容器内的气体将通过小孔流出,使物体下沉。以后重复上述过程,只要适当控制注入气体的流量,钢珠 A 能在玻璃管 B 的小孔上下作简谐振动,振动周期可利用光电计时装置来测得。

若钢珠 A 偏离平衡位置距离 x,则容器内的压力变化 Δp,因为当 x 较小时 Δp 也较小,故可用 $\mathrm{d}p$ 来近似,那么此时物体的运动方程可近似为

$$m\frac{\mathrm{d}^2 x}{\mathrm{d}t^2} = \pi r^2 \mathrm{d}p \qquad\qquad (2-1)$$

因为物体振动过程较快,所以此过程可以看作是绝热过程,绝热方程

$$pV^\gamma = 常数 \qquad\qquad (2-2)$$

将(2-2)式求导数,得

$$\mathrm{d}p = -\frac{p\gamma\mathrm{d}V}{V}, \quad \mathrm{d}V = \pi r^2 x \qquad\qquad (2-3)$$

将(2-3)式代入(2-1)式,得

$$\frac{\mathrm{d}^2 x}{\mathrm{d}t^2} + \frac{\pi^2 r^4 p\gamma}{mV}x = 0$$

此式即为简谐振动方程,它的解为

$$\omega = \sqrt{\frac{\pi^2 r^4 p\gamma}{mV}} = \frac{2\pi}{T}$$

$$\gamma = \frac{4mV}{pT^2 r^4} = \frac{64mV}{pT^2 d^4} \qquad\qquad (2-4)$$

式中钢珠质量 $m = (11.30 \pm 0.01)\mathrm{g}$,大气压强为 $p = 1.013 \times 10^5\ \mathrm{N/m^2}$,体积 V 由玻璃瓶上的标签给出,周期 T 用计时仪来测量,钢珠直径用千分尺来测量,因而可算出 γ 值。

【实验内容及步骤】

1. 实验仪器的调整

(1)先根据仪器连接图接好仪器,然后接通电源。

(2)调气压:调节气量调节旋钮使钢珠 A 以小孔为中心作上下简谐振动后断开电源。

(3)调水平:将玻璃管上的黑色护套慢慢地旋出,再将水准仪放在玻璃管上,通过摆动玻璃瓶的位置使水准仪的气泡位于水准仪的中心位置。

(4)调好水平后,把水准仪取下,可以开始计数了。

2. 振动周期测量

接通计时仪器的电源,打开计时仪,把测量次数调节到 50 次,等钢珠振动稳定后,按"执行"键,即开始计数,显示屏上的数字开始跳动。显示屏显示的数字停止下来时,显示的时间即为振动 50 个周期所需的时间,把时间记录在表 2-1 中。按下"复位"键,再按"执行"键,开始测量第二组数据,重复测量 7 次。

3. 钢珠直径测量

由于玻璃管中的钢珠的精度比较高,在实验过程中,我们另外提供了一个与玻璃管内的钢

珠质量和尺寸差不多的小钢球。实验中我们用外面小钢球的直径来代替玻璃管内钢珠的直径。直径重复测量 7 组数据,填在表 2-2 中。

【注意事项】

1. 本实验装置主要由玻璃制成,且对玻璃管的要求特别高,钢珠的直径仅比玻璃管内径小 0.01 mm 左右,因此钢珠表面不允许擦伤。平时它停留在玻璃管的下方(用弹簧托住)。

2. 装有钢珠的玻璃管上端有一黑色护套,防止实验时气流过大,导致钢珠冲出。

3. 若不计时或不停止计时,可能是光电门位置放置不正确,造成钢珠上下振动时未挡光,或者是外界光线过强,须适当挡光。

【数据处理要求】

1. 求钢珠振动周期 T

表 2-1　测量钢珠振动 N 周期所用时间 t

次数	1	2	3	4	5	6	7
t/s							

(1)测量周期个数 $N = 50$。(2)极限误差 $\Delta m = 0.005$ s。

2. 求钢珠直径和质量及其不确定度

表 2-2　测量钢珠直径 d

次数	1	2	3	4	5	6	7
$d'(10^{-3}m)$							

(1)千分尺的零点误差 $d_0 = $ _____。(2)极限误差 $\Delta m = 0.004$ mm。

在忽略容器体积 V、大气压 p、质量 m 测量误差的情况下估算空气的比热容及其不确定度:$\gamma \pm \Delta\gamma$。

【思考题】

1. 谈谈你对本实验的理解。

2. 有没有其他方法可以用来测量气体比热容比?

实验 3　模拟示波器的使用

【实验目的】

　　1. 了解模拟示波器的基本结构和工作原理,掌握模拟示波器和信号发生器的基本使用方法;

　　2. 通过观测李萨如图形,学会一种测量正弦波振动频率的方法;

　　3. 学习用示波器观察电信号的波形,并测量电信号的电压、频率。

【实验仪器】

　　GOS-6031 示波器一台、SP-1641D 型函数信号发生器一台、未知信号源

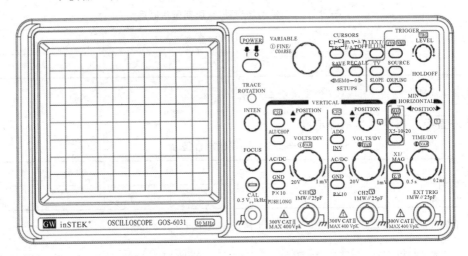

图 3-1　GOS-6031 模拟示波器

【仪器介绍】

　　打开电源后,所有的主要面板设定都会显示在屏幕上。LED 位于前板,用于辅助和指示附加资料的操作。不正确的操作或将控制钮转到底时,蜂鸣器会发出警讯。所有的按钮、TIME/DIV 控制钮都是电子式选择,它们的功能和设定可以被存储。

　　前面板可以分成四大部分:显示器控制、垂直控制、水平控制、触发控制。

1. 示波器面板上各控制件的作用

　　示波器面板上各控制件的作用见表 3-1。

表 3-1　示波器面板上各控制件的作用

序号	控制件英文名称	控制件中文名称	功　　能
1	POWER	电源开关	接通或关闭电源
2	INTEN	亮度	调节光迹的亮度,顺时针方向旋转光迹增亮
3	FOCUS	聚焦	调节光迹的清晰度
4	TRACE ROTATION	扫迹旋转	当扫迹不水平时,可用它调整

续表

序号	控制件英文名称	控制件中文名称	功　　能
5	CAL	校准信号	输出频率为 1 kHz,幅度为 0.5 V 的方波信号,用于校正 10:1 探极以及示波器的垂直和水平位置
6	CURSORS	光标测量功能	当按下 ΔV-ΔT-$\frac{1}{\Delta T}$-OFF 按钮时,三个测量功能将按 ΔV-ΔT-$\frac{1}{\Delta T}$ 的次序选择。当按 C1-C2-TRK 按钮时,将按 C1-C2 的顺序选择光标
7	CH1 X CH2 Y	信号输入端子的 BNC 插座	示波器的两个通道信号输入端
8	V POSITION	位置	调节光迹在屏幕上的垂直位置
9	CH1 , CH2	通道 1,2	按下,相应通道工作,同时相应的 LED 灯亮
10	VOLTS/DIV VAR	Y 轴灵敏度调节及微调	调节 Y 轴灵敏度,调节时,屏幕左下相应通道电压/分度因子值改变。按下再旋转,可作灵敏度微调,此时不能进行 Y 轴信号幅度测量
11	AC/DC	交流/直流耦合	直流耦合时,信号直接输入;交流耦合时,信号通过电容输入
12	GND -P × 10	接地	按下后,相应输入端接地,屏幕左下分度因子后显示 ⊥。按下一段时间,取 1:1～10:1 之间的读出装置的通道偏向系数
13	ADD - INV	相加/反向	ADD:读出装置显示"+"号表示相加模式。输入信号相加或是相减的显示由相位关系和 INV 的设定决定,两个信号将成为一个信号显示 INV:按住此钮一段时间,设定反向功能的开/关,反向状态将会于读出装置上显示"↓"。反向功能会使信号反向 180°
14	H POSITION	位置	水平位置调节
15	TIME/DIV VAR	时间/分度调节	旋转时调节扫描速度;按下后再旋转,可做微调,再按此钮,取消微调。扫描时间因子显示在屏幕上,单位是 s、ms、μs
16	X-Y	X-Y 显示	按下后,在 CH1 输入端加到 X(水平)信号,CH2 输入端加到 Y(垂直)信号。Y 轴偏向系数范围为少于 1 mV 到 20 V/DIV,带宽 500 kHz
17	× 1/MAG	扫描标准/放大	按下此钮,将在 ×1(标准)和 MAG(放大)之间选择扫描时间,信号波形将会扩展(如果用 MAG 功能),因此,只有一部分信号波形能看见,调整 H POSITION 可以看到信号中要看到的部分
18	MAG FUNCTION	放大功能	×5-×10-×20 MAG 当处于放大模式时,波形向左右方向扩展,显示在屏幕中心。有三个档次的放大率:×5-×10-×20 MAG ALT MAG 按下,可以同时显示原始波形和放大波形

续表

序号	控制件英文名称	控制件中文名称	功　　能
19	TRIGGER LEVEL	触发电平	旋转按钮可以输入一个不同的触发信号（电压），设定在合适的触发位置，开始波形扫描，顺时针调整，触发点向触发信号正峰值移动，逆时针则向负峰值移动
20	SLOPE	触发沿选择	按一下此钮选择信号的触发斜率为产生时基。每按一下，斜率方向在上升沿与下降沿之间切换
21	SOURCE	内、外、电源（触发选择开关）	此按钮选择触发信号源。触发源以下面顺序切换 VERT-CH1-CH2-LINE-EXT-VERT
22	HOLD OFF	控制钮	当信号波形复杂，使用 TRIGGER LEVEL 不可获得稳定的触发，旋转此钮可以调节 HOLD-OFF 时间（禁止触发周期超过扫描周期），当此钮顺时针旋转到底时，HOLD-OFF 周期最小，逆时针旋转时，HOLD-OFF 周期变大
23	TRIG EXT	外部触发	外部触发信号的输入端 BNC 插头
24	ATO/NML	自动／正常	选择自动或一般触发模式。按任一按钮均为连续扫描状态，相应指示灯亮。AUTO 适用于 50 Hz 以上信号，NORM 适合于低频信号

2. 示波器使用前的调整

（1）对仪器自身进行校准，使屏幕中心显示一条扫描基线。（主要调节）

（2）将相关旋钮置于适当位置。

（3）被测信号由探头输入，探头的接地端必须与被测信号的接地端连接。当要测第一通道信号时，应打开垂直通道 CH1，同时触发系统的触发信号源选择开关要调至 CH1，若要测第二通道，则打开垂直通道 CH2。

（4）根据被测信号的频率和电压幅度，适当选择 TIME/DIV（扫描范围）与 VOLTS/DIV（Y 轴灵敏度），使屏幕上显示的波形便于观察和分析（显示 1 ～ 2 周期的波形），如果波形不是很稳定，可适当调整"触发电平"旋钮，直至波形稳定。

3. 扫描时间因素 TIME/DIV 确定

扫描发生器电容充放电时间即扫描时间，扫描时间的长短要根据被测信号频率的高低来确定，频率越高对应扫描时间越短。同一频率，若要在荧光屏上显示更多数目波形，扫描时间应延长。

扫描时间微调对 TIME/DIV 每一挡分别进行，顺时针调节时间增加。使用时，注意待测信号周期应在扫描时间调节范围内，否则不能正确调出波形。

【实验原理】

示波器是一种用途十分广泛的电子测量仪器，从性能上可分为两大类，即模拟示波器和数字示波器。阴极射线示波器（属模拟示波器，简称示波器）是一种能把随时间变化的电压用图像显示出来的电子测量仪器，利用它可展现交流电压随时间变化的波形，可以测量频率、相位、幅度等。利用换能器，还可以将其他物理量转换成电压信号进行测量。示波器主要由示波管、Y

轴偏转系统、X 轴偏转系统、显示系统、扫描与同步电路、电源等几大部分组成,如图 3-1 所示。

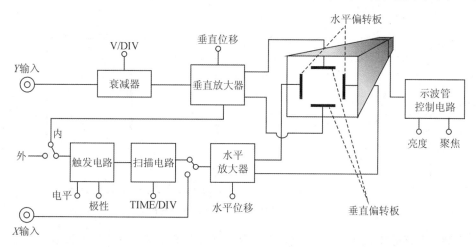

图 3-1　示波器方框图

阴极射线示波管是示波器的主件,其结构图如图 3-2 所示,由电子枪、偏转系统、荧光屏等构成。电子枪用来发射和加速电子束。灯丝 H 通电加热阴极 K,从阴极表面不同点发射电子,在加速电场作用下向阳极方向运动,形成的电子束在栅极出口前方会聚交叉,栅极 G 控制电子流中电子的数量,第一阳极 A_1、聚焦阳极 F 和第二阳极 A_2 对电子流起加速和聚焦作用。

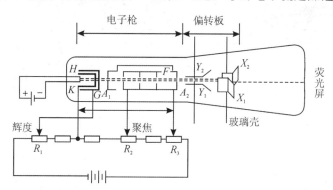

图 3-2　阴极射线示波管的结构

荧光屏内表面涂有荧光粉,电子束轰击在荧光粉上荧光屏会发光。荧光屏上光点的亮度(辉度)决定于电子流中电子束的数目和速度,由栅极 G 相对于 K 电位的高低来调节。光点的粗细(聚焦)取决于电子束的粗细,由阳极电压的高低来调节。

偏转系统由纵向 Y 和横向 X 两对互相垂直的偏转板构成,分别控制电子束的垂直和水平偏转。理论和实践证明荧光屏上光点偏离中心的距离与偏转板上所加电压的大小成正比,如垂直偏转板上加电压 U_y,光点偏离中心的距离为 Y,则

$$Y = A_y U_y \qquad\qquad (3-1)$$

A_y 称为垂直偏转板的偏转灵敏度,表示每伏电压所引起光点偏离屏中心的距离。对于一般示波器 $A_y = 0.1 \sim 1.0$ mm/V。若已知 A_y,从荧光屏上量出光点偏离中心的距离值 Y,即可求得值 U_y。

1. 荧光屏上波形形成原理

假如 Y 偏转板加上随时间作正弦变化的电压 $U_y = U_0 \sin\omega t$,X 轴偏转板没有加任何电压,

此时荧光屏上观察到光点只沿 Y 轴方向移动,移动的距离正比于 U_y,按正弦变化,我们在荧光屏上看到一条 Y 轴方向的线段,如图 3-3 所示。

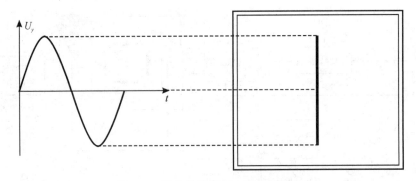

图 3-3　X 轴偏转板无电压时的图形

为了观察正弦电压的波形,Y 轴偏转板上加正弦电压的同时,必须在 X 轴偏转板上加与时间成正比的电压($U_x = kt$),光点将沿 X 轴方向拉开,荧光屏光点在横向的偏离大小与时间成正比,常称此为时间基线。这样在 Y 轴偏转板上加随任意时间变化的电压就可展现出其随时间变化的波形,如图 3-4 所示。

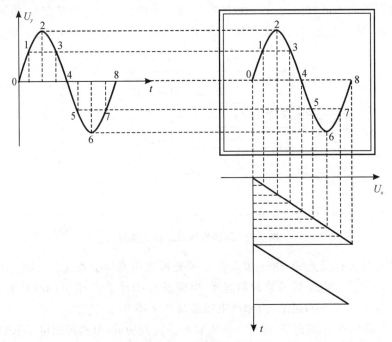

图 3-4　示波器扫描原理图

为了重复观察波形,要求 X 偏转板的电压从零开始随时间成正比增长到一定值后,突然变为零,然后再重复前过程。在这种锯齿波电压作用下,光点在水平轴上由左端移动到右端的现象称为扫描。锯齿波电压称为扫描电压,它是由示波器内的扫描发生器产生的。扫描发生器由扫描闸门、受控恒流源及释抑电路等组成。扫描时间由 TIME/DIV 旋钮调节。扫描电压也可以由机外的扫描发生器产生的脉冲电压提供。

为了使荧光屏上的图形稳定,要求周期性反复扫描,而且每次扫描图形要和上次扫描图形相吻合,这就要求扫描电压起点始终和被观察信号每周期的某一确定点(时刻)相对应,这种扫描电压与被观察信号电压的时间关系称为同步。为了实现"同步",在扫描电压发生器上加一定的同步触发信号,迫使其同步。同步信号源有三种:第一种是直接取被观察信号的一部分(示波器内部完成),称为内同步;第二种同步信号是从示波器以外获得的,同步信号从"TRIG EXT"外接端口输入,这种方法称为外同步;第三种是从示波器电源获得,称为电源同步。一般情况采用内同步触发。触发模式有自动和正常两种,通常选自动。

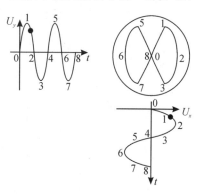

图 3-5　李萨如图形原理图

2. 李萨如图和电信号频率的测定

如果示波器的 X 和 Y 轴都输入频率相同或成简单整数比的两个正弦或余弦电压,则屏上将呈现特殊形状的光点轨迹,这种轨迹图称李萨如图形。图3-5所示为 $f_y : f_x = 2 : 1$ 的李萨如图形。

两个同频的正弦电压分别加在水平(此时,扫描发生器无效)和垂直偏转板上,在屏上形成的波形形状随两个信号的振幅和相位 $\Delta\varphi$ 不同而异,如图3-6所示。

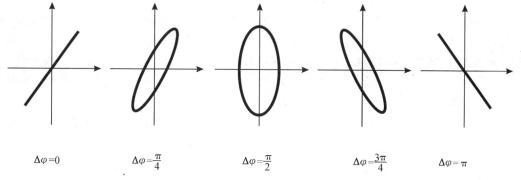

$\Delta\varphi=0$　　　　$\Delta\varphi=\dfrac{\pi}{4}$　　　　$\Delta\varphi=\dfrac{\pi}{2}$　　　　$\Delta\varphi=\dfrac{3\pi}{4}$　　　　$\Delta\varphi=\pi$

图 3-6　频率相同的几种相位差的李萨如图形

如果 X、Y 偏转板上同时加上两个不同频率的正弦信号,其频率之比为整数比时,则在屏上也会显示出复杂而稳定的李萨如图形,如图3-7所示。

$$\frac{f_y}{f_x} = \frac{m}{n} \tag{3-2}$$

f_x 表示加在 X 偏转板上的信号 U_X 的频率,f_y 表示加在 Y 偏转板上的信号 U_Y 的频率,m、n 为整数。实验上可以通过观察李萨如图形来测量某个信号的频率或两个信号之间的相位之差。如用李萨如图形测频率时,在图形外周引水平和垂直切线,水平、垂直线与图形切点的数目分别为 m 和 n,如果 f_y(或 f_x)的值已知,又从图形中得出 m、n 值,那么另一信号的未知 f_x(或 f_y)就可求得。

【实验内容及步骤】

1. 观察扫描线(时基线)

开机后,电源指示灯亮。一般屏上将出现亮点或亮线,若无亮点或亮线出现,先把"辉度"旋钮旋大一些,"X轴位移"和"Y轴位移"旋钮调在中间,Y轴耦合方式开关拨到"⊥"接地,Y信号对地短接。触发方式开关置"自动",光屏上应有亮线。通过调节水平位置旋钮和相应通道

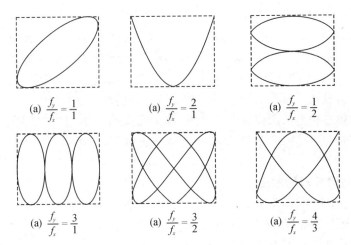

(a) $\dfrac{f_y}{f_x}=\dfrac{1}{1}$ (a) $\dfrac{f_y}{f_x}=\dfrac{2}{1}$ (a) $\dfrac{f_y}{f_x}=\dfrac{1}{2}$

(a) $\dfrac{f_y}{f_x}=\dfrac{3}{1}$ (a) $\dfrac{f_y}{f_x}=\dfrac{3}{2}$ (a) $\dfrac{f_y}{f_x}=\dfrac{4}{3}$

图 3-7　几种不同频率比的李萨如图形

的垂直位置旋钮把亮线调在屏上中央,再调"聚焦"旋钮,使屏幕亮线最细。

2. 观察低频信号发生器输出波形

(1) 把信号发生器的输出电压接到示波器 CH1 或 CH2 输入端,调节输出电压为 1 V。

(2) 信号发生器输出频率调为 800 Hz,选择适当的 Y 衰减旋钮 VOLTS/DIV 和扫描时间 TIME/DIV,在屏幕上显示 2～3 个波形并且幅度适中。如果无法调出稳定的波形,则应做如下检查:触发模式是否选 AUTO;触发源选择 VERT(如果是 CH1 通道,可以选择 CH1 或 VERT,如果是 CH2 通道,可以选 CH2 或 VERT,通常选择 VERT);触发耦合选 AC;再调节 TRIGGER LEVEL 旋钮,使波形稳定。

(3) 设计表格。描绘信号波形,并记录 Y 衰减 VOLTS/DIV、扫描时间 TIME/DIV,通过调节示波器的水平位置旋钮和垂直位置旋钮,测出一个周期所占格数和电压峰峰值所占格数。算出信号的峰峰值、幅度的有效值和频率。

(4) 再次调节信号发生器输出频率为 5 kHz,重复上面步骤(2)。

3. 观察和描绘未知信号源电压波形

(1) 将待测未知信号源接到示波器任一输入通道(CH1 或 CH2)。

(2) 输入耦合方式不可接地。

(3) 根据输入信号的大小,选择合适的 Y 轴衰减 VOLTS/DIV 使屏幕上显示的信号图形幅度适中。

(4) 调节 TIME/DIV 旋钮使得屏幕上显示 2～3 个波形。

(5) 如果无法调节波形稳定,则检查触发(方法同上)。

(6) 设计表格。描绘信号波形,并记录 Y 轴衰减 VOLTS/DIV、扫描时间 TIME/DIV,通过调节示波器的水平位置旋钮和垂直位置旋钮,测出一个周期所占格数和电压峰峰值所占格数,算出信号的峰峰值、幅度的有效值和频率。

4. 观察李萨如图形,并求未知信号的频率

(1) CH2 端接待测未知电信号源,CH1 端接低频信号发生器的输出,按下示波器面板上的 X-Y 按钮,示波器置于 X-Y 模式。

(2) 选择低频信号发生器的"频率倍乘"按键,调节"频率调节"旋钮,使荧光屏上能够出现李萨如图形(图形要稳定、清晰)。设计表格,记录信号发生器数字显示屏的频率值,作李萨如图形的水平切线和垂直切线(或者是水平最多交点数和垂直最多交点数),记录水平切点数(或水平最多交点数)m 和垂直切点数 n(或垂直最多交点数)(m、n 为自然数),求出未知电信号的频率大小。

$$f_y = \frac{m}{n} f_x$$

(3) 计算 f_y 的不确定度,写出 f_y 结果的表达式。

【注意事项】

1. 荧光屏的亮点不可太强,并且不可固定在荧光屏上一点过久,以免烧坏荧光屏。
2. 示波器上所有开关及旋钮都有一定旋转角度,不能用力过猛。
3. 示波器与低频信号相连时,之间存在共地问题,零电平接同一点。
4. 如果用探极连接低频信号发生器观察李萨如图形时,探极的衰减挡应拨到 ×1 位置。
5. 不用示波器时,注意不要把示波器置于 X-Y 模式,否则当 CH1、CH2 无信号输入时,示波器显示屏幕上将显示一点,容易损坏荧光屏。

【实验数据处理要求】

1. 设计实验记录表格。
2. 画出李萨如图形的水平线和垂直线,求出水平最多交点数和垂直最多交点数(为自然数)。
3. 计算用李萨如图形测量未知信号的频率值和不确定度。

【思考题】

1. 当 VOLTS/DIV 和 TIME/DIV 都调到适当位置时波形无法稳定,应如何调节?
2. 当处于 X-Y 模式时,TIME/DIV 是否起作用?
3. 用示波器观察信号时,若屏幕上出现下列图形,是什么原因?应如何调节?

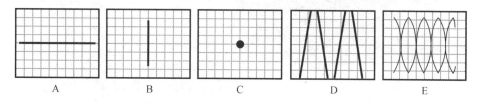

A   B   C   D   E

实验 4　数字示波器的使用

数字示波器具有波形实时显示、存储、波形数据分析处理等优点,其在电子产品的研发、维修及测试等领域应用广泛。目前,数字示波器已成为工程师设计、调试产品的好帮手。

【实验目的】

1. 学会使用数字示波器的基本功能;
2. 学会使用 Oscilloscope 软件来监视示波器。

【实验仪器】

NDS-102 数字示波器、计算机

【仪器介绍】

1. 示波器前面板功能介绍

NDS-102 数字示波器的前面板如图 4-1 所示。

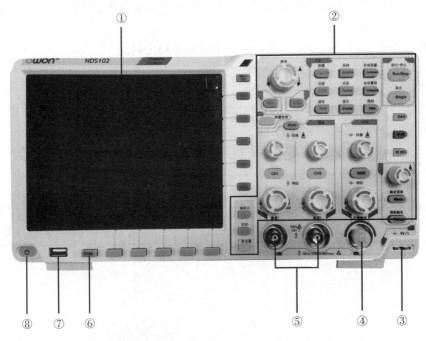

图 4-1　NDS-102 数字示波器前面板

图 4-1 中示波器前面板功能说明如下:

① 显示区域。

② 按键和旋钮控制区(详见图 4-2)。

③ 探头补偿:5 V/1 kHz 信号输出。

④ 外触发输入。

⑤ 信号输入口。

⑥Copy 键：可在任何界面直接按此键来保存信源波形。

⑦USB Host接口：当示波器作为"主设备"与外部 USB 设备连接时，需要通过该接口传输数据。例如，通过 U 盘保存波形时，使用该接口。

⑧ 示波器开关。按键背景灯的状态：红灯，关机状态（接市电或使用电池）；绿灯，开机状态（接市电或使用电池供电）。

示波器前面板按键和旋钮控制区如图 4-2 所示。

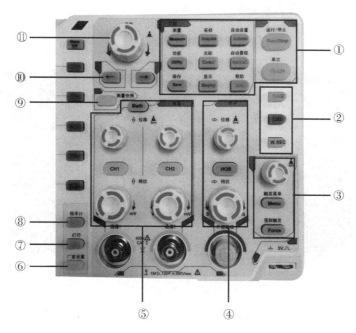

图 4-2　按键和旋钮

图 4-2 中示波器前面板按键和旋钮控制区功能说明如下：

① 功能按键区：共 11 个按键。

② 信号发生器控件（可选）：

DAQ：万用表记录仪快捷键；

P/F：通过/失败快捷键；

W. REC：波形录制快捷键。

③ 触发控制区：包括两个按键和一个旋钮，"触发电平"旋钮调整触发电平，其他两个按键对应触发系统的设置。

④ 水平控制区：包括一个按键和两个旋钮。在示波器状态，"水平菜单"按键对应水平系统设置菜单，"水平位移"旋钮控制触发的水平位移，"挡位"旋钮控制时基挡位。

⑤ 垂直控制区：包括三个按键和四个旋钮。

在示波器状态，"CH1"、"CH2"按键分别对应通道 1、通道 2 的设置菜单。"Math"按键对应波形计算菜单，包括加减乘除、FFT、自定义函数运算和数字滤波。

两个"垂直位移"旋钮分别控制通道 1、通道 2 的垂直位移。两个"挡位"旋钮分别控制通道 1、通道 2 的电压挡位。

⑥ 厂家设置。

⑦ 打印显示在示波器屏幕上的图像。

⑧ 开启/关闭硬件频率计的快捷键(如选配解码功能,为开启/关闭解码)。

⑨ 测量快照(如选配万用表,为开启/关闭万用表)。

⑩ 方向键:移动选中参数的光标。

⑪"通用"旋钮:当屏幕菜单中出现 **M** 标志时,表示可转动"通用"旋钮来选择当前菜单或设置数值,按下旋钮可关闭屏幕左侧及右侧菜单。

2. 示波器后面板功能介绍

NDS-102 数字示波器的后面板如图 4-3 所示。

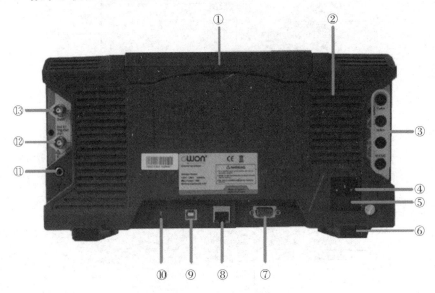

图 4-3　NDS-102 数字示波器后面板

图 4-3 中示波器后面板功能说明如下:

① 可收纳式提手。

② 散热孔。

③ 万用表输入端(可选)。

④ 电源插口。

⑤ 保险丝。

⑥ 脚架:可调节示波器倾斜的角度。

⑦VGA 接口:VGA 输出连接到外部监视器或投影仪(可选)。

⑧LAN 接口:提供与计算机相连接的网络接口。

⑨USB Device 接口:当示波器作为"从设备"与外部 USB 设备连接时,需要通过该接口传输数据。例如,连接 PC 或打印机时,使用该接口。

⑩ 锁孔:可以使用安全锁(用户自行购买),通过该锁孔将示波器锁定在固定位置,用来确保示波器安全。

⑪AV 接口:AV 视频信号输出(可选)。

⑫Trig Out(P/F) 接口:触发输出或通过/失败输出端口,也作为双通道信号发生器通道 2 的输出端(可选)。输出选项可在菜单中设置(功能菜单 → 输出 → 同步输出)。

⑬Out 1 接口:信号发生器的输出端(单通道)或通道 1 的输出端(双通道)(可选)。

3. 显示界面说明

NDS-102 数字示波器的显示界面如图 4-4 所示。

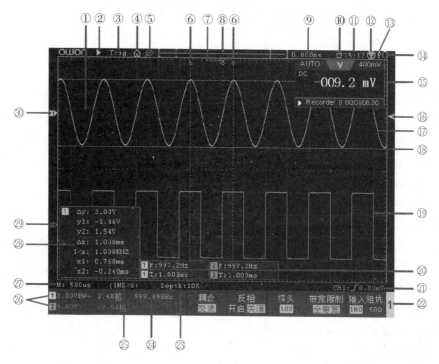

图 4-4　显示界面

图 4-4 中示波器显示界面各功能介绍如下：

① 波形显示区。

② 运行/停止。

③ 触发状态指示，有以下信息类型：

Auto：示波器处于自动方式并正采集无触发状态下波形。

Trig：示波器已检测到一个触发，正在采集触发后信息。

Ready：所有预触发数据均已被获取，示波器已准备就绪，接受触发。

Scan：示波器以扫描方式连续地采集并显示波形数据。

Stop：示波器已停止采集波形数据。

④ 点击可调出触摸主菜单(仅限于触摸屏)。

⑤ 开启/关闭放大镜功能(仅适用于选配触摸屏的 NDS102UP/NDS202U)。

⑥ 两条垂直蓝色虚线指示光标测量的垂直光标位置。

⑦T 指针表示触发水平位移，水平位移控制旋钮可调整其位置。

⑧ 指针指示当前存储深度内的触发位置。

⑨ 指示当前触发水平位移的值。显示当前波形窗口在内存中的位置。

⑩ 触摸屏是否已锁定的图标，图标可点击(仅限于触摸屏)。

⑪ 显示系统设定的时间。

⑫ 已开启 WiFi 功能。

⑬ 表示当前有 U 盘插入示波器。

⑭ 指示当前电池电量。

⑮ 万用表显示窗。

⑯ 指针表示通道的触发电平位置。

⑰ 通道 1 的波形。

⑱ 两条水平蓝色虚线指示光标测量的水平光标位置。

⑲ 通道 2 的波形。

⑳ 显示相应通道的测量项目与测量值。其中 T 表示周期，F 表示频率，V 表示平均值，Vp 表示峰峰值，Vr 表示均方根值，Ma 表示最大值，Mi 表示最小值，Vt 表示顶端值，Vb 表示底端值，Va 表示幅度，Os 表示过冲，Ps 表示预冲，RT 表示上升时间，FT 表示下降时间，PW 表示正脉宽，NW 表示负脉宽，+D 表示正占空比，−D 表示负占空比，PD 表示延迟 A−>B ，ND 表示延迟 A−>B ，TR 表示周均方根，CR 表示游标均方根，WP 表示屏幕脉宽比，RP 表示相位，+PC 表示正脉冲个数，−PC 表示负脉冲个数，+E 表示上升沿个数，−E 表示下降沿个数，AR 表示面积，CA 表示周期面积。

㉑ 图标表示相应通道所选择的触发类型，例如，￣ 表示在边沿触发的上升沿处触发；读数表示相应通道触发电平的数值。

㉒ 下方菜单的通道标识。

㉓ 当前存储深度。

㉔ 触发频率显示对应通道信号的频率。

㉕ 当前采样率。

㉖ 读数分别表示相应通道的电压挡位及零点位置。BW 表示带宽限制。图标指示通道的耦合方式：

"—"表示直流耦合，"～"表示交流耦合，"⏚"表示接地耦合。

㉗ 读数表示主时基设定值。

㉘ 光标测量窗口，显示光标的绝对值及各光标的读数。

㉙ 蓝色指针表示 CH2 通道所显示波形的接地基准点（零点位置）。如果没有表明通道的指针，说明该通道没有打开。

㉚ 黄色指针表示 CH1 通道所显示波形的接地基准点（零点位置）。如果没有表明通道的指针，说明该通道没有打开。

4. 信号采集参数的设定

信号采集程序转换取样的模拟输入信号为数字信号，再重现成波形。具体操作如下：按"采样"按键，下方菜单中显示"采集模式""记录长度"和"插值"。采集模式设置菜单和记录长度设置菜单说明分别见表 4-1 和表 4-2。

表 4-1　采集模式设置菜单说明

功能菜单	设定	说明
采样		普通采样方式，将每个相同取样间隔的取样点由第一个取样点依次记录并显示
峰值检测		显示每个取样间隔里最低和最高的电压值
平均值	4、16、64、128	用于减少信号中的随机及无关噪声，平均次数可选

表 4-2　记录长度设置菜单说明

功能菜单	设定	说明
记录长度	1000 点	选择要记录的长度
	10k 点	
	100k 点	
	1M 点	
	10M 点	
	20M 点	
	40M 点（单通道）	

5. 光标的设定

光标设定可用于测量两光标的间隔,在测量时间常数、峰峰值、周期等时都很有用处。具体操作步骤如下:按"光标"按键,使屏幕显示光标测量功能菜单,再按"光标"键可关闭光标。光标测量菜单说明见表 4-3。

表 4-3　光标测量菜单说明

功能菜单	设定	说明
类型	电压	显示电压测量光标和菜单
	时间	显示时间测量光标和菜单
	时间 & 电压	显示时间 & 电压测量光标和菜单
	自动光标	水平光标的位置自动设为垂直光标与波形的交叉点
测量选择 （类型为时间 & 电压）	时间	选中垂直光标线
	电压	选中水平光标线
窗口选择 （进入波形缩放）	主窗	测量主窗
	副窗	测量副窗
光标线	a	转动通用旋钮可移动 a 光标线
	b	转动通用旋钮可移动 b 光标线
	ab	链接 a 与 b,转动通用旋钮可同时移动两个光标
信源	CH1/CH2	选择待光标测量的波形通道

同时进行 CH1 通道的时间和电压的光标测量,如图 4-5 所示,执行以下操作步骤:

(1) 按"光标"面板按键调出光标测量菜单。

(2) 在下方菜单中选择"信源"为"CH1"。

(3) 在下方菜单中选择第一个菜单项,屏幕右侧出现"类型"菜单,选择类型为"时间 & 电压",屏幕中垂直方向显示两条蓝色虚线,水平方向显示两条蓝色虚线。位于波形显示区左下方的光标增量窗口显示光标读数。

(4) 在下方菜单中选择"测量选择"为"时间",可选中两个垂直光标。在下方菜单的"光标线"中选择"a"时,旋转"通用"旋钮,可以将 a 光标向左或右移动;选择"b"时,旋转"通用"旋钮,可以移动 b 光标。

（5）在下方菜单中选择"测量选择"为"电压",可选中两个水平光标。在"光标线"中选择 a 或 b,转动"通用"旋钮来移动。

（6）按"水平 HOR"按键进入波形缩放模式。在下方光标测量菜单中,选择"窗口选择"为"主窗"或"副窗",可使光标线出现在主窗或副窗。

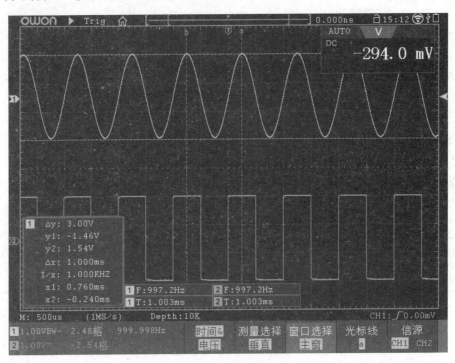

图 4-5　时间 & 电压光标测量波形

6. 显示的设定

显示设定用于选择波形的显示方法与格线形式,按下"显示"按键。显示设置菜单说明见表 4-4。

表 4-4　显示设置菜单说明

功能菜单	设定		说明
类型	点		只显示采样点
	矢量		矢量填补显示中间相邻取样点之间的空间
XY 模式	使能	开启关闭	开启/关闭 XY 模式
	全屏	开启关闭	开启/关闭 XY 模式下的全屏视图
硬件频率	开启关闭		开启/关闭硬件频率计

7. 打印图像

通过示波器打印图像的具体操作步骤如下:

（1）将打印机连接到示波器后面板上的 USB Device 接口。注:USB Device 接口支持

PictBridge 兼容打印机。

（2）按"功能（Utility）"按键，在下方菜单中选择"功能"，在左侧菜单中选择"输出"。

（3）在下方菜单中，选择"设备"为"PICT"。（选择"PC"时，为通过 PC 上位机来获取屏幕图像。）

（4）在下方菜单中，按"打印设置"，在右侧菜单中，设置各项打印参数。其中，"省墨模式"开启时，将使用白色背景打印。

（5）将打印机连接到示波器并设置打印参数后，可按前面板的"打印"按键打印当前屏幕图像。

8. 使用 USB 接口与计算机通信

该示波器支持通过 USB、LAN 接口或 WiFi 与计算机上位机进行通信。安装在计算机的 Oscilloscope 上位机软件提供了对示波器测量数据的存储、分析、显示以及远程控制等功能。通过 USB 接口与计算机上位机进行通信的操作步骤如下：

（1）连接：用 USB 数据线将示波器后面板上的 USB Device 接口与计算机的 USB 接口连接起来。

（2）安装驱动：在计算机上运行 Oscilloscope 上位机软件后，按 F1 键打开内置帮助文档，按照文档中的标题"一、设备与 PC 连接"中的步骤来安装驱动。

（3）上位机通信口设置：打开 Oscilloscope 软件，点击菜单栏中的"传输"，选择"端口设置"，在设置对话框中，选择通信口为"USB"。连接成功后，在软件界面的右下角的连接状态提示变为绿色。

【实验内容及步骤】

1. 根据仪器介绍，熟悉数字示波器。

2. 检测探头补偿信号

（1）恢复"厂家设置"；

（2）将探头补偿信号输出连接至 CH1 信号输入口；

（3）自动设置水平刻度、垂直刻度、触发等参数；

（4）以矢量方式显示波形；

（5）测量周期、最高与最低电压的差值，方法见光标的设置；

（6）调好波形后用 Oscilloscope 软件保存图像。

【数据处理要求】

记录补偿信号的周期、幅度，打印图像。

实验 5　*RLC* 串联电路的暂态特性

【实验目的】

1. 学会使用数字示波器、信号发生器观察 *RC*、*RL* 和 *RLC* 电路的暂态过程；
2. 理解电容、电感特性和 *RLC* 三种暂态过程；
3. 学会观测并选择合适的波形测量电路的时间常数和半衰期。

【实验仪器】

FB715 型设计性实验箱、NDS-102 数字示波器、函数信号发生器

【实验原理】

1. *RC* 电路的暂态过程

在电阻 R 及电容 C 组成的直流串联电路中，接通或断开电源的瞬间，电容上的电压会随时间发生变化。

如图 5-1 所示的电路中，开关 K 拨到 1 后，电源接通，电流便通过电阻 R 对电容器 C 进行充电，电容器上的电荷逐渐积累，在电容两端的电压 U_c 增加的同时，电阻两端的电压 $U_R = E - U_c$ 随之减小。

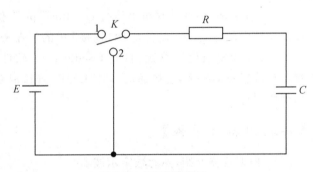

图 5-1　*RC* 串联电路

电路中，在充电刚开始时，即电流在开关 K 拨到 1 的瞬间，电容器上没有电荷的积累，电源电压全部降到电阻 R 上，此时，电流 $I_0 = \dfrac{E}{R}$ 为最大。随着电容器上电荷的积累，U_c 增大，充电电流 $I = \dfrac{E - U_c}{R}$ 减小，相同时间内电源向电容提供的电量 q 减小，电容两端的电压 U_c 增加的速度变慢，即电容的充电速度越来越慢。直至 $U_c = E$ 时，充电过程终止，电路达到稳定状态。

这个暂态变化的具体数学描述为 $q = CU_c$，而 $i = \dfrac{\mathrm{d}q}{\mathrm{d}t}$，故

$$i = \frac{\mathrm{d}q}{\mathrm{d}t} = C\frac{\mathrm{d}U_c}{\mathrm{d}t} \tag{5-1}$$

$$U_c + iR = E \tag{5-2}$$

将 (5-1) 式代入 (5-2) 式，得

$$\frac{\mathrm{d}U_c}{\mathrm{d}t} + \frac{1}{RC}U_c = \frac{1}{RC}E$$

充电过程 $t = 0$ 时，$U_c = 0$，方程的解为

$$\begin{cases} U_C = E\Big[1 - \exp\Big(\dfrac{-t}{RC}\Big)\Big] \\[2mm] i = \dfrac{E}{R}\exp\Big(\dfrac{-t}{RC}\Big) \\[2mm] U_R = E - U_C = E\exp\Big(\dfrac{-t}{RC}\Big) \end{cases} \tag{5-3}$$

（1）充电过程

充电过程中，U_C 的变化曲线如图 5-2(b) 所示。

对于（5－3）式，可作如下讨论：

① 当 $t = RC$ 时，从（5－3）式知

$$\begin{cases} U_C = E(1 - e^{-1}) = 0.632E \\[2mm] i = 0.368\dfrac{E}{R} \\[2mm] U_R = Ee^{-1} = 0.368E \end{cases}$$

令 $\tau = RC$，τ 称为电路的时间常数。τ 的大小反映充电或放电速度的慢快。

② 从理论上说，t 为无穷大时，才有 $U_C = E$，$i = 0$，即充电过程结束，所以，E 称为充电终止电压。由于 $t = 5\tau$ 时，$U_C = (1 - e^{-5}) = 0.993E$，此时可认为已充电完毕。

（2）放电过程

如图 5-1 所示，电路充电过程结束后，电容器 C 已带有电荷。开关 K 由 1 拨向 2 的瞬时 $U_C = E$，电流最大，$i_0 = \dfrac{E}{R}$。随后，电容上的电荷通过 R 开始放电，U_C 减小，放电电流 i 也随之减小，这就使得 U_C 减小的速度放慢。放电过程的数学描述为

图 5-2　**RC 暂态波形图**

$$U_C + iR = 0$$

将 $i = C\dfrac{\mathrm{d}U_C}{\mathrm{d}t}$，代入上式得

$$\dfrac{\mathrm{d}U_C}{\mathrm{d}t} + \dfrac{1}{RC}U_C = 0$$

由初始条件 $t = 0$ 时，$U_C = E$，解方程得

$$\begin{cases} U_C = E\exp(\dfrac{-t}{RC}) \\[2mm] i = -\dfrac{E}{R}\exp(\dfrac{-t}{RC}) \\[2mm] U_R = -E\exp(\dfrac{-t}{RC}) \end{cases} \tag{5-4}$$

放电过程中，U_C 的变化曲线如图 5-2(b) 所示。

在电容放电过程中，其电压衰减到初始值的一半所需的时间就是半衰期 $T_{\frac{1}{2}}$。

当 $t = T_{\frac{1}{2}}$ 时有 $\qquad\qquad\qquad \dfrac{1}{2}E = Ee^{-\frac{T_{\frac{1}{2}}}{\tau}}$

即
$$T_{\frac{1}{2}} = \tau\ln2 = 0.693\tau = 0.693RC$$

2. RL 电路的暂态过程

在图 5-3 中，E 为直流电源，当开关 K 拨到 1 时，电路将有电流流过，但由于电感 L 上的电流不能突变，电流 i 的增长有个相应的过程，电感上的压降

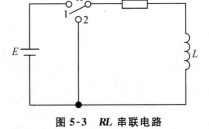

图 5-3　RL 串联电路

$$U_L = L\frac{\mathrm{d}i}{\mathrm{d}t}$$

由 $U_L + U_R = E$，得

$$L\frac{\mathrm{d}i}{\mathrm{d}t} + iR = E$$

设 $t = 0, i = 0$，得

$$\begin{cases} i = \dfrac{E}{R}\left[1 - \exp(\dfrac{-Rt}{L})\right] \\ U_L = E\exp(\dfrac{-Rt}{L}) \end{cases}$$

可见，电流由零增长到一定过程后，才达到稳定状态，这个过程也是一个指数变化的过程，如图 5-4 所示。

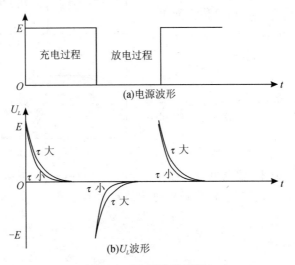

(a)电源波形

(b)U_L波形

图 5-4　RL 暂态波形图

当电流达到稳定状态后，再将图 5-3 中的 K 由 1 拨到 2，电感上的电流仍不能突变，电路中仍存在电流，不过这个电流在逐渐减小。

由 $U_L + U_R = 0$，得

$$L\frac{\mathrm{d}i}{\mathrm{d}t} + iR = 0$$

设电流开始减小，即 $t = 0$ 时的初始值 $i_0 = \dfrac{E}{R}$，解方程得

$$\begin{cases} i = \dfrac{E}{R}\exp(\dfrac{-Rt}{L}) = \dfrac{E}{R}\exp(\dfrac{-t}{\tau}) \\ U_L = -E\exp(\dfrac{-Rt}{L}) = -E\exp(\dfrac{-t}{\tau}) \end{cases}$$

时间常数 $\tau = \dfrac{L}{R}$。

充电过程，当 $t = \tau$ 时，$U_L = E\exp(-1) = 0.368E$。

同 RC 电路一样，RL 电路的半衰期为放电过程电流减少为最大值的一半或电压的绝对值减为最大值的一半时所需的时间 $T_{\frac{1}{2}}$。

$$\frac{1}{2}\frac{E}{R} = \frac{E}{R}\exp\left(\frac{-RT_{\frac{1}{2}}}{L}\right) = \frac{E}{R}\exp\left(\frac{-T_{\frac{1}{2}}}{\tau}\right)$$

得
$$T_{\frac{1}{2}} = \tau\ln 2 = 0.693\tau = 0.693\frac{L}{R}$$

3. RLC 串联电路的暂态过程

（1）放电过程

电路如图 5-5 所示。开关 K 先拨到 1，使电容充电到 E，然后把 K 拨向 2，电容就在闭合的 RLC 电路中放电。放电时
$$U_R + U_L + U_C = 0$$
即
$$L\frac{\mathrm{d}i}{\mathrm{d}t} + iR + U_C = 0$$

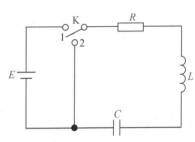

图 5-5　RLC 串联电路

将 $i = C\dfrac{\mathrm{d}U_C}{\mathrm{d}t}$ 代入上式，得

$$L\frac{\mathrm{d}^2 U_C}{\mathrm{d}t^2} + R\frac{\mathrm{d}U_C}{\mathrm{d}t} + \frac{1}{C}U_C = 0 \qquad (5-5)$$

根据初始条件 $t = 0$ 时，$U_C = E$，$\dfrac{\mathrm{d}U_C}{\mathrm{d}t} = 0$ 解方程，方程的解分为三种情况：

① $R^2 < \dfrac{4L}{C}$，对应于弱阻尼状态（亦称欠阻尼），其解为

$$U_C = E\exp(\frac{-t}{\tau})\cos(\omega t + \varphi) \qquad (5-6)$$

其时间常数 $\tau = \dfrac{2L}{R}$，衰减振动的角频率为

$$\omega = \frac{1}{\sqrt{LC}}\sqrt{1 - \frac{R^2 C}{4L}} \qquad (5-7)$$

U_C 随时间变化的规律如图 5-6 中曲线 Ⅰ 所示，即阻尼振动状态。此时，振动的振幅呈指数衰减，τ 的大小决定了振幅衰减的快慢，τ 越小，振幅衰减越迅速。

如果 $R^2 \ll \dfrac{4L}{C}$，R 很小时，振幅的衰减会很缓慢，

$$\omega \approx \frac{1}{\sqrt{LC}} = \omega_0$$

振动变为 LC 电路的自由振动，ω_0 为自由振动的角频率。

② $R^2 > \dfrac{4L}{C}$，对应于过阻尼状态，其解为

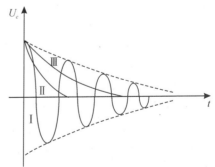

图 5-6　RLC 串联电路三种状态曲线

$$U_C = E\exp(\frac{-t}{\tau})\mathrm{ch}(\omega t + \varphi) \qquad (5-8)$$

式中，$\tau = \dfrac{2L}{R}$，$\omega = \dfrac{1}{\sqrt{LC}} \sqrt{\dfrac{R^2 C}{4L} - 1}$，$U_C$-$t$ 曲线见图 5-6 中曲线 Ⅲ。

③$R^2 = \dfrac{4L}{C}$，对应于临界阻尼状态，其解为

$$U_C = E\left(1 + \frac{t}{\tau}\right)\exp\left(\frac{-t}{\tau}\right)$$

曲线见图 5-6 中曲线 Ⅱ。

（2）充电过程

开关 K 先接位置 2，待电容放电结束，再把 K 拨到 1，电源 E 对电容充电。可以验证，充电过程和放电过程十分类似，只是最后趋向的平衡位置不同。

综上所述，在 RLC 电路中，不论是充电过程还是放电过程，当 L、C 确定，R 由小逐渐增大时，电路将由弱阻尼状态经临界阻尼状态变为过阻尼状态。

【实验内容和步骤】

1. 观察 RC 电路暂态过程

（1）按图 5-7 接线，注意示波器的地线与方波信号发生器的地线必须接在一起。用示波器 CH1 端观察电容两端电压。为便于比较，用 CH2 端同时观察信号源输出的信号。

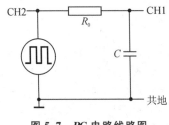

图 5-7　RC 电路线路图

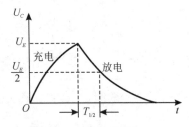

图 5-8　充放电曲线

（2）取电容 $C = 0.022\ \mu$F，电阻 $R_0 = 10\ \text{k}\Omega$，调节信号发生器的输出频率使 $f = 400\ \text{Hz}$，选择信号波形为方波。按下示波的"自动设置"按钮，这时示波器上显示如图 5-8 所示的充放电波形，存储相应波形图。电阻值改为 $R = 5\ \text{k}\Omega$，再存储相应波形。比较两波形的不同之处。

（3）选择 $R = 10\ \text{k}\Omega$ 时的波形，测量 RC 串联电路的半衰期 $T_{\frac{1}{2}}$。选择充放电充分的波形，即从图 5-8 可见充电最大值为 U_E，放电最小值为零。由前述 $t = 5\tau = 5RC$ 时，充放电才是充分的。在测量 $T_{\frac{1}{2}}$ 时，应利用示波器水平控制区的挡位旋钮使示波器上显示的波形宽一些，以减小估读不确定度。利用示波器的光标测量功能测出半衰期 $T_{\frac{1}{2}}$：按动数字示波器上的"光标"按钮，按照图 5-8 调节光标在适当位置来测量 $T_{\frac{1}{2}}$。存储相应波形图。光标的调节方法参考实验 4 中"光标的设定"的内容。

（4）用不同方法测量时间常数 τ，并与理论值作比较。

① 充电过程：测量 $U_C = 0.632 U_E$ 时对应的时间 t_0，则 $\tau = t_0$，存储相应波形图。

② 放电过程：先测 $T_{\frac{1}{2}}$，由公式 $T_{\frac{1}{2}} = RC\ln 2$，计算电路的时间常数 $\tau = RC = T_{\frac{1}{2}} \dfrac{1}{\ln 2} = 1.443 T_{\frac{1}{2}}$；

③ 算出 τ 的理论值 $\tau = RC$。

2. 观察 RL 电路的暂态过程

（1）按图 5-9 接线。固定方波频率 $f = 10\ \text{kHz}$，电阻 $R = 1\ \text{k}\Omega$，电感 $L = 0.01\ \text{H}$，观察此

时的充放电波形图,存储相应波形。电阻值改为 $R = 2\ \text{k}\Omega$,再存储相应波形。比较两波形的不同之处。

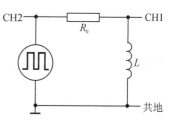

（2）选择电阻 $R = 1\ \text{k}\Omega$ 时的波形测量半衰期。在测量 $T_{\frac{1}{2}}$ 时,应利用示波器水平挡位旋钮使示波器上显示的波形宽一些,以减小估读不确定度。利用示波器的光标测量功能测出半衰期 $T_{\frac{1}{2}}$,存储相应波形图。

图 5-9　RL 电路线路图

（3）用不同方法测量时间常数 τ,并与理论值作比较。

① 充电过程:测量 $U_L = 0.368U_E$ 时对应的时间 t_0,则 $\tau = t_0$,存储相应波形图。

② 放电过程:先测出 $T_{\frac{1}{2}}$,由公式 $T_{\frac{1}{2}} = \dfrac{L}{R}\ln 2$,计算电路的时间常数 $\tau = \dfrac{L}{R} = T_{\frac{1}{2}}\dfrac{1}{\ln 2} = 1.443 T_{\frac{1}{2}}$。

③ 计算时间常数的理论值 $\dfrac{L}{R}$。

3. 观察 RLC 电路的暂态过程

（1）按图 5-10 接线。取 $L = 0.01\ \text{H}$,$C = 0.022\ \mu\text{F}$,调节方波发生器的频率 $f = 500\ \text{Hz}$,逐渐增大 R,观察 U_C 波形的变化情况,当波形刚好不出现振荡时,电路即处于临界阻尼状态。继续增大 R,观察过阻尼状态下,时间常数 τ 随 R 的增大而增大所引起的 U_C 波形的变化情况,使产生图 5-11 所示 RLC 串联电路阻尼振荡过程。于是在示波器上就能观察到不同 R 下的 $U(t)$ 随时间变化的三种状态,存储三种状态的相应波形。

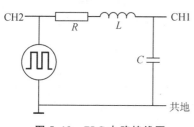

图 5-10　RLC 电路接线图

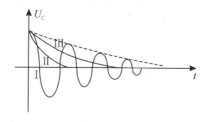

图 5-11　不同 RLC 电路三种暂态曲线

（2）将临界阻尼状态时回路总电阻的实验值（包括电阻箱阻值 R、电感的损耗电阻 R_L 和方波发生器的内阻 R_s）与理论值 $R_0 = \sqrt{\dfrac{4L}{C}}$ 相比较。

（3）测量弱阻尼振荡周期 $T\left(T = \dfrac{\Delta t}{n}\right)$。利用示波器的光标测量功能测量阻尼振荡时,波形某两点之间的时间间隔 Δt 和 Δt 时间内波形的周期数 n,从而求出 T,并将 T 与理论值 T_0 相比较（$T_0 = \dfrac{2\pi}{\omega} = \dfrac{1}{f}$）。其振荡频率为 $\omega = \dfrac{1}{\sqrt{LC}}\sqrt{1 - \dfrac{R^2 C}{4L}}$,弛豫时间 $\tau = \dfrac{2L}{R}$。比较测量值与计算值是否在测量误差范围内。存储相应波形。

【注意事项】

1. 连接示波器、信号发生器的连接线时应顺时针旋进或逆时针旋出,严禁直接用力拔插。
2. 连接电路时,注意信号源和示波器的"共地"连接。
3. 做 RLC 串联电路暂态实验时,必须选择合适的 L、C 值和方波信号的频率 f_0,使电路的

振荡周期 T 远小于方波的周期 T_0。做 RC、RL 实验时也要选择合适的频率 f 以便调出最佳的波形。

【数据及处理要求】

1. 实验表格可参照表 5-1、表 5-2。

表 5-1　RC 电路暂态过程的时间常数

理论值	放电过程	充电过程
$R_0 =$	$U_E =$	$U_E =$
$R_S =$	$U_C = \dfrac{1}{2} U_E =$	$U_C = 0.632 U_E =$
$R = R_0 + R_S =$	$T_{\frac{1}{2}} =$	
$C =$		
$\tau = RC =$	$\tau = 1.443 T_{\frac{1}{2}} =$	$\tau =$

表 5-2　RL 电路暂态过程的时间常数

理论值	放电过程	充电过程
$R_0 =$	$U_E =$	$U_E =$
$R_S =$	$U_L = \dfrac{1}{2} U_E =$	$U_L = 0.368 U_E =$
$R_L =$	$T_{\frac{1}{2}} =$	
$R = R_0 + R_S + R_L =$		
$L =$		
$\tau = \dfrac{L}{R} =$	$\tau = 1.443 T_{\frac{1}{2}} =$	$\tau =$

2. 把每个相关的图形保存好，并整理打印出来。

3. 比较测量所得的时间常数与理论值的误差，求出相对误差。

【思考题】

1. 说明电路时间常数的物理意义。

2. 测量信号发生器内阻时，用一电阻箱连接信号源两端，调节电阻箱的电阻使得电阻箱两端的电压是信号发生器开路电压的一半，这时电阻箱的电阻即为信号发生器的内阻。推导以上结论。

3. 推导 RLC 串联电路谐振时的角频率 ω。

实验 6　惠斯登电桥

　　直流电桥是一种精密的电阻测量仪器,具有重要的应用价值。直流电桥又分为单臂电桥和双臂电桥,即通常所说的惠斯登电桥和开尔文电桥。平衡电桥是把待测电阻与标准电阻进行比较,通过调节电桥平衡,从而测得待测电阻的阻值。单臂直流电桥(惠斯登电桥)适于测量中值电阻($10 \sim 10^6$ Ω),双臂直流电桥(开尔文电桥)适于测量低值电阻(1 Ω 以下)。

【实验目的】

　　1. 理解电桥平衡法测电阻的原理;
　　2. 掌握惠斯登电桥测量电阻的方法。

【实验仪器】

　　FQJ 型非平衡直流电桥(实物图如图 6-1)、待测电阻、FQJ 非平衡电桥加热实验装置

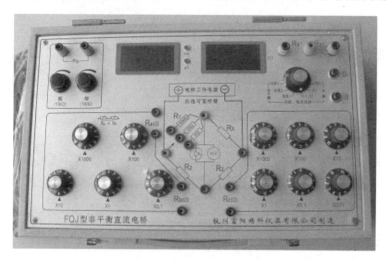

图 6-1　非平衡直流电桥实物图

【实验原理】

　　惠斯登电桥是平衡电桥,其原理见图 6-2。图 6-3 为 FQJ 型的惠斯登电桥部分的接线示意图。

　　在图 6-2 中,R_1、R_2、R_3、R_4 构成一个闭合环路,每个边(电阻)称为电桥的桥臂,四个电阻的连接点即 A、B、C、D 称为电桥的顶点。在电桥的一对顶点 A、C 两端供一恒定桥压 U_s,在另一对顶点 B、D 之间为有一检流计 G。所谓“桥”就是指 BGD 这条对角线,它的作用是利用检流计将电桥的两个对顶点的电位直接进行比较。当平衡时,G 无电流流过,BD 两点为等电位点,则

$$U_{BC} = U_{DC}$$

$I_1 = I_4$,$I_2 = I_3$,$I_1 R_1 = I_2 R_2$,$I_3 R_3 = I_4 R_4$,于是有

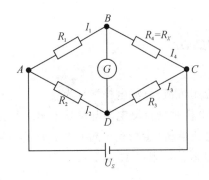

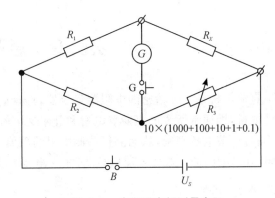

图 6-2　惠斯登电桥的原理　　　　　图 6-3　惠斯登电桥测量电阻

$$R_1 \cdot R_3 = R_2 \cdot R_4$$

如果 R_4 为待测电阻 R_X，R_3 为标准比较电阻，令 $K = \dfrac{R_1}{R_2}$（称其为比率，一般惠斯登电桥的 K 有 0.001、0.01、0.1、1、10、100、1000 等，本电桥的比率 K 可以任选），根据待测电阻的大小，选择 K 后，只要调节 R_3，使电桥平衡，检流计为 0，就可以根据下式得到待测电阻 R_X 之值。

$$R_X = \frac{R_1}{R_2} \cdot R_3 = KR_3 \tag{6-1}$$

【实验内容及步骤】

1. 电桥接线

电桥接线如图 6-4 所示。

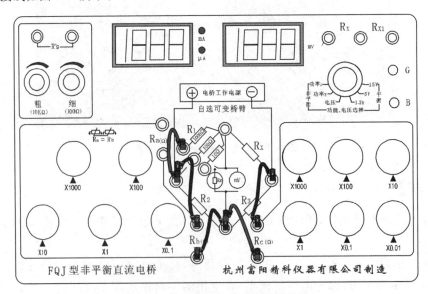

图 6-4　单臂电桥两端法测量连线图

（1）量程倍率设置：为了提高学生的动手能力，电桥的量程倍率可视被测电阻的大小自行设置，方法是：通过面板上的连线 R_a 和 R_b 与 R_1、R_2 两组开关来实现，如"×1"倍率，如图 6-4 所示，R_a 挂空，R_1 的 1000 Ω孔用导线连接，R_b 接 R_2，"1000"盘上打"1"其余盘均为 0；如"×10⁻¹"倍率，连接 R_1 孔的 100 Ω，$R_b = R_2 = 1000$ Ω；如"×10²"倍率，连接 $R_1 = 1000$ Ω，$R_b = R_2 =$

10 Ω，由此可组成表 6-1 中不同的量程倍率。

表 6-1　单臂电桥量程倍率

量程倍率	有效量程 / Ω	准确度 /%	电源电压 /V
$\times 10^{-2}$	10 ～ 111.111	0.5	5
$\times 10^{-1}$	100 ～ 1111.11	0.3	5、1.3
$\times 10$	1 k ～ 11.1111 k	0.2	5、1.3
$\times 10$	10 k ～ 111.111 k	1	15
$\times 10^{2}$	100 k ～ 1111.11 k	2	15

（2）"功能、电压选择"开关置于"平衡（5 V）"或"平衡（15 V）"（可按表 6-1 选择），并接通电源。

（3）按图 6-5 所示，在"R_X"与"R_{X1}"之间接上被测电阻，R_3 测量盘打到与被测电阻相应的数字，按下 G、B 按钮，调节 R_3，使电桥平衡（电流表为 0）。

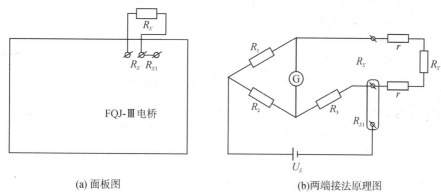

(a) 面板图　　　　　　　　　　　　　(b)两端接法原理图

图 6-5　电桥的两端接法

2. 测量铜电阻

用惠斯登电桥（平衡电桥）测量铜电阻［Cu50 的 $R(t)$］，根据"铜热电阻 Cu50 的电阻 — 温度特性表"中电阻变化情况，选择桥臂确定 R_1/R_2，将转换开关置于"平衡"，电压选择（1.3 V、5 V、15 V）位置，按下 G、B 开关，调节 R_3，使电桥平衡（电流表为 0），记录温度和电阻值 R_0。开始升温，每隔 5℃ 测 1 个点，记入表 6-2 中，加热范围为室温至 65 ℃。

表 6-2　铜电阻的电阻 — 温度关系

温度/℃							
电阻 $R(t)$/Ω							

【数据处理要求】

1. 设计测量待测电阻的实验数据记录表格。

2. 分别计算各待测电阻的测量值和不确定度。

3. 作 $R(t)$-t 图，由图求出铜电阻的电阻温度系数 $\alpha = \dfrac{\Delta R}{R'_0 \Delta T}$，其中 R'_0 为 0℃ 时电阻值。与

理论值相比较,求出百分误差,并写出表达式。

【思考题】

　　1. 测量电阻的原理是什么?
　　2. 哪些因素会使电桥的测量误差加大?

附录　FQJ-2 型非平衡直流电桥加热实验装置

1. 概述

　　FQJ-2 型非平衡直流电桥加热实验装置是专为 FQJ 系列非平衡直流电桥在实验过程中配套使用的装置。该装置具有下列特点:

　　(1) 加热温度可自由设定(不超过上限值);

　　(2) PID 控温,控温精度高;

　　(3) 装置内配装有铜电阻、热敏电阻,增加了实验内容;

　　(4) 加热装置电源输入为低电压,并通过变压器隔离,安全可靠;

　　(5) 装置内装有风扇,根据实验的需要,可加速降温;

　　(6) 装置结构新颖、紧凑合理。

2. 结构和连接

该装置由加热炉及温度控制仪两大部分组成,其结构及连接见图 6-6。

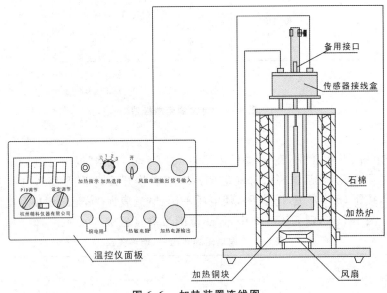

图 6-6　加热装置连线图

3. 主要技术指标

　　(1) 温度控制范围:0 ～ 120 ℃,上限为 120 ℃;

　　(2) 温度控制精度:±1 ℃;

　　(3) 加热输入电压:24 V(隔离电压);

　　(4) 加热至温度上限时间:30 min 左右。

4. 使用说明

使用前,将温控仪机箱底部的撑架竖起,以便在测试时方便观察及操作。

实验开始前,应连接好温控仪与加热炉之间的导线,根据实验内容,在"铜电阻"或"热敏电阻"接线柱上与 FQJ 非平衡电桥的"R_x"端相接。实验装置的加温操作步骤如下:

(1) 温度设定:根据实验温度需要,设定加热温度上限,其方法为:开启温控仪电源,显示屏显示的温度为环境温度。将"测量 ↔ 设定"转换开关置于"设定"位置,转动"设定调节"旋钮,将所需加热温度上限设定好,再将转换开关置于"测量"位置。(在温度设定时,仪器上"加热选择"开关置于"断"处。)

(2)PID 调节:加热前,先将"PID 调节"旋钮逆时针方向(向"一"处)旋到底,再顺时针方向旋至该整个调节行程的 1/3 左右处。

(3) 加热:加热前,应根据环境温度和所需升温的上限及升温速度来确定温控仪面板上"加热选择"开关的位置。该开关分为 1、2、3 三挡,由"断"位置打向任意一挡,即开始加热,指示灯亮,升温的高低及速度以 1 挡为最低最慢,3 挡为最高最快,一般在加热过程中温度升至离设定上限温度 5 ~ 10 ℃ 时,应将加热挡位降低一挡,以减小温度俯冲。总之,在加热升温时,应根据实际升温要求,选择好加热挡位;仔细反复调节"PID 调节"旋钮,如升温温度高于设定值,"PID 调节"向"一"方向调节,反之,升温温度达不到设定值,"PID 调节"向"+"方向调节。但调节量必须是小幅度、细微的调节,使温度既能达到设定值,又能达到控温精度要求。加热挡位的选择可采取:环境温度与设定温度上限之间的距离为 20 ~ 30 ℃ 时,可选择 2 挡;距离大于 30℃ 时选择 3 挡。由于温度控制受环境温度、仪表调节、加热电流大小等诸多因素的影响,因此实验时需要多次细调,以取得温度控制的最佳效果。

(4) 测量:在加热过程中,根据实验内容,调节 FQJ 系列非平衡直流电桥,可进行 Cu50 铜电阻或热敏电阻特性的测量。(测量连接导线的直流电阻为 0.5 Ω 左右。)

(5) 降温:实验过程中或实验完毕,需对加热铜块或加热炉体降温。降温方法如下:将加热铜块及传感器组件升至一定高度并固定,开启温控仪面板中的"风扇开关"使炉体底部的风扇转动,达到使炉体降温的目的。如要加快加热铜块的降温,可断电后将加热铜块提升至加热炉体外,并浸入冷水中。

5. 注意事项

(1) 实验开始前,所有导线,特别是加热炉与温控仪之间的信号输入线应连接可靠。

(2) 传热铜块与传感器组件,出厂时已由厂家调节好,不得随意拆卸。

(3) 转动"PID 调节"及"设定调节"旋钮时,应用力轻微,以免损坏电位器。

(4) 装置在加热时,应注意关闭风扇电源。

(5)"备用测试口"为一根一端封闭,并插入加热铜块中的空心铜管,供实验时加入介质后测试用。如在空心管中加入变压器油及铜电阻,用 QJ44 双臂电桥测试铜电阻随温度变化的电阻值。

(6) 温控仪机箱后部的电源插座中的熔丝管应选用 1 ~ 1.5 A,而另一黑色保险丝座中的熔丝管选用 3 A。

(7) 实验完毕后,应切断电源。

(8) 由于热敏电阻、铜电阻耐高温的局限,设定加温的上限值不能超过 120 ℃。

实验 7   非平衡直流电桥的原理和应用

直流电桥是一种精密的电阻测量仪器,具有重要的应用价值。按电桥的测量方式可分为平衡电桥和非平衡电桥。平衡电桥是把待测电阻与标准电阻进行比较,通过调节电桥平衡,从而测得待测电阻值,如单臂直流电桥(惠斯登电桥)、双臂直流电桥(开尔文电桥)。它们只能用于测量具有相对稳定状态的物理量,而在实际工程和科学实验中,很多物理量是连续变化的,只能采用非平衡电桥才能测量。非平衡电桥的基本原理是通过桥式电路来测量电阻,根据电桥输出的不平衡电压,再进行运算处理,从而得到引起电阻变化的其他物理量,如温度、压力、形变等。

【实验目的】

1. 掌握非平衡直流电桥的基本原理;
2. 熟悉用非平衡直流电桥电压输出方法测量铜电阻和热敏电阻的操作方法。

【实验仪器】

FQJ 型教学用非平衡直流电桥、FQJ 非平衡电桥加热实验装置

【实验原理】

非平衡电桥原理如图 7-1 所示。

B、D 之间为一负载电阻 R_g,只要测量电桥输出 U_g、I_g,就可得到 R_X 值,并求得输出功率。

1. 电桥分类

(1) 等臂电桥:$R_1 = R_2 = R_3 = R_4$;

(2) 卧式电桥:$R_1 = R_4 = R$,$R_2 = R_3 = R'$,且 $R \neq R'$。

(3) 立式电桥:$R_1 = R_2 = R'$,$R_3 = R_4 = R$,且 $R \neq R'$。

2. 电压电桥

当负载电阻 $R_g \to \infty$,即电桥输出处于开路状态时,$I_g = 0$,仅有电压输出,并用 U_0 表示,根据分压原理,ABC 半桥的电压降为 U_s,通过 R_1、R_4 两臂的电流为

$$I_1 = I_4 = \frac{U_s}{R_1 + R_4}$$

则 R_4 上的电压降为

$$U_{BC} = \frac{R_4}{R_1 + R_4} U_s \qquad (7-1)$$

同理 R_3 上的电压降为

$$U_{DC} = \frac{R_3}{R_2 + R_3} U_s \qquad (7-2)$$

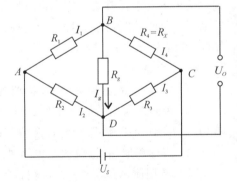

图 7-1 非平衡电桥的原理

输出电压 U_0 为 U_{BC} 与 U_{DC} 之差

$$U_0 = U_{BC} - U_{DC}$$

$$= \frac{R_4}{R_1 + R_4} U_s - \frac{R_3}{R_2 + R_3} U_s$$

$$= \frac{R_2 R_4 - R_1 R_3}{(R_1 + R_4)(R_2 + R_3)} U_s \qquad (7-3)$$

当满足条件 $R_1 R_3 = R_2 R_4$ 时,电桥输出 $U_0 = 0$,即电桥处于平衡状态,$(7-3)$式就称为电桥的平衡条件。为了测量的准确性,在测量的起始点,电桥必须调至平衡,称为预调平衡。这样可输出只与某一臂电阻变化有关的电压。若 R_1、R_2、R_3 固定,R_4 为待测电阻,$R_4 = R_X$,则当 $R_4 \rightarrow R_4 + \Delta R$ 时,因电桥不平衡而产生的电压输出为

$$U_0 = \frac{R_2 R_4 + R_2 \Delta R - R_1 R_3}{(R_1 + R_4)(R_2 + R_3) + \Delta R(R_2 + R_3)} U_s \qquad (7-4)$$

当电阻增量 ΔR 较小时,即满足 $\Delta R \ll R_r$ 时,公式的分母中含 ΔR 项可略去,公式可得以简化,各种电桥的输出电压公式为:

(1) 等臂电桥

$$U_0 = \frac{U_s}{4} \cdot \frac{\Delta R}{R} \qquad (7-5)$$

(2) 卧式电桥

$$U_0 = \frac{U_s}{4} \cdot \frac{\Delta R}{R} \qquad (7-6)$$

(3) 立式电桥

$$U_0 = U_s \cdot \frac{RR'}{(R + R')^2} \cdot \frac{\Delta R}{R} \qquad (7-7)$$

注意:上式中的 R 和 R' 均为预调平衡后的电阻。当满足 $\Delta R \ll R_r$ 时,测量得到的电压输出与 $\frac{\Delta R}{R}$ 成线性比例关系,通过上述公式计算得 $\frac{\Delta R}{R}$ 或 ΔR,从而求得 R_4(当前) $= R_4$(预调平衡) $+ \Delta R$ 或 R_X(当前) $= R_X$(预调平衡) $+ \Delta R$。

等臂电桥、卧式电桥的输出电压比立式电桥高,因此灵敏度也高,但立式电桥测量范围大(可以通过选择 R、R' 来扩大测量范围,R、R' 差距愈大,测量范围也愈大)。

【实验内容和步骤】

FQJ 型非平衡直流电桥之三个桥臂 R_a、R_b、R_c($R_a = R_b$) 分别由 $10 \times (1000 + 100 + 10 + 1 + 0.1)\Omega$、$10 \times (1000 + 100 + 10 + 1 + 0.1 + 0.01)\Omega$ 电阻和十进步进开关组合而成,调节范围在 11.1110 kΩ 内,负载电阻 R_g' 由 1 个 10 kΩ 的多圈电位器(粗调)和 1 个 100 Ω 多圈电位器(细调)串联而成,可在 10.1 kΩ 范围内调节。数字电压表量程为 200 mV。功率 1 为 20 mA,采样电阻 $R_s = 10\ \Omega$,用于测量 < 1 kΩ 的较小电阻;功率 2 为 200 μA,采样电阻 $R_s = 1$ kΩ,用于测量 > 1 kΩ 电阻。电压输出时,卧式电桥和等臂电桥允许待测电阻 R_X 变化 $\frac{\Delta R}{R}$ 达到 25%,立式电桥允许 R_X 变化率向上变化达到 100%,向下变化为 70%。功率输出时,允许 R_X 之变化率大于电压输出时 R_X 之变化率。

1. 非平衡电桥电压输出形式测量铜电阻

(1) 采用卧式电桥测量

① 按图 7-2 连接线路，确定各桥臂电阻值。设定室温时铜电阻值为 R_0（查表 7-1），使 $R = R' = R_4 = R_0$，选择 $R' = R_2 = R_3 = 20\ \Omega$（供参考，可自行设计）。

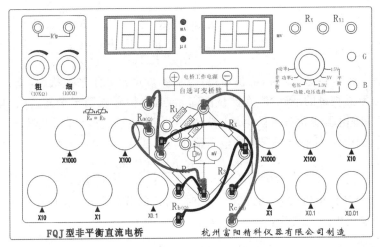

图 7-2　非平衡电桥卧式电桥接线图

表 7-1　铜电阻 Cu50 的电阻 — 温度特性

$$\alpha = 0.004280/℃$$

温度/℃	0	1	2	3	4	5	6	7	8	9
	电阻值 /Ω									
−50	39.24									
−40	41.40	41.18	40.97	40.75	40.54	40.32	40.10	39.89	39.67	39.46
−30	43.55	43.34	43.12	42.91	42.69	42.48	42.27	42.05	41.83	41.61
−20	45.70	45.49	45.27	45.06	44.84	44.63	44.41	42.20	43.98	43.77
−10	47.85	47.64	47.42	47.21	46.99	46.78	46.56	46.35	46.13	45.92
−0	50.00	49.78	49.57	49.35	49.14	48.92	48.71	48.50	48.28	48.07
0	50.00	50.21	50.43	50.64	50.86	51.07	51.28	51.50	51.81	51.93
10	52.14	52.36	52.57	52.78	53.00	53.21	53.43	53.64	53.86	54.07
20	54.28	54.50	54.71	54.92	55.14	55.35	55.57	55.78	56.00	56.21
30	56.42	56.64	56.85	57.07	57.28	57.49	57.71	57.92	58.14	58.35
40	58.56	58.78	58.99	59.20	59.42	59.63	59.85	60.06	60.27	60.49
50	60.70	60.92	61.13	61.34	61.56	61.77	61.93	62.20	62.41	62.63
60	62.84	60.05	63.27	63.48	63.70	63.91	64.12	64.34	64.55	64.76
70	64.98	65.19	65.41	65.62	65.83	66.05	66.26	66.48	66.69	66.90
80	67.12	67.33	67.54	67.76	67.97	68.19	68.40	68.62	66.83	69.04
90	69.26	69.47	69.68	69.90	70.11	70.33	70.54	70.76	70.97	71.18
100	71.40	71.61	71.83	72.04	72.25	72.47	72.68	72.90	73.11	73.33
110	73.54	73.75	73.97	74.18	74.40	74.61	74.83	75.04	75.26	75.47

②　预调平衡,将待测电阻接至 R_X,R_2、R_3 调至 20 Ω,R_1 调至 R_0,功能转换开关转至电压输出,G、B 按钮按下,微调 R_1 使电压 $U_0 = 0$。

③　开始升温,每 5℃ 测量 1 个点,同时读取温度 t 和输出 $U_0(t)$,连续升温,分别将温度及电压值记录入表 7-2 中。

表 7-2　温度、电压测量表

序号	1	2	3	4	5	6	7	8	9	10
温度 /℃										
$U_0(t)$/mV										

备注:加热装置的调节步骤参见 P88(实验 6 附录 FQJ-2 型非平衡直流电桥加热实验装置)。

(2)　采用立式电桥测量

①　自行设计桥臂电阻 R、R'(预习时完成,实验前交老师检查)。

②　预调平衡,步骤与上述相类似。

③　升温测量,数据列表。(同上)

2. 非平衡电桥电压输出形式测量热敏电阻(选做)

本实验采用 2.7 kΩMF51 型半导体热敏电阻进行测量。

该电阻是以一些过渡金属氧化物在一定的烧结条件下形成的半导体金属氧化物为基本材料制成的,具有 P 型半导体的特性。对于一般半导体材料,电阻率随温度变化主要依赖于载流子浓度,而迁移率随温度的变化相对来说可以忽略。但上述过渡金属氧化物则有所不同,在室温范围内基本上已全部电离,即载流子浓度基本上与温度无关,此时主要考虑迁移率与温度的关系。随着温度升高,迁移率增加,电阻率下降,故这类金属氧化物半导体是一种具有负温度系数的热敏电阻元件,其电阻 — 温度特性见表 7-3。根据理论分析,其电阻 — 温度特性的数学表达式通常可表示为 $R_t = R_{25} \cdot \exp\left[B_n\left(\dfrac{1}{T} - \dfrac{1}{298}\right)\right]$,式中 R_{25}、R_t 分别为 25℃ 和 t℃ 时热敏电阻的电阻值;$T = 273 + t$;B_n 为材料常数,制作时不同的处理方法其值不同,对于确定的热敏电阻,可以由实验测得的电阻 — 温度曲线求得。我们也可以把上式写成比较简单的表达式

$$R_t = R_0 \mathrm{e}^{\frac{E}{KT}} = R_0 \mathrm{e}^{\frac{BU}{T}} \tag{7-8}$$

因此,热敏电阻之阻值 R_t 与 t 为指数关系,是一种典型的非线性电阻。式中 $R_t = R_{25}\mathrm{e}^{\frac{-BU}{298}}$,$K$ 为玻耳兹曼常数。

(1)　根据 2.7 kΩMF51 的电阻 — 温度特性研究桥式电路,并设计各桥臂电阻 R、R',以确保电压输出不会溢出(预习时设计计算好)。实验时可以先用电阻箱模拟,若不满足要求,立即调整 R' 阻值。

(2)　预调平衡

①　根据桥式,预调 R、R' 室温时电阻值为 R_0。

②　将功能转换开关旋至电压输出,按下 G、B 开关,微调 R_0 使数字电压表为 0。

(3)　升温,每隔 5℃ 测 1 个点,将测量数据列表。

表 7-3　2.7 kΩ MF51 型热敏电阻的电阻 — 温度特性

温度/℃	25	30	35	40	45	50	55	60	65
电阻/Ω	2700	2225	1870	1573	1341	1160	1000	868	748

【数据处理要求】

1. 非平衡电桥(卧式)

根据(7-6)式求出各点之 $\Delta R(t)$ 和 $R(t)$ 值,然后作 $R(t)\text{-}t$ 图,用图解法求出电阻温度系数 $\alpha = \dfrac{\Delta R}{R'_0 \Delta t}$ (其中 R'_0 为 $0\ ℃$ 时的电阻值),以及 α 的不确定度。

2. 非平衡电桥(立式)

根据(7-7)式求出各点之 $\Delta R(t)$ 和 $R(t)$ 值,用图解法求 $0\ ℃$ 时的电阻值 R'_0 和电阻温度系数 α,并计算 α 的不确定度。

3. 非平衡电桥电压输出方法测量热敏电阻

根据选择的桥式求出各点之 $\Delta R(t)$ 和 $R(t)$ 值,然后作 $R(t)\text{-}t$ 图。

【思考题】

1. 非平衡电桥在工程中有哪些应用?试举一二例。

2. 非平衡电桥之立式桥为什么比卧式桥测量范围大?请用公式推导。

3. 当采用立式桥测量某电阻变化时,如产生电压表溢出现象,应采取什么措施?

实验 8　非线性电阻伏安特性的测定

【实验目的】

1. 了解伏安法在测量非线性元件中的重要作用；
2. 了解晶体二极管的单向导电特性；
3. 测绘非线性电阻伏安特性曲线。

【实验仪器】

直流稳压电源、数字式电压表、电流表(1000 μA、50 mA 各一只)、滑线变阻器、二极管(型号由实验课上给出)。

【实验原理】

电子器件的伏安特性表述器件的电流与器件两端的电压关系，对电子器件的伏安特性的透彻了解对器件的应用研究具有重要意义。实验上可用电压表测出元件两端的电压 U，用电流表测出流经元件的相应电流 I，通过此元件测出一组 U 和对应的 I 后，以电压 U 为横坐标，以电流 I 为纵坐标作图，所得曲线称为伏安特性曲线。

电阻元件通常分为两类，一类是线性元件，另一类是非线性元件。对于线性元件，加在元件两端的电压 U 与通过它的电流 I 成正比(忽略电流热效应对阻值的影响)，它的伏安特性曲线为一条直线，其直线斜率的倒数为电阻值，是一个常数(如图 8-1)。对于非线性元件，加在元件两端的电压与通过它的电流不成正比，其电阻随着加在它两端的电压变化而变化，它的伏安特性曲线不是一条直线，而是一条曲线(如图 8-2)。曲线上各点的电压与电流的比值，不是常量，而是变量，其电阻由曲线上各点的切线的斜率的倒数求得，即 $R = \dfrac{U}{I}$。

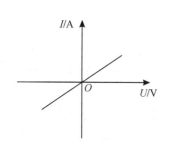

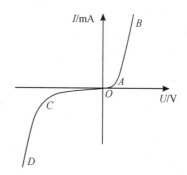

图 8-1　线性电阻的伏安特性曲线　　　图 8-2　非线性电阻的伏安特性曲线

晶体二极管是典型的非线性元件，通常用符号"➤├"表示。从图 8-2 中曲线可以看出，当二极管加正向电压时，管子呈低阻状态，在 OA 段，外加电压不足以克服 P-N 结内电场对多数载流子的扩散所造成的阻力，正向电流较小，二极管的电阻较大。在 AB 段，外加电压超过阈电压 U_{on}(锗管约为 0.3 V，硅管约为 0.7 V)，内电场大大削弱，二极管的电阻变得很小，电流迅速上升，二极管呈导通状态。相反，若二极管加反向电压，当电压较小时，反向电流很小，在曲线

OC 段,管子呈高阻状态(截止)。当电压继续增加到二极管的击穿电压 U_{br} 时,电流剧增(CD 段),二极管被击穿,此时电阻趋于零。

由于二极管正、反向特性曲线的不同,在使用伏安法测二极管正、反向电阻时,必须考虑电表的接入误差。

通过实验和理论分析,已经知道:当 $R_X \gg R_A$(R_X 为待测电阻,R_A 为电流表内阻)时,宜采用电流表内接的方法测电阻;当 $R_X \ll R_V$(R_V 为电压表内阻)时,宜采用电流表外接的方法测电阻。在测量二极管正向特性时,因 $R_X \ll R_V$,故采用电流表外接法;在测量二极管反向特性时,因 $R_X \gg R_A$,故采用电流表内接法。

【实验内容和步骤】

1. 测定二极管正向伏安特性曲线

（1）按图 8-3 接好电路。调节电源输出电压"调节旋钮"使输出电压为 0.8 V。二极管的正极接电路的高电位,负极接低电位,选择好毫安表及数字电压表量程,并把滑动变阻器滑动触头 C 移到 B 点。

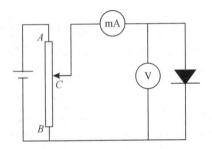　　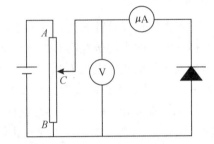

图 8-3　测定二极管正向伏安特性曲线电路连接图　图 8-4　测定二极管反向伏安特性曲线电路连接图

（2）调节滑动变阻器滑动触头 C,慢慢增加二极管两端的电压,在 0 至接近 U_{on} 区间,电流变化缓慢,取点可稀疏些。U 从 0 开始,每隔 0.1 V 测一点,在接近 U_{on} 以后,电流迅速变化,取点应密集些,每隔 0.02 V 测一点,直至电流不超过二极管的正向最大电流 I_{max} 为止,观测各电压取值对应的电流。

2. 测定二极管反向伏安特性曲线

（1）按图 8-4 接好电路。调节电源输出电压"调节旋钮"使输出电压为 8 V。电源二极管的正极接电路的低电位,负极接高电位,选择好微安表及数字电压表量程,并把滑动变阻器滑动触头 C 移到 B 点。

（2）调节滑动变阻器滑动触头 C,慢慢增加二极管两端的电压,使 U 从 0 开始,每隔 1 V 读下微安表对应的读数 I,在接近 U_{br} 时,电流变化迅速,取点应密集些,每隔 0.1 V 测一点,直到 U 接近 U_{br} 为止。

【注意事项】

1. 连接电路时,注意电源、电表及二极管的正、负极性。

2. 为了不损坏二极管,实验时,被测元件的工作电压和工作电流不允许超过额定值。

3. 电表使用前须先调准机械零点,并正确选择电表的量程,测量值不得超过满刻度,但应尽可能使表针有较大的偏转。

4. 正确使用滑线变阻器 R，当它作制流器时，通电前应将滑动端调至接入电阻最大处（此时回路电流最小）；当它作分压器时，应将滑动端调至输出电压最小处。

【数据处理要求】

1. 设计实验数据记录表格。
2. 在坐标纸上作出二极管正反向伏安特性曲线。

【思考题】

1. 如何用万用电表判断二极管的正、负极性？
2. 测量元件的伏安特性曲线有何意义？
3. 常用的二极管和小灯泡都是非线性元件，它们的伏安特性曲线有什么不同？

实验 9　霍耳效应和霍耳元件特性的测定

【实验目的】

1. 了解霍耳效应原理及霍耳元件工作机理；
2. 掌握霍耳元件灵敏度测试方法；
3. 学习用逐差法和图解法计算霍耳元件的灵敏度；
4. 学习用"对称交换测量法"消除副效应产生的系统误差。

【实验仪器】

DH4512 型霍耳效应实验仪一台、霍耳效应测试仪一台

【仪器介绍】

DH4512 型霍耳效应实验仪用于研究霍耳效应产生的原理及其测量方法，通过施加磁场，可以测出霍耳电压并计算它的灵敏度，并可以通过测得的灵敏度来计算线圈附近各点的磁场。

DH4512 型霍耳效应实验仪由实验架和测试仪两部分组成。图 9-1 为 DH4512 型霍耳效应螺线管实验架平面图，图 9-2 为 DH4512 型霍耳效应测试仪面板图。

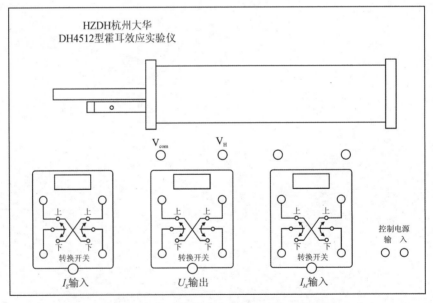

图 9-1　DH4512 霍耳效应螺线管实验架平面图

DH4512 型霍耳效应测试仪主要由 $0 \sim 0.5$ A 恒流源、$0 \sim 3$ mA 恒流源及 20 mV 量程 3 位半电压表组成。

（1）霍耳工作电流 I_S 用恒流源：工作电压 24 V，最大输出电流 3 mA，3 位半数字显示，输出电流准确度为 0.5%。

（2）磁场励磁电流 I_M 用恒流源：工作电压 24 V，最大输出电流 0.5 A，3 位半数字显示，输

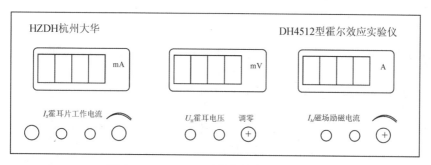

图 9-2 DH4512 系列霍耳效应测试仪面板

出电流准确度为 0.5%。

(3)霍耳电压 U_H 测量用直流电压表:量程 19.99 mV,3 位半 LED 显示,分辨率 10 μV,测量准确度为 0.5%。

(4)转换开关:实验架中,使用了三个双刀双向继电器组成三个换向电子闸刀,换向由按钮开关控制。当按下转换开关,及指示灯显示为"下"时,为正值,反之则为负值。

5. 霍耳片尺寸:厚度 d 为 0.2 mm,宽度 l 为 1.5 mm,长度 L 为 1.5 mm。

6. 螺线管参数:线圈匝数 1800 匝,有效长度 181 mm,等效半径 21 mm。

7. 移动尺装置:横向移动距离 235 mm,纵向移动距离 20 mm,距离分辨率 0.1 mm。

8. 霍耳效应片类型:N 型砷化镓半导体。

【实验原理】

将金属薄片(或半导体薄片)置于磁场 $\boldsymbol{B}$ 中,让 $\boldsymbol{B}$ 垂直通过薄片平面。沿薄片的纵向通以电流 I,则在薄片的横向两侧面上会出现微弱的电压(如图 9-3)。这种现象称为霍耳效应,横向产生的电压 U_H 称为霍耳电压。

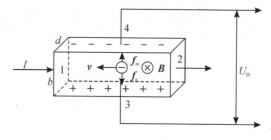

图 9-3 霍耳效应原理图

实验证明,霍耳电压 U_H 的大小可由下式给出

$$U_H = R_H \frac{IB}{d} \tag{9-1}$$

式中,$R_H = \dfrac{1}{en}$ 为一常数,称为霍耳系数;n 为薄片中载流子的浓度,e 为电子带电量,d 为薄片的厚度。

那么,为什么会产生霍耳效应呢?以金属薄片为例,可以用经典电磁场理论很好地加以解释:因为金属中导电的载流子是自由电子,其运动方向与电流方向相反,当电子沿纵向在磁场 $\boldsymbol{B}$ 中以速度 $\boldsymbol{v}$ 运动时,要受到洛伦磁力 $\boldsymbol{f}_m = -e\boldsymbol{v} \times \boldsymbol{B}$ 的作用。当 $\boldsymbol{v}$ 与 $\boldsymbol{B}$ 垂直时,其受力 $\boldsymbol{f}_m$ 的方向沿 $-(\boldsymbol{v} \times \boldsymbol{B})$ 方向,即沿薄片的横向,其大小

$$f_m = evB \tag{9-2}$$

电子在洛伦兹力 f_m 作用下沿横向偏移并在横向两侧面聚积而形成电场 $\boldsymbol{E}$,由于电场的形成,电子在侧向移动过程中同时要受到电场力 $\boldsymbol{f}_e = -e\boldsymbol{E}$ 的作用。因为 $\boldsymbol{f}_e$ 与 $\boldsymbol{f}_m$ 方向相反(如图 9-3),电子将继续沿横向偏移,随着横向侧面电荷积累不断增多,电场力 $\boldsymbol{f}_e$ 也随之增大,最后

当 $f_e = f_m$ 时,就达到动平衡,此时有

$$evB = eE \qquad\qquad (9-3)$$

如果金属薄片中的载流子(自由电子)浓度为 n,金属薄片厚度为 d,宽度为 b,则纵向电流

$$I = edbnv \qquad\qquad (9-4)$$

因为金属薄片横向两侧面相互平行,根据场强与电压的关系有

$$E = \frac{U_\text{H}}{b} \qquad\qquad (9-5)$$

把(9-4)、(9-5)式代入(9-3)式可得

$$e \cdot \frac{IB}{ebdn} = e\frac{U_\text{H}}{b}$$

整理后有

$$U_\text{H} = \frac{IB}{end} = R_\text{H}\frac{IB}{d} \qquad\qquad (9-6)$$

可见,霍耳系数

$$R_\text{H} = \frac{1}{en} \qquad\qquad (9-7)$$

实际应用中,(9-6)式常写成

$$U_\text{H} = K_\text{H}IB \qquad\qquad (9-8)$$

式中,$K_\text{H} = \dfrac{R_\text{H}}{d}$ 称为霍耳灵敏度,它表示该元件产生霍耳效应的强弱,即在单位磁感应强度 B 和单位控制电流 I 时,产生霍耳电压的大小。K_H 值的大小与元件材料性质及其几何尺寸有关。对于确定的霍耳元件,K_H 为一常数,可由实验确定,其单位定为 $\text{mV} \cdot (\text{mA} \cdot 100 \text{ mT})^{-1}$。

由(9-8)式可得

$$K_\text{H} = \frac{U_\text{H}}{IB} \qquad\qquad (9-9)$$

可见,只要用实验方法,测出通过霍耳元件的磁场的磁感强度 B,霍耳控制电路电流 I(下面它为 I_S)和相应的霍耳电压 U_H,就可以从(9-9)式得到霍耳元件的霍耳灵敏度 K_H。霍耳元件在磁场测量及自动控制的场合具有广泛的应用。

根据毕奥—萨伐尔定律,对于长度为 $2L$,匝数为 N,半径为 R 的螺线管,离开中心点 x 处的磁感应强度为

$$B = \frac{u_0 nI}{2}\left(\frac{x+L}{[R^2 + (x+L)^2]^{1/2}} - \frac{x-L}{[R^2 + (x-L)^2]^{1/2}}\right) \qquad (9-10)$$

其中,$\mu_0 = 4\pi \times 10^{-7} \text{N/A}^2$,$u_0$ 为真空磁导率;$n = N/2L$,为单位长度的匝数,本实验的螺线管参数详见仪器介绍。

对于"无限长"螺线管,$L \gg R$,所以

$$B = u_0 nI$$

对于"半无限长"螺线管,在端点处有 $x = L$,且 $L \gg R$,所以

$$B = \frac{u_0 nI}{2}$$

【实验内容和步骤】

1. 仪器连接及开机注意事项

(1)将 DH4512 型霍耳效应测试仪面板右下方的励磁电流 I_M 的直流恒流源输出端接

DH4512 型霍耳效应实验架上的 I_M 磁场励磁电流的输入端(将红接线柱与红接线柱对应相连,黑接线柱与黑接线柱对应相连)。

（2）将测试仪左下方供给霍耳元件工作电流 I_S 的直流恒流源输出端接实验架上 I_S 霍耳片工作电流输入端(将红接线柱与红接线柱对应相连,黑接线柱与黑接线柱对应相连)。

（3）将测试仪上 U_H 霍耳电压输入端接实验架中部的 U_H 霍耳电压输出端。

（4）用一边是分开的接线插、一边是双芯插头的控制连接线将控制电源与测试仪背部的插孔相连接(红色插头与红色插座相连,黑色插头与黑色插座相连)。

（5）注意:以上连线不能接错,以免烧坏元件。仪器开机前应将 I_S、I_M 调节旋钮逆时针方向旋到底,使其输出电流趋于最小状态,然后再开机。

（6）"I_S 调节"和"I_M 调节"分别用来控制样品工作电流和励磁电流的大小,其电流随旋钮顺时针方向转动而增加,应细心操作。

2. 测量霍耳元件的不等位电势差 U_0 与工作电流 I_S 的关系

（1）调零:霍耳工作电流 I_S 和励磁电流 I_M 都调零,调节霍耳电压的调零旋钮使电压表显示 0.00 mV。

（2）将 I_M 电流调节为零,调节霍耳工作电流 I_S 从 0 mA 到 3.00 mA,每隔 0.50 mA 测量一次不等位电势差,确定不等位电势差与工作电流的关系。

3. 测量霍耳电压 U_H 与工作电流 I_S 的关系,并计算霍耳元件的霍耳灵敏度

（1）调零:霍耳工作电流 I_S 和励磁电流 I_M 都调零,调节霍耳电压的调零旋钮使电压表显示 0.00 mV。

（2）将霍耳元件移至线圈中心,方法如下:在一定的 I_S、I_M 值下,调节霍耳元件在线圈中的位置和角度,使霍耳电压 U_H 显示的数值最大为止。

（3）调节 $I_M = 500$ mA,然后依次改变霍耳工作电流 $I_S = 0.25, 0.50, 0.75, 1.00, 1.25,$ $1.50, 1.75, 2.00, 2.25, 2.50, 2.75, 3.00$ mA,测量出相应的霍耳电压 U_H 值。为了减少各种副效应及不等位电势差引起的误差,要求对每一个 I_S 值都应利用继电器换向开关,依次改变 I_M 与 I_S 电流的方向,即按下述方式测试霍耳电压 U_H,$U_H = \dfrac{|U_1 - U_2 + U_3 - U_4|}{4}$,其中

$$+I_S, +I_M \rightarrow 测得 U_1$$
$$+I_S, -I_M \rightarrow 测得 U_2$$
$$-I_S, -I_M \rightarrow 测得 U_3$$
$$-I_S, +I_M \rightarrow 测得 U_4$$

（4）利用逐差法计算霍耳元件的霍耳灵敏度并正确表示结果。

根据公式 $U_H = K_H I_S B$ 可知

$$K_H = \frac{U_H}{I_S B}$$

螺线管中心磁感应强度根据（$9-10$）式计算。

4. 测量霍耳电压 U_H 与励磁电流 I_M 的关系

（1）调零:霍耳工作电流 I_S 和励磁电流 I_M 都调零,调节霍耳电压的调零旋钮使电压表显示 0.00 mV。

（2）固定 I_S 为 3.00 mA,调节 $I_M = 100, 150, 200, \cdots, 500$ mA(间隔为 50 mA),为了减少各种副效应及不等位电势差引起的误差,要求对每一个 I_M 值都应利用继电器换向开关,依次

改变 I_M 与 I_S 电流的方向,即按下述方式测试霍耳电压 U_H,$U_H = \dfrac{|U_1 - U_2 + U_3 - U_4|}{4}$,其中

$$+I_S, +I_M \rightarrow 测得 U_1$$
$$+I_S, -I_M \rightarrow 测得 U_2$$
$$-I_S, -I_M \rightarrow 测得 U_3$$
$$-I_S, +I_M \rightarrow 测得 U_4$$

(3) 绘制 U_H-I_M 曲线,并用图解法求出霍耳元件的灵敏度。

【注意事项】

1. 当霍耳片未连接到实验架,并且实验架与测试仪未连接好时,严禁开机加电,否则,极易使霍耳片遭受冲击电流而使霍耳片损坏。

2. 霍耳片性脆易碎,电极易断,严禁用手去触摸,以免损坏!在需要调节霍耳片位置时,必须谨慎。

3. 加电前必须保证测试仪的"I_S 调节"和"I_M 调节"旋钮均置零位(即逆时针旋到底),严防 I_S、I_M 电流未调到零就开机。

4. 测试仪的"I_S 输出"接实验架的"I_S 输入","I_M 输出"接"I_M 输入",决不允许将"I_M 输出"接到"I_S 输入"处,否则一旦通电,会损坏霍耳片。

5. "I_S 调节"和"I_M 调节"分别用来控制样品工作电流和励磁电流的大小,其电流随旋钮顺时针方向转动而增加,应细心操作。

6. 为了不使通电线圈过热而受到损害,或影响测量精度,除在短时间内读取有关数据,通过励磁电流 I_M 外,其余时间最好断开励磁电流。

7. 关机前,应将"I_S 调节"和"I_M 调节"旋钮逆时针方向旋到底,使其输出电流趋于零,然后才可切断电源。

(8) 移动尺的调节范围有限,在调节到两边停止移动后,不可继续调节,以免因错位而损坏移动尺。

【数据处理要求】

1. 霍耳元件的不等位电势差测定

(1) 设计霍耳元件不等位电势差测试数据记录表格。

(2) 在坐标纸上作出不等位电势差与工作电流关系曲线。

(3) 计算霍耳元件的不等位电阻及其不确定度。

2. 霍耳元件灵敏度测定

(1) 设计霍耳电压与霍耳电流关系测试数据表格。

表 9-1　霍耳电压与霍耳电流关系数据表格(U_H-I_S)

$I_M = 500 \text{ mA}$

I_S/mA	U_1/mV	U_2/mV	U_3/mV	U_4/mV	$U_H = \dfrac{U_1 - U_2 + U_3 - U_4}{4}$/mV
	$+I_S, +I_M$	$+I_S, -I_M$	$-I_S, -I_M$	$-I_S, +I_M$	
0.25					
0.50					

续表

I_s/mA	U_1/mV	U_2/mV	U_3/mV	U_4/mV	$U_H = \dfrac{U_1 - U_2 + U_3 - U_4}{4}$/mV
	$+I_s, +I_M$	$+I_s, -I_M$	$-I_s, -I_M$	$-I_s, +I_M$	
0.75					
$\vdots$					
3.00					

（2）利用逐差法计算霍耳元件灵敏度及其不确定度。

3. 霍耳工作电流一定,励磁电流与霍耳电压关系测试

（1）设计霍耳电压与励磁电流关系测试数据表格。

（2）用 Excel 或者坐标纸绘制 U_H-I_M 关系曲线。

（3）用图解法确定霍耳元件的灵敏度及其不确定度。

【思考题】

1. 为什么测每个 I_s 值时的霍耳电压 U_H 值均要改变 I_s、I_M 方向各测四次后取平均值?

2. 如何通过测试霍耳片的不等位电势差来获得霍耳片的电导率?

3. 如何利用该霍耳元件来标定螺线管磁场的分布?

附录　　实验系统误差及其消除

测量霍耳电势 U_H 时,不可避免地会产生一些副效应,由此而产生的附加电势叠加在霍耳电势上,形成测量系统误差,这些副效应如下。

1. 不等位电势 U_0

制作时,两个霍耳电势不可能绝对对称地焊在霍耳片两侧(图 9-4(a)),霍耳片电阻率不均匀,控制电流极的端面接触不良(图 9-4(b))都可能造成 A、B 两极不处在同一等位面上,此时虽未加磁场,但 A、B 间存在电势差 U_0,称为不等位电势。$U_0 = I_s R_0$,R_0 是两等位面间的电阻。由此可见,在 R_0 确定的情况下,U_0 与 I_s 的大小成正比,且其正负随 I_s 的方向而改变。

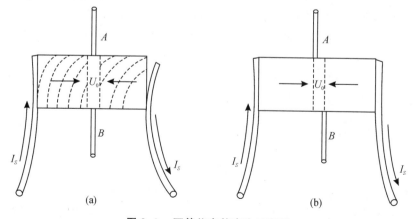

图 9-4　不等位电势产生示意图

2. 爱廷豪森效应

当元件 X 方向通以工作电流 I，Z 方向加磁场 B 时，由于霍耳片内的载流子速度服从统计分布，有快有慢，在到达动态平衡时，在磁场的作用下慢速快速的载流子将在洛伦兹力和霍耳电场的共同作用下，沿 Y 轴分别向相反的两侧偏转，这些载流子的动能将转化为热能，使两侧的温升不同，因而造成 Y 方向上两侧的温差$(T_A - T_B)$。因为霍耳电极和元件两者材料不同，电极和元件之间形成温差电偶，这一温差在 A、B 间产生温差电动势 U_E，$U_E \propto IB$，这一效应称爱廷豪森效应。U_E 的大小与正负符号与 I、B 的大小和方向有关，跟 U_H 与 I、B 的关系相同，所以不能在测量中消除。

3. 伦斯脱效应

由于控制电流的两个电极与霍耳元件的接触电阻不同，控制电流在两电极处将产生不同的焦耳热，引起两电极间的温差电动势，此电动势又产生温差电流（称为热电流）Q，热电流在磁场作用下将发生偏转，结果在 Y 方向上产生附加的电势差 U_N，且 $U_N \propto QB$，这一效应称为伦斯脱效应，U_N 的符号只与 B 的方向有关。

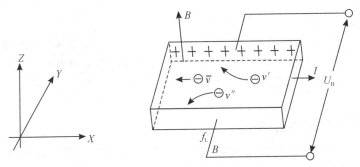

图 9-5　伦斯脱效应示意图($\bar{v}$ 为正电子运动平均速度，图中 $v' < \bar{v}, v'' > \bar{v}$)

4. 里纪 — 杜勒克效应

霍耳元件在 X 方向有温度梯度$\dfrac{\mathrm{d}T}{\mathrm{d}x}$，引起载流子沿梯度方向扩散而有热电流 Q 通过元件，在此过程中载流子受 Z 方向的磁场 B 作用下，在 Y 方向引起类似爱廷豪森效应的温差 $T_A - T_B$，由此产生的电势差 $U_R \propto QB$，其符号与 B 的方向有关，与 I_S 的方向无关。

为了减少和消除以上效应的附加电势差，利用这些附加电势差与霍耳元件工作电流 I_S、磁场 B（即相应的励磁电流 I_M）的关系，采用对称（交换）测量法进行测量。

当 $+I_S$，$+I_M$ 时，$U_{AB1} = +U_H + U_0 + U_E + U_N + U_R$；

当 $+I_S$，$-I_M$ 时，$U_{AB2} = -U_H + U_0 - U_E - U_N - U_R$；

当 $-I_S$，$-I_M$ 时，$U_{AB3} = +U_H - U_0 + U_E - U_N - U_R$；

当 $-I_S$，$+I_M$ 时，$U_{AB4} = -U_H - U_0 - U_E + U_N + U_R$。

对以上四式做如下运算，则得

$$\frac{1}{4}(U_{AB1} - U_{AB2} + U_{AB3} - U_{AB4}) = U_H + U_E$$

可见，除爱廷豪森效应以外的其他副效应产生的电势差会全部消除，因爱廷豪森效应所产生的电势差 U_E 的符号和霍耳电势 U_H 的符号与 I_S 及 B 的方向关系相同，故无法消除，但在非大电流、非强磁场下，$U_H \gg U_E$，因而 U_E 可以忽略不计，由此可得

$$U_H \approx U_H + U_E = \frac{U_1 - U_2 + U_3 - U_4}{4}$$

实验 10　霍耳效应及其应用

　　置于磁场中的载流体,如果电流方向与磁场垂直,则在垂直于电流和磁场的方向会产生一附加的横向电场,这个现象是霍普金斯大学研究生霍耳于 1879 年发现的,后被称为霍耳效应。如今霍耳效应不但是测定半导体材料电学参数的主要手段,而且利用该效应制成的霍耳器件已广泛用于非电量的电测量、自动控制和信息处理等方面。在工业生产要求自动检测和控制的今天,作为敏感元件之一的霍耳器件,将有更广泛的应用前景。掌握这一富有实用性的实验,对日后的工作将有益处。

【实验目的】

　　1. 了解霍耳效应实验原理以及有关霍耳器件对材料的要求;
　　2. 学习用“对称测量法”消除副效应的影响,测量试样的 U_H-I_S 和 U_H-I_M 曲线;
　　3. 确定试样的导电类型。

【实验仪器】

　　FB510 型霍耳效应实验仪

【实验原理】

1. 霍耳效应

　　霍耳效应从本质上讲是运动的带电粒子在磁场中受洛伦兹力作用而引起的偏转。当带电粒子(电子或空穴) 被约束在固体材料中时,这种偏转就会导致在垂直电流和磁场方向上产生正负电荷的聚积,从而形成附加的横向电场,即霍耳电场 E_H。如图 10-1 所示的半导体试样,若在 X 方向通以电流 I_s,在 Z 方向加磁场 B,则在 Y 方向即试样 A、A' 电极两侧就开始聚集异号电荷而产生相应的附加电场。电场的指向取决于试样的导电类型。对图 10-1(a) 所示的 N 型试样,霍耳电场逆 Y 方向,(b) 的 P 型试样则沿 Y 方向,即有

$$E_H(Y) < 0 \Rightarrow (\text{N 型})$$
$$E_H(Y) > 0 \Rightarrow (\text{P 型})$$

　　显然,霍耳电场 E_H 阻止载流子继续向侧面偏移,当载流子所受的横向电场力 eE_H 与洛伦兹力 $e\bar{v}B$ 相等时,样品两侧电荷的积累就达到动态平衡,故有

$$eE_H = e\bar{v}B \tag{10-1}$$

其中,E_H 为霍耳电场,$\bar{v}$ 是载流子在电流方向上的平均漂移速度。

　　设试样的宽为 b,厚度为 d,载流子浓度为 n,则

$$I_s = ne\bar{v}bd \tag{10-2}$$

　　由(10-1)、(10-2) 两式可得

$$U_H = E_H \cdot b = \frac{1}{ne} \cdot \frac{I_s B}{d} = R_H \cdot \frac{I_s B}{d} \tag{10-3}$$

即霍耳电压 U_H(A、A' 电极之间的电压) 与 $I_s B$ 成正比,与试样厚度 d 成反比。比例系数 $R_H = \frac{1}{ne}$ 称为霍耳系数,它是反映材料霍耳效应强弱的重要参数。只要测出 U_H(伏) 并知道 I_s(安)、

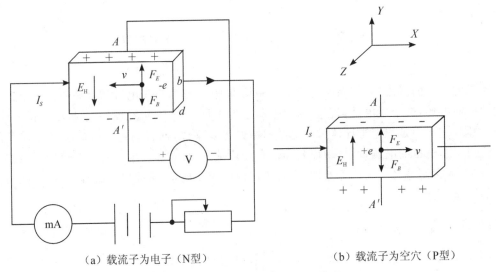

(a) 载流子为电子（N型）　　　　　　　　　（b) 载流子为空穴（P型）

图 10-1　霍耳效应实验原理示意图

B（高斯）和 d（厘米），可按下式计算 R_H（厘米^3/库仑）

$$R_H = \frac{U_H \cdot d}{I_s \cdot B} \times 10^7 \tag{10-4}$$

式中的 10^7 是由于磁感应强度 B 用电磁单位（mT）而其他各量均采用 CGS 实用单位而引入的。

2. 霍耳系数 R_H 与其他参数间的关系

根据 R_H 可进一步确定以下参数：

(1) 由 R_H 的符号（或霍耳电压的正负）判断样品的导电类型。判别的方法是按图 10-1 所示的 I_s 和 B 的方向，若测得的 $U_H = U_{A'A} < 0$，即 A 点电位高于 A' 点电位，则 R_H 为负，样品属 N 型，反之则为 P 型。

(2) 由 R_H 求载流子浓度 n，即 $n = \dfrac{1}{|R_H| \cdot e}$。应该指出，这个关系式是假定所有载流子都具有相同的漂移速度而得到的，严格一点，如果考虑载流子的速度统计分布，需引入 $\dfrac{3\pi}{8}$ 的修正因子（可参阅黄昆、谢希德著《半导体物理学》）。

3. 霍耳效应与材料性能的关系

根据上述可知，要得到大的霍耳电压，关键是要选择霍耳系数大（即迁移率高，电阻率 ρ 亦较高）的材料。根据 $|R_H| = \mu \cdot \rho$，就金属导体而言，μ 和 ρ 均很低，而不良导体 ρ 虽高，但 μ 极小，因而上述两种材料的霍耳系数都很小，不能用来制造霍耳器件。半导体 μ 高，ρ 适中，是制造霍耳元件较理想的材料，由于电子的迁移率比空穴迁移率大，所于霍耳元件多采用 N 型材料。其次霍耳电压的大小与材料的厚度成反比，因此薄膜型的霍耳元件的输出电压较片状要高得多。就霍耳器件而言，其厚度是一定的，所以实践上采用 $K_H = \dfrac{1}{n \cdot e \cdot d}$ 来表示器件的灵敏度，K_H 称为霍耳灵敏度，单位为 mV/(mA·T)。

4. 实验方法

在产生霍耳效应的同时，也伴随着各种副效应，以致实验测得的 A、A' 两极间的电压并不等于真实的霍耳电压 U_H 值，而是包含着各种副效应所引起的附加电压，因此必须设法消除。

根据副效应产生的机理可知,采用电流和磁场换向的对称测量法,基本上能把副效应的影响从测量结果中消除。对称测量法是指在规定了电流和磁场正、反方向后,分别测量由下列四组不同方向的 I_S 和 B 组合的 $U_{A'A}$(A'、A 两点的电位差),即

$$+B, +I_S, U_{A'A} = U_1$$
$$-B, +I_S, U_{A'A} = U_2$$
$$-B, -I_S, U_{A'A} = U_3$$
$$+B, -I_S, U_{A'A} = U_4$$

然后求 U_1、U_2、U_3 和 U_4 的代数平均值

$$U_H = \frac{U_1 - U_2 + U_3 - U_4}{4} \qquad (10-5)$$

通过上述的测量方法,虽然还不能消除所有的副效应,但其引入的误差不大,可以忽略不计。

【实验内容和步骤】

1. 掌握仪器性能,连接测试仪与实验仪

（1）开机或关机前,应该将测试仪的"I_S 调节"和"I_M 调节"旋钮逆时针旋到底。

（2）按图 10-2 连接测试仪与实验仪之间各组对应连接线。

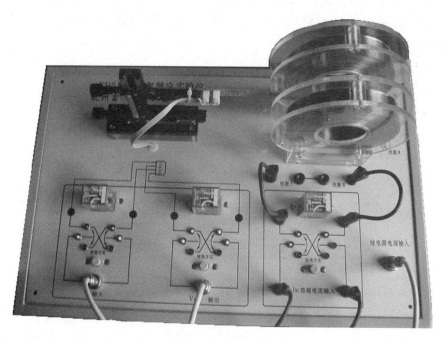

图 10-2　仪器面板

注意:① 霍耳传感器各电极引线与对应的电流换向开关(本实验仪器采用按钮开关控制的继电器)的连线已由制造厂家连接好,实验时不必自己连接。② 严禁将测试仪的励磁电源"I_M 输出"误接到实验仪的"I_S 输入"或"U_H 输出"端,否则一旦通电,霍耳样品将损坏。FB510 型霍耳效应实验仪在设计时,充分考虑到这一因素,把励磁电流 I_M、霍耳传感器工作电流 I_S 和霍耳电压 U_H 接口采用不同规格的插座和专用连接线,接线互换是插不到插座中的,这样一来,完全消除了接线错误的可能性。霍耳片性脆易碎,电极甚细易断,严防撞击或

用手触摸,否则容易损坏。霍耳片放置在亥姆霍兹线圈中间,在需要调节霍耳片位置时,亦需小心谨慎。

(3)接通电源,预热数分钟,这时候电流表显示"0.000",电压表显示为"0.00"。按钮开关释放时,继电器常闭触点接通,相当于双刀双掷开关向上合,发光二极管指示出导通线路。

(4)先调节 I_S:从 0 mA 逐步增大到 5 mA,电流表示值随"I_S 调节"旋钮顺时针转动而增大,此时电压表所示读数为"不等势"电压值 U_{H0},它随 I_S 增大而增大。I_S 换向,U_{H0} 极性改号(此为"不等势"电压值,可通过"对称测量法"予以消除)。FB510 型霍耳效应实验仪 U_H 测试毫伏表设计有调零旋钮,通过它可把 U_{H0} 值消除。

2. 测绘 U_H-I_S 曲线

顺时针转动"I_M 调节"旋钮,使 $I_M = 500$ mA,固定不变,从 0.5 mA 到 5 mA 调节 I_S,每次改变 0.5 mA,将对应的实验数据 U_H 值记录到表 10-1 中。(注意,测量每一组数据时,都要将 I_M 和 I_S 改变极性,因此每组都有 4 个 U_H 值。)

3. 测绘 U_H-I_M 曲线

调节 $I_S = 3$ mA,固定不变,从 100 mA 到 500 mA 调节 I_M,每次增加 100 mA,将对应的实验数据 U_H 值记录到表 10-2 中。极性改变同上。

4. 确定样品导电类型

将实验仪三组双刀开关均掷向上方,即 I_S 沿 X 方向,B 沿 Z 方向,毫伏表测量电压为 $U_{A'A}$。取 $I_S = 2$ mA,$I_M = 0.5$ A,测量 $U_{A'A}$ 大小及极性,由此判断样品导电类型。

5. 求样品的 R_H 值

根据(10－4)式求出样品的霍耳系数 R_H。

6. 测单边水平方向磁场分布

$I_S = 2$ mA,$I_M = 0.500$ A,测单边水平方向磁场分布。

【数据处理要求】

表 10-1　测绘 U_H-I_S 实验曲线数据记录表

$I_M = 0.500$ A

I_S/mA	U_1/mV $+B, +I_S$	U_2/mV $-B, +I_S$	U_3/mV $-B, -I_S$	U_4/mV $+B, -I_S$	$U_H = \dfrac{U_1 - U_2 + U_3 - U_4}{4}$/mV
0.50					
1.00					
1.50					
2.00					
2.50					
3.00					
3.50					
4.00					
4.50					
5.00					

表 10-2　测绘 U_H-I_M 实验曲线数据记录表

$I_S = 3.00$ mA

I_M/A	U_1/mV $+B, +I_s$	U_2/mV $-B, +I_s$	U_3/mV $-B, -I_s$	U_4/mV $+B, -I_s$	$U_H = \dfrac{U_1-U_2+U_3-U_4}{4}$/mV
0.100					
0.200					
0.300					
0.400					
0.500					

1. 用毫米方格纸绘制 U_H-I_S 曲线和 U_H-I_M 曲线。

2. 确定样品的导电类型(P 型还是 N 型)。

3. 自拟表格,测单边水平方向磁场分布(测试条件 $I_S = 3$ mA, $I_M = 0.500$ A),测量点不得少于 8 点(不等步长),以磁心中间为相对零点位置,作 U_H-X 图,另半边作图时对称补足。

【思考题】

1. 霍耳电压是怎样形成的?它的极性与磁场和电流方向(或载子浓度)有什么关系?

2. 如何观察不等位效应?如何消除它?

3. 测量过程中哪些量要保持不变?为什么?

4. 换向开关的作用原理是什么?测量霍耳电压时为什么要接换向开关?

5. I_S 可否用交流电源(不考虑表头情况)?为什么?

实验 11　　磁滞回线的观测

　　磁性材料应用广泛,常用的永久磁铁、计算机存储用的磁带、磁盘等都采用磁性材料.磁滞回线和基本磁化曲线反映了磁性材料的主要特征.铁磁材料分为硬磁和软磁两大类,其根本区别在于矫顽磁力 H_c 的大小不同.硬磁材料的磁滞回线宽,剩磁和矫顽力大,因而磁化后,其磁感应强度可长久保持,适宜做永久磁铁.软磁材料的磁滞回线窄,但其磁导率和饱和磁感应强度大,容易磁化和去磁,故广泛用于电机、电器和仪表制造等工业部门.磁滞回线是铁磁材料的重要特性之一.

【实验目的】

　　1. 认识铁磁材料的基本物理量:矫顽磁力、剩磁、磁导率;
　　2. 掌握磁场强度和磁感应强度的测量方法;
　　3. 学会用数字示波器观测不同频率下不同样品的磁滞回线;
　　4. 了解微机型磁滞回线测试仪.

【实验仪器】

　　DH4516C型磁滞回线实验仪、DH4516型磁滞回线测试仪、GDS-2062数字示波器、计算机

【实验原理】

1. 磁场强度 H 和磁感应强度 B 的测量

　　由于磁场强度 H 和磁感应强度 B 这两个物理量不能直接用仪器、仪表来监测,所以本实验借助物理定律把 H 和 B 转化为电压,对其进行间接测量.具体的方法为:根据安培环路定律把测量 H 转化为测量电流,进而转化为测量电压 U_x;根据法拉第电磁感应定律并利用积分电路把测量 B 转化为测量电压 U_y.

　　本实验研究的铁磁材料是一个环状样品.在样品上绕有励磁线圈 N_1 匝和测量线圈 N_2 匝.若在线圈 N_1 中通过磁化电流 i_1 时,此电流在样品内产生磁场,根据安培环路定律 $HL = N_1 i_1$,磁场强度 H 的大小为

$$H = \frac{N_1 i_1}{L} \tag{11-1}$$

其中 L 为环状式样的平均磁路长度.

　　由图 11-1 可知示波器 X 轴偏转板输入电压为

$$U_x = i_1 R_1 \tag{11-2}$$

　　由(11-1)、(11-2)式得

$$U_x = \frac{HLR_1}{N_1} \tag{11-3}$$

上式表明在交变磁场下,任一时刻示波器 X 轴输入 U_x 的电压值正比于磁场强度 H.

　　为了测量磁感应强度 B,在次级线圈 N_2 上串联

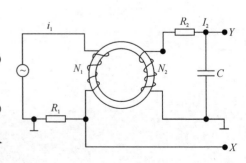

图 11-1　实验原理图

一个电阻 R_2 与电容 C 构成一个回路。取电容 C 两端电压 U_C 至示波器 Y 轴输入,若适当选择 R_2 和 C 使 $R_2 \gg 1/\omega C$,则

$$I_2 = \frac{E_2}{[R_2^2 + (\frac{1}{\omega C})^2]^{\frac{1}{2}}} \approx \frac{E_2}{R_2}$$

式中,ω 为电源的角频率,E_2 为次级线圈的感应电动势。

在交变的电磁场中,根据法拉第电磁感应定律有

$$E_2 = N_2 \frac{\mathrm{d}Q}{\mathrm{d}t} = N_2 S \frac{\mathrm{d}B}{\mathrm{d}t}$$

式中 $S(S = (D_2 - D_1)h/2)$ 为环式样的截面积,设磁环厚度为 h,则

$$U_y = U_C = \frac{Q}{C} = \frac{1}{C}\int I_2 \mathrm{d}t = \frac{1}{CR_2}\int E_2 \mathrm{d}t = \frac{N_2 S}{CR_2}\int \mathrm{d}B = \frac{N_2 S}{CR_2}B \tag{11-4}$$

上式表明接在示波器 Y 轴输入的 U_y 正比于 B。

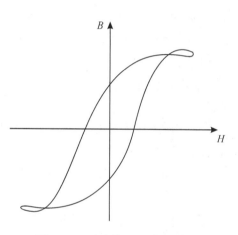

$R_2 C$ 构成的电路在电子技术中称为积分电路,表示输出的电压 U_C 是感应电动势 E_2 对时间的积分。为了如实地绘出磁滞回线,要求:(1)$R_2 \gg 1/(2\pi fC)$。(2)在满足上述条件下,U_C 振幅很小,不能直接绘出大小适合需要的磁滞回线。为此,需将 U_C 经过示波器 Y 轴放大器增幅后输至 Y 轴偏转板上。这就要求在实验磁场的频率范围内,放大器的放大系数必须稳定,不会带来较大的相位畸变。事实上示波器难以完全达到这个要求,因此在实验时经常会出现如图 11-2 所示的畸变。观测时将 X 轴输入选择交流耦合,Y 轴输入选择直流耦合,并把幅度调到合适的大小,则可减小这种畸变。

图 11-2   畸变的 **B-H** 曲线图

2. 示波器的定标

从前面说明中可知从示波器上可以显示出待测样品的动态磁滞回线,但为了定量研究磁滞回线,必须对示波器进行定标,即还需确定示波器的 X 轴每格实际代表多少 H(A/m),Y 轴每格实际代表多少 B(T)。

一般示波器都有已知的 X 轴和 Y 轴的灵敏度,设 X 轴的灵敏度为 S_x(V/格),Y 轴的灵敏度为 S_y(V/格)。S_x、S_y 均可从示波器的显示屏上直接读出,则有

$$U_x = S_x x, \quad U_y = S_y y$$

式中 x,y 分别为测量磁滞回线曲线与 X 轴和 Y 轴交点的坐标值(单位:格,指一个大格,示波器一般有 8×10 个大格)。

综合上述分析,本实验定量计算公式为

$$H = \frac{N_1 S_x}{LR_1}x \tag{11-5}$$

$$B = \frac{R_2 CS_y}{N_2 S}y \tag{11-6}$$

式中样品励磁绕组匝数 $N_1 = 100$,样品测量绕组匝数 $N_2 = 100$,平均磁路长 $L = 130$ mm,横截面积 $S = 124.0$ mm^2,样品 1 为环状硅钢带(蓝色胶带作绝缘层),样品 2 为环状铁氧体(红色

胶带作绝缘层）。

【实验内容及步骤】

实验前先熟悉实验的原理和仪器的构成。本实验要求显示并记录两种样品在 50 Hz、100 Hz、150 Hz 交流信号下的磁滞回线图形。

1. 连接线路

（1）按图 11-1 所示的原理图接好磁滞回线实验仪上的线路。

（2）连接实验仪与示波器：把实验仪上的 u_x 与示波器 CH1 相连，u_y 与 CH2 相连。

（3）检查线路连接无误后，可以接通实验仪和示波器的电源。

（4）初始参数设置：选择样品 1，把幅度调节旋钮顺时针旋到底，使信号输出最大，并设置如下参数 $R_1 = 3\ \Omega$，$R_2 = 10\ \mathrm{k\Omega}$，$C = 20\ \mu\mathrm{F}$，频率调到 50 Hz。

2. 用数字示波器观测磁滞回线曲线

（1）示波器恢复到初始设置：按下"存储/调出"按钮，再按 F1 选择"初始设置"，此时"CH2"按钮灭掉。

（2）自动设置参数：按一下"CH2"按钮，再按"自动设置"按钮，此时应该可以看到两条曲线。

（3）修改触发方式：待观测到两条曲线后，按下"触发菜单"，然后按 F2 选择信源为 CH1，再按 F3 把方式改成"自动电平"，用同样的方法把 CH2 的方式也改成"自动电平"。

（4）观察李萨如图形：按"水平菜单"，再按下 F5 选择"XY"方式观察，此时示波器上显示磁滞回线曲线。

（5）调节 CH1 为交流耦合：按一下 CH1，接着按 F1 使示波器上显示交流耦合。

（6）调节 CH1 和 CH2 的位置旋钮，使磁滞回线居中对称显示。

3. 调节各参数使磁滞回线充满显示屏

（1）调节实验仪上的"幅度"旋钮，使磁滞回线处于适宜的饱和状态。

（2）调节 CH1 的垂直挡位、R_1 使磁滞回线曲线的横坐标充满示波器的显示屏。

（3）调节 CH2 的垂直挡位、R_2、C 使磁滞回线曲线的纵坐标充满示波器的显示屏。

4. 用 FreeWave 软件观测磁滞回线（图 11-3）

（1）打开示波器的 USB 通讯：按"功能"，再按 F2 选择"接口菜单"，接着按 F1，使其显示"类型 USB"。

（2）打开"FreeWave 软件"，大约等待 15 秒钟左右弹出软件窗口，点击"▓扫描"查找接口，找到接口后选中"Ink Saver"中的"Yes"，然后点击"🖥图像"进入示波器画面，接着点击"⊙"读取数据。

（3）待调到满屏饱和的磁滞回线后，点击"⏸"停止读取数据，再点击"💾"保存曲线图；记录该频率下的 R_1、R_2、C、S_x、S_y、x、y，并计算出此时的 H_c 和 B_r；

（4）把频率调到 100 Hz、150 Hz，重复上述 3、4。

5. 改变样品，重复实验

选择样品 2，重复上述 2、3、4。

图 11-3　用 FreeWave 观测磁滞回线

6. 用微机型磁滞回线测试仪来观测磁滞回线(选做)

（1）调节实验仪参数：频率调到 50 Hz，并调节各参数使示波器上显示出饱和的磁滞回线。

（2）接线：测试仪的 $U_B(y)$ 与实验仪的 u_B 连接，$U_H(x)$ 与 u_H 连接，地与接地连接，用 USB 线连接测试仪与计算机。

（3）调节测试仪参数：接通测试仪的电源，按"功能键"，设置 R_1、R_2、C 的数值与实验仪一致（如要设置 $R_1 = 3$ Ω，按"功能"直到屏上显示 R_2 的数值为止，从测试仪的面板输入"0030"，再按下"确认"保存此次修改）。

（4）设置测试仪软件参数：一直按"功能"键，直到屏上显示"与电脑通讯"，打开"磁滞回线测试仪软件"，点击"USB 查找"，在弹出的窗口点击"端口句柄查找"，此时显示测试仪的端口号，在"USB 口确定"区域选中相应的端口，在"输入参数"区域输入相应的参数值。

（5）启动通信：按下测试仪上的"确认"键，此时软件进行等待状态，点击磁滞回线测试仪软件上的"磁滞回线"按钮。

（6）通信完毕后，通过调节"H（放大）、H（缩小）、B（放大）、B（缩小）"四个按钮来使磁滞回线曲线大小适宜。记录下此时软件上显示的信号频率、矫顽力、剩磁（保留四位有效数字），并保存曲线图。

7. 改变频率，重复实验

拆下测试仪与实验仪间的三条连线，把频率调节到 100 Hz、150 Hz，重复上述 6。

【注意事项】

1. 数字示波器后面板上有一个电源开关，只有先打开它，前面板的"电源开关"才起作用。

2. 电阻 R_1、R_2 的调节须轻轻旋转,不宜过快或用力过大。

【数据处理要求】

1. 设计表格用于记录样品1、样品2在50 Hz、100 Hz、150 Hz下各参数:R_1、R_2、C、S_x、S_y、x、y,并计算 B_r 和 H_c。

2. 打印样品1和样品2在50 Hz、100 Hz、150 Hz下的磁滞回线曲线。

3. (选作)设计表格,用于记录频率在50 Hz、100 Hz、150 Hz下微机型磁滞回线测试仪对样品1的信号频率、矫顽力和剩磁的测量数据,并打印曲线图。

【思考题】

1. 测定铁磁材料的磁滞回线有何意义?

2. 除了本实验介绍的两种观测方法外,你能否设计出其他方法用来观测磁滞回线?若有,请简述其方法。

附录　　磁性材料基本概念介绍

1. 磁化曲线

如果在由电流产生的磁场中放入铁磁物质,则磁场将明显增强,此时铁磁物质中的磁感应强度比单纯由电流产生的磁感应强度增大百倍,甚至千倍以上。铁磁物质内部的磁场强度 H 与磁感应强度 B 有如下的关系

$$B = \mu H$$

对于铁磁物质而言,磁导率 μ 并非常数,而是随 H 的变化而改变的物理量,即 $\mu = f(H)$,为非线性函数。所以如图 11-4 所示,B 与 H 也是非线性关系。

铁磁材料的磁化过程为:其未被磁化时的状态称为去磁状态,这时若在铁磁材料上加一个由小到大的磁化场,则铁磁材料内部的磁场强度 H 与磁感应强度 B 也随之变大,其 B-H 变化曲线如图 11-4 所示。但当 H 增加到一定值(H_S)后,B 几乎不再随 H 的增加而增加,说明磁化已达饱和,从未磁化到饱和磁化的这段磁化曲线称为材料的起始磁化曲线,如图 11-4 中的 OS 端曲线所示。

2. 磁滞回线

当铁磁材料的磁化达到饱和之后,如果将磁化场减小,则铁磁材料内部的 B 和 H 也随之减小,但其减小的过程并不沿着磁化时的 OS 段退回。从图 11-5 可知当磁化场撤销,$H = 0$ 时,磁感应强度仍然保持一定数值 B_r,称为剩磁(剩余磁感应强度)。

若要使被磁化的铁磁材料的磁感应强度 B 减少到 0,必须加上一个反向磁场并逐步增大。当铁磁材料内部反向磁场强度增加到 $H = H_c$ 时(图 11-5 上的 c 点),磁感应强度 B 才是 0,达到退磁。图 11-5 中的 bc 段曲线为退磁曲线,H_c 为矫顽磁力。如图 11-5 所示,当 H 按 $0 \rightarrow H_S \rightarrow 0 \rightarrow -H_c \rightarrow -H_S \rightarrow 0 \rightarrow H_c \rightarrow H_S$ 的顺序变化时,B 相应沿 $0 \rightarrow B_S \rightarrow B_r \rightarrow 0 \rightarrow -B_S \rightarrow -B_r \rightarrow 0 \rightarrow B_S$ 顺序变化。图中的 Oa 段曲线称起始磁化曲线,所形成的封闭曲线 $abcdefa$ 称为磁滞回线。bc 曲线段称为退磁曲线。由图 11-5 可知:

(1) 当 $H = 0$ 时,$B \neq 0$,这说明铁磁材料还残留一定值的磁感应强度 B_r,通常称 B_r 为铁磁物质的剩余感应强度(剩磁)。

(2) 若要使铁磁物质完全退磁,即 $B = 0$,必须加一个反方向磁场 H_c。这个反向磁场强度

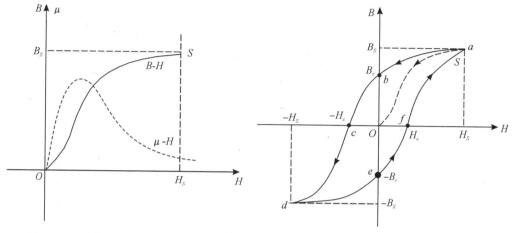

图 11-4　磁化曲线和 $\mu\text{-}H$ 曲线　　　　　　图 11-5　起始磁化曲线与磁滞回线

H_c，称为该铁磁材料的矫顽磁力。

（3）B 的变化始终落后于 H 的变化，这种现象称为磁滞现象。

（4）H 上升与下降到同一数值时，铁磁材料内的 B 值并不相同，退磁化过程与铁磁材料过去的磁化经历有关。

（5）当从初始状态 $H=0$，$B=0$ 开始周期性地改变磁场强度的幅值时，在磁场由弱到强地单调增加过程中，可以得到面积由大到小的一簇磁滞回线，如图 11-6 所示。其中最大面积的磁滞回线称为极限磁滞回线。

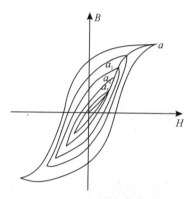

图 11-6　磁滞回线

（6）由于铁磁材料磁化过程的不可逆性及具有剩磁的特点，在测定磁化曲线和磁滞回线时，首先必须将铁磁材料预先退磁，以保证外加磁场 $H=0$，$B=0$；其次，磁化电流在实验过程中只允许单调增加或减少，不能时增时减。在理论上，要消除剩磁 B_r，只需通一反向磁化电流，使外加磁场正好等于铁磁材料的矫顽磁力即可。实际上，矫顽磁力的大小通常并不知道，因而无法确定退磁电流的大小。我们从磁滞回线得到启示，如果使铁磁材料磁化达到磁饱和，然后不断改变磁化电流的方向，与此同时逐渐减少磁化电流，直到为零。则该材料的磁化过程中就是一连串逐渐缩小而最终趋于原点的环状曲线，如图 11-7 所示。当 H 减小到零时，B 亦同时降为零，达到完全退磁。

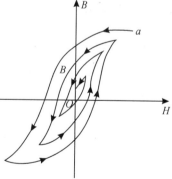

图 11-7　退磁曲线

实验表明，经过多次反复磁化后，$B\text{-}H$ 的量值关系形成一个稳定的闭合的"磁滞回线"。通常以这条曲线来表示该材料的磁化性质。这种反复磁化的过程称为"磁锻炼"。本实验使用交变电流，所以每个状态都经过充分的"磁锻炼"，随时可以获得磁滞回线。

我们把图 11-6 中原点 O 和各个磁滞回线的顶点 $a_1, a_2, \cdots, a$ 所连成的曲线，称为铁磁性材料的基本磁化曲线。不同的铁磁材料的基本磁化曲线是不相同的。为了使样品的磁特性可以重复出现，所测得的基本磁化曲线应由原始状态（$H=0$，$B=0$）开始，因而在测量前必须进行退磁,以消除样品中的剩余磁性。

　　在测量基本磁化曲线时,每个磁化状态都要经过充分的"磁锻炼"。否则,得到的 B-H 曲线即为起始磁化曲线,两者不可混淆。

实验 12　分光计调节及三棱镜顶角的测量

【实验目的】

1. 了解分光计的构造,掌握分光计的调节方法;
2. 会应用分光计测量三棱镜的顶角。

【实验仪器】

分光计、三棱镜、平面反射镜、低压汞灯、手电筒

【仪器介绍】

1. 分光计结构

　　分光计是一种精确测量角度的光学仪器,在利用光的反射、折射、衍射、干涉和偏振原理的各项实验中测量角度,从而间接测量折射率、光波长、色散率等物理量。本实验用的是 JJY′ 型分光计,其外形如图 12-1 所示。

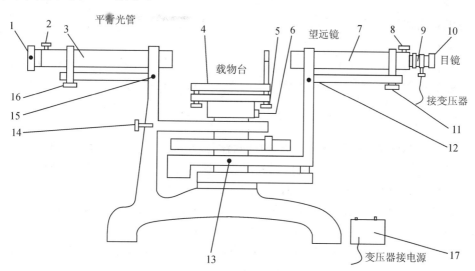

　　1. 狭缝宽度调节螺丝;2. 狭缝装置锁紧螺钉;3. 平行光管部件;4. 载物台;5. 载物台调平螺钉(3 只);6. 载物台锁紧螺钉;7. 望远镜部件;8. 目镜锁紧螺钉;9. 阿贝式自准直目镜;10. 目镜视度调节手轮;11. 望远镜光轴高低调节螺钉;12. 望远镜光轴水平调节螺钉;13. 望远镜与刻度盘连接螺钉;14. 游标盘止动螺钉;15. 平行光管光轴水平调节螺钉;16. 平行光管光轴高低调节螺钉;17.6.3 V 变压器

图 12-1　分光计结构

　　分光计有四个主要部件:望远镜、平行光管、载物台、读数盘(刻度盘、游标盘)。现分别简述如下:

　　(1) 望远镜

　　望远镜是用来观察平行光的。分光计采用的是自准直望远镜(阿贝式)。它由目镜、叉丝分

划板和物镜三部分组成,分别装在三个套筒中,这三个套筒一个比一个大,彼此可以互相滑动,以便调节聚焦。如图 12-2 所示,中间的一个套筒装有一块圆形分划板,分划板面刻有"+"形叉丝,分划板的下方紧贴着装有一块 45° 全反射小棱镜,在与分划板相贴的小棱镜的直角面上,刻有一个"+"形透光的叉丝。在望远镜看到的亮十字"+"就是这个叉丝(物)的像。叉丝套筒上正对着小棱镜的另一个直角面处开有小孔并装一小灯,小灯的光进入小孔经全反射小棱镜反射后,沿望远镜光轴方向照亮分划板,以便于调节和观测。

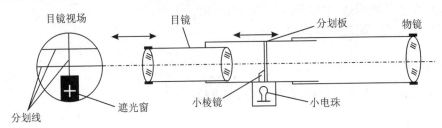

图 12-2　望远镜结构

(2) 平行光管

平行光管是用来产生平行光的,它由狭缝和会聚透镜组成。狭缝与透镜之间的距离可以通过伸缩狭缝套筒进行调节,当狭缝调到透镜的焦平面上时,则狭缝发出的光经透镜后就成为平行光。狭缝的宽度可由图中的狭缝宽度调节螺钉进行调节。狭缝是精密部件,为避免损伤,只有在望远镜中看到狭缝亮线像的情况下,才能调节狭缝的宽度。

(3) 载物平台

载物平台是用来放待测物件的(如三棱镜、光栅等),平台底下有 3 个载物台调平螺钉,调节这 3 个螺钉可使载物台平面与仪器旋转中心垂直。台的高度可通过载物台锁紧螺钉进行调节。

(4) 读数装置

读数装置由刻度圆盘和游标盘组成。刻度圆盘分为 360°,每度中间有半刻度线,故刻度圆盘的最小读数为半度(30′),小于半度的值利用游标读出。游标上有 30 分格,故最小刻度为 1′。分光计上的游标为角游标,但其原理和读数方法与游标卡尺类似。

为了消除刻度圆盘与游标盘不完全同轴所引起的偏心误差,在刻度圆盘对径方向设有两个游标盘,测量时要同时记录两个游标的读数。

假定载物台从 φ_1 转到 φ_2,实际转过的角度为 θ,而刻度盘上的读数为 φ_1、φ_1'、φ_2、φ_2',计算得到转角 $\theta_1 = \varphi_2 - \varphi_1$,$\theta_2 = \varphi_2' - \varphi_1'$,则载物台实际转过的角度为

$$\theta = \frac{1}{2}(\theta_1 + \theta_2) = \frac{1}{2}\big[\,|\varphi_2 - \varphi_1| + |\varphi_2' - \varphi_1'|\,\big] \tag{12-1}$$

由上式可见,两个游标读数的平均值即为载物台实际转过的角度,因而使用两个游标的读数装置,可以消除偏心差。

读数过程中应当特别注意的是,望远镜在转动过程中,若某个游标读数的变化中经过 0° 刻度线,则其中较小的那个读数必须加上 360°,这样相减算出来的角度才是正确的夹角。

2. 调节方法

(1) 目镜的调焦

目镜调焦的目的是使眼睛通过目镜能很清楚地看到目镜中分划板上的刻线。调焦方法:先把目镜调焦手轮旋出,然后一边旋进,一边从目镜中观察,直到分划板刻线成像清晰,再慢慢地

旋出手轮,至目镜中的像的清晰度将被破坏而未破坏时为止。

(2) 望远镜的调焦

望远镜调焦的目的是将目镜分划板上的十字线调整到物镜的焦平面上,也就是望远镜对无穷远调焦。其方法如下:接上灯源(把从变压器出来的 6.3 V 电源插头插到底座的插座上,把目镜照明器上的插头插到转座的插座上),把望远镜光轴位置的调节螺钉调到适中的位置,在载物台的中央放上平面反射镜,其反射面正对着望远镜物镜,且与望远镜光轴大致垂直,如图 12-3 所示。

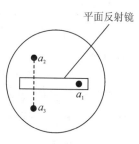

图 12-3　反射镜放置位置

通过调节载物台的调平螺钉和转动载物台,使望远镜的反射像和望远镜在一直线上。从目镜中观察,此时可以看到一亮十字,前后移动目镜,对望远镜进行调焦,使亮十字成清晰像,然后,利用载物台的调平螺钉和载物台微调机构,把这个亮十字调节到与分划板上方的十字线重合,往复移动目镜,使亮十字和十字线无视差地重合。

(3) 调整望远镜的光轴垂直旋转主轴

调整望远镜光轴上下位置调节螺钉,使反射回来的亮十字精确地成像在十字线上。把游标盘连同载物台平行平板旋转 180° 时观察到亮十字可能与十字线有一个垂直方向的位移 h,就是说,亮十字可能偏高或偏低。调节载物台调平螺钉,使位移减少一半;调整望远镜光轴上下位置调节螺钉,使垂直方向的位移完全消除。把游标盘连同载物台、平行平板再转过 180°,检查其是否重合。重复此步骤使偏差得到完全校正。此调节方法称为各半调节法。

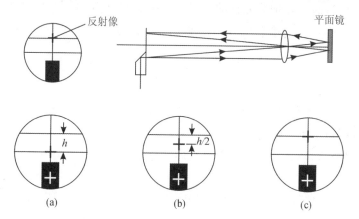

图 12-4　调节望远镜光轴垂直仪器主轴

(4) 将分划板十字线调成水平和垂直

当载物台连同光学平行平板相对于望远镜旋转时,观察亮十字是否水平地移动,如果分划板的水平刻线与亮十字的移动方向不平行,就要转动目镜,使亮十字的移动方向与分划板的水平刻线平行(注意不要破坏望远镜的调焦),然后将目镜锁紧螺钉旋紧。

(5) 平行光管的调焦

目的是把狭缝调整到物镜的焦平面上,也就是平行光管对无穷远调焦。方法如下:去掉目镜照明器上的光源,打开狭缝,用汞灯照明狭缝,在平行光管物镜前放一张白纸,检查在纸上形成的光斑,调节光源的位置,使得在整个物镜孔径上照明均匀。除去白纸,把平行光管光轴左右位置调节螺钉调到适中的位置,将望远镜管正对平行光管,从望远镜目镜中观察,调节望远镜微调机构和平行光管上下位置调节螺钉,使狭缝位于视场中心。前后移动狭缝机构,使狭缝清晰地成像在望远镜分划板平面上。

（6）调整平行光管的光轴垂直于旋转主轴

调整平行光管光轴上下位置调节螺钉,升高或降低狭缝像的位置,使得狭缝对目镜视场的中心对称。

（7）将平行狭缝调成垂直

旋转狭缝机构,使狭缝与目镜分划板的垂直刻线平行(注意不要破坏平行光管的调焦),然后将狭缝装置锁紧螺钉旋紧。

【实验原理】

反射法测量棱镜的顶角。

如图 12-5 所示,将三棱镜放在载物台上(注意三棱镜的顶点应放在靠近载物台中心的位置),让棱镜顶角对准平行光管,则平行光管射出的光束照在棱镜的两个反射面 AC 面和 AB 面上。按照光的反射定律,经棱镜的两个光学面反射后,反射光分别向两边分开。容易证明顶角 A 与两反射光之间的夹角 φ 的关系为

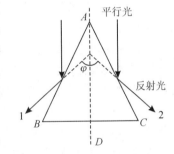

$$A = \frac{\varphi}{2} \qquad (12-2)$$

图 12-5　反射法测量棱镜顶角

根据(12-2)式,测量时只要把分光计的望远镜分别对准两反射光束,测量出两方向对应的读数(φ_1,$\varphi_1{}'$) 和 (φ_2,$\varphi_2{}'$),根据公式(12-1)和(12-2),顶角

$$A = \frac{\varphi}{2} = \frac{1}{4}\big[\,|\varphi_2 - \varphi_1| + |\varphi_2{}' - \varphi_1{}'|\,\big] \qquad (12-3)$$

【实验内容和步骤】

1. 熟悉分光计的结构和调节要求

（1）参照仪器介绍,熟悉分光计的各个组成部分以及各部分的调节要求。

（2）熟悉各个螺钉的作用。

（3）熟悉角度刻度盘刻度原理、对径双游标的作用及角度测量的方法。

2. 分光计调节

（1）目测调节望远镜与平行光管的方向,微调螺钉使之大致共轴。

（2）调节望远镜目镜,使目镜中分划板叉丝清晰。

（3）把平面反射镜放在载物台上,用自准直法调节,使望远镜对无穷远聚焦(即适合观察平行光)。

（4）用各半调节法调节望远镜的光轴与仪器的主轴相垂直。

（5）调节载物台水平调节螺钉,并使载物台平面与仪器的主轴相垂直。

（6）把分光计的平行光管对准光源,调节平行光管狭缝位置使其出射平行光,同时调节狭缝高度适中且呈竖直状态,再调节平行光管使其与望远镜共轴。

3. 反射法测量三棱镜顶角

（1）如图 12-5 所示,将三棱镜放在载物台上(注意:三棱镜的顶点应放在靠近载物台中心

的位置），让棱镜顶角对准平行光管，则平行光管射出的光束照在棱镜的两个反射面 AC 面和 AB 面上。

（2）先用肉眼对着位置"1"和位置"2"分别寻找 AC 面和 AB 面对狭缝的反射像。

（3）将望远镜转到位置"1"处，微调望远镜位置，使垂直刻线对准狭缝像中央，从角度刻度盘的左、右游标上读取方向"1"的读数 φ_1、$\varphi_1{}'$。

（4）将望远镜转到位置"2"处，微调望远镜位置，使垂直刻线对准狭缝像中央，从角度刻度盘的左、右游标上读取方向"2"的读数 φ_2 和 $\varphi_2{}'$。

（5）重复测量 6 次，将数据记录于自拟的表格中。

【注意事项】

1. 三棱镜的顶点应放在靠近载物台中心的位置。

2. 分光仪是精密仪器，因此对各部件的操作要细心。

3. 切勿碰到、用手抓摸或用不干净的布和镜头纸去擦拭望远镜、平行光管及三棱镜的光学表面。

【数据处理要求】

1. 设计三棱镜顶角的测量数据记录表格。

2. 计算测量数据 φ_1、$\varphi_1{}'$、φ_2 和 $\varphi_2{}'$ 的平均值及不确定度。

3. 计算顶角的测量平均值及不确定度。

【思考题】

1. 谈谈你对本实验的理解。

2. 为什么三棱镜的顶点应放在靠近载物台中心的位置？

3. 如图 12-5 所示，当角平分线 AD 不与平行光平行时，$A = \dfrac{\varphi}{2}$ 是否还能成立？如能成立请证明。

实验 13　　光栅衍射法测量光波长

【实验目的】

1. 熟悉分光计的调节；
2. 理解光栅衍射现象；
3. 学习用光栅衍射法测定光的波长或光栅常数。

【实验仪器】

分光计、平面透射光栅、低压汞灯、平面反射镜、手电筒

【仪器介绍】

1. 分光计

参考实验 12 中关于分光计的详细介绍。

2. 光栅

光栅是一组数目极多的等宽、等距平行排列的狭缝，分为透射光栅和反射光栅两种，本实验用的是平面透射光栅。描述光栅特征的物理量是光栅常数 d，其大小等于狭缝宽度与狭缝间不透光部分的宽度之和，习惯上用单位毫米里的狭缝数目 N 来描述光栅特性。光栅常数 d 与 N 的关系为

$$d = \frac{1}{N} \tag{13-1}$$

【实验原理】

根据夫琅禾费衍射理论，波长为 λ 的平行光束垂直入射到光栅平面上时，透射光将形成衍射现象，即在一些方向上由于光的互相加强光强度特别大，而其他的方向上由于光的相消光强度很弱，几乎看不到光。

图 13-1 为光栅衍射的光路图。如果入射光源为线光源，经过光栅后衍射图样为一些相距较大的、锐利的、色彩斑斓的亮条纹。而这些亮条纹所在的方位由光栅方程所确定，方程为

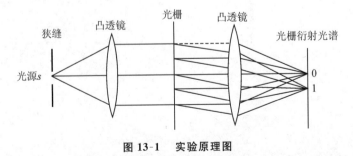

图 13-1　实验原理图

$$d\sin\varphi = k\lambda \quad (k = 0, \pm 1, \pm 2\cdots) \tag{13-2}$$

其中，d 为光栅常数，k 为衍射级别，φ 为衍射角 —— 它是光栅法线与衍射方位角之间的夹角。

由(13—1)式可知,同一级的衍射条纹,波长不同则其衍射角也不同,所以光栅具有分光的功能。图 13-2 为汞灯的部分光栅衍射示意图。

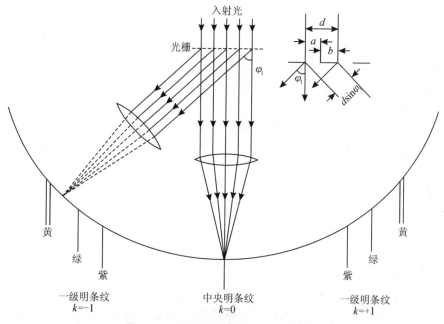

图 13-2   汞灯的部分光栅衍射光谱图

实验中,只要选择光栅常数已知的光栅,用待测光照射,使其产生衍射现象,同时用分光计测出各级条纹所对应的衍射角 φ_k,那么由光栅方程(13—2)可知光波长,即

$$\lambda = \frac{d\sin\varphi}{k} \tag{13—3}$$

反过来,若选用已知波长的光来照射,则可测定光栅常数,即

$$d = \frac{k\lambda}{\sin\varphi_k} \tag{13—4}$$

【实验内容和步骤】

1. 调节分光计

见实验 12 中分光计的调节部分。

2. 观察光栅衍射现象

(1)将光栅放置在载物台上,使光栅的刻线与平行光管的狭缝平行,并调节载物台的三个螺钉使光栅平面与平行光管垂直。(观察望远镜中的条纹高低一致。)

(2)调节望远镜使之对准平行光管,分别向左和向右慢慢旋转望远镜,便可观察到各级的衍射条纹(分布情况、亮度、颜色)。

3. 测量光的衍射角

(1)选定一个颜色的条纹(如绿色),把望远镜转动到对准第 k 级衍射条纹,测量其方向,读数为 (θ_k, θ_k')。

(2)再把望远镜转动到对准第 $-k$ 级条纹并测量其方向,读数为 $(\theta_{-k}, \theta_{-k}')$

注意:刻度盘若经过 0 刻度线(如 $340° \rightarrow 0° \rightarrow 40°$),则 $40°$ 应加上 $360°$,即

$$\varphi_k = \frac{1}{4} \left[|(\theta_k - \theta_{-k})| + |(\theta_k' - \theta_{-k}')| \right]$$

(3) 重复测量。

【注意事项】

1. 分光仪是精密仪器,对各部件的操作要细心;

2. 切勿碰到、用手抓摸或用不干净的布和镜头纸去擦拭望远镜、平行光管、平面透射光栅的光学表面;

3. 转动望远镜时,手应扳在望远镜支架上,不可直接扳在望远镜上。

【数据处理要求】

1. 计算各个直接测量量的平均值及不确定度;

2. 计算待测光的衍射角的测量平均值及其不确定度;

3. 计算待测光的波长的平均值及其不确定度。

【思考题】

1. 如果光栅常数不知道,又要用它来测量波长,那该怎么办?

2. 若平行光管的狭缝过大,会引起衍射条纹粗大,对测量结果有何影响?

3. 当光栅平面与入射光不垂直时,对测量结果有何影响?

实验 14　光的偏振

光的偏振现象证明光波是横波。光的偏振现象的发现,使人们进一步认识了光的本质;对于光偏振现象的研究,又使人们对光的传播(反射、折射、吸收和散射等)规律有了新的认识。光的偏振现象在光学计量、晶体性质和实验应力分析及光学信息处理等方面有着广泛的应用。

【实验目的】

1. 观察光的偏振现象,加深对光偏振基本规律的认识;
2. 用反射起偏的方法测定玻璃的折射率;
3. 了解圆偏振光、椭圆偏振光的产生方法和检验方法。

【实验仪器】

分光计、三棱镜、偏振片(两片)、1/2 波片、1/4 波片(两片)、钠光灯

【实验原理】

1. 偏振光的基本概念

光是横电磁波。光波电矢量固定在某一平面内振动时称为平面偏振光(也称线偏振光),光波电矢量的振动方向和光的传播方向所构成的平面称为偏振光的偏振面。

当偏振面的取向和光波电矢量的大小随时间有规律地变化,且光波电矢量末端在垂直于传播方向的平面上的轨迹为椭圆或圆时,为椭圆偏振光或圆偏振光。

通常光源发出的光波,具有与光传播方向相垂直的一切可能的振动方向,即它的振动面的取向是杂乱的、随机变化的。这种光称为自然光。

2. 获得和检验偏振光的常用方法

将自然光变成偏振光的器件称起偏器,用来检验偏振光的器件称检偏器。实际上,起偏器和检偏器是互相通用的。

2.1　利用偏振片起偏和检偏,马吕斯定律

某些二向色性晶体对两个互相垂直的电矢量振动具有不同的吸收本领,这种选择性吸收的性质,称为二向色性。

在透明塑料薄膜上涂敷一层二向色性的微晶(例如硫酸碘奎宁),然后拉伸薄膜,使二向色性晶体沿拉伸方向整齐排列,把薄膜夹在两片透明塑料片或玻璃片之间便成为偏振片,它有一个偏振方向。当自然光射到偏振片上时,振动方向与偏振化方向垂直的光被吸收;振动方向与偏振化方向平行的光能透过,从而获得偏振光,如图 14-1 所示。但由于吸收不完全,所得的偏振光只能达到一定的偏振度,视偏振片的质量而定。

若在偏振片 P_1 后面再放一块偏振片 P_2,P_2 就可以检验经 P_1 后的光是否为偏振光,即 P_2 起了检偏器的作用。当起偏器 P_1 和检偏器 P_2 的偏振化方向间有一夹角,如图 14-2 所示,则通过检偏器 P_2 的偏振光强度满足马吕斯定律

$$I = I_0 \cos^2 \theta$$

$$(14-1)$$

当 $\theta = 0$ 时，$I = I_0$；当 $\theta = \dfrac{\pi}{2}$ 时，$I = 0$。

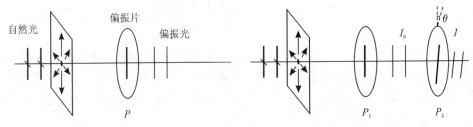

图 14-1　获得偏振光　　　　　图 14-2　通过检偏器的偏振光强度满足马吕斯定律

偏振片是一种应用较广泛的"起偏"器件，用它可获得截面积较大的偏振光束。

2.2　利用反射和折射起偏，布儒斯特定律

自然光在两种介质的分界面上反射和折射，反射光和折射光就能成为部分偏振光或完全偏振光。部分偏振光是指光波电振动矢量只在某一确定的方向上占相对优势。实验与理论证明：在反射光中，垂直于入射面的光振动较强，如图 14-3(a) 所示。布儒斯特于 1812 年指出，反射光偏振化程度决定于入射角。当入射角满足

$$\tan i_{\mathrm{B}} = \frac{n_2}{n_1} \tag{14-2}$$

时，反射光将成为完全偏振光，如图 14-3(b) 所示。(14-2) 式称为布儒斯特定律，i_{B} 称为起偏角或布儒斯特角。可以证明：当入射角为起偏角时，反射光和折射光传播方向是相互垂直的。

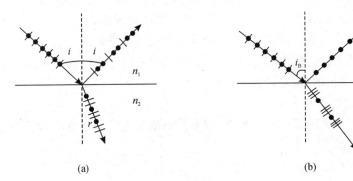

(a)　　　　　　　　　　(b)

图 14-3　布儒斯特定律

3. 利用双折射晶体起偏

某些单轴晶体（如方解石）具有双折射现象。这类晶体中存在这样一个方向，沿着这方向传播的光不发生双折射，该方向称为光轴。沿其他方向射入晶体的光，分为两束完全偏振光，其中一束光的振动垂直于传播方向和晶体光轴方向所决定的平面（主平面），称为寻常光（或 o 光）；另一束光的振动在主平面内，称为非常光（或 e 光），如图 14-4 所示。

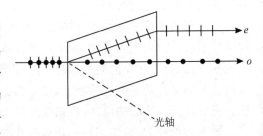

图 14-4　利用双折射晶体起偏

4. 波片与圆偏振光、椭圆偏振光

当平面偏振光垂直入射到厚度为 d，表面平行于自身光轴的单轴晶片时，o 光和 e 光沿同一方向前进，但传播速度不同，因而会产生相位差。在方解石中，e 光比 o 光快，而在石英中，o 光比 e 光快。因此经过厚度为 d 的晶体后，o 光和 e 光之间产生的相位差为

$$\delta = \frac{2\pi}{\lambda}(n_o - n_e)d \qquad (14-3)$$

式中，λ 为光在真空中的波长，n_o 和 n_e 分别为晶体中 o 光和 e 光的折射率。

由（$14-3$）式可知，经晶片射出后 o 光、e 光合成的振动随相位差 δ 的不同，就有不同的偏振方式。在偏振技术中，常将这种能使相互垂直的光振动产生一定相位差的晶体称为波片。

（1）如晶片厚度能使 $\delta = 2k\pi，k = 1,2,\cdots$，这样的晶片称为全波片，平面偏振光通过全波片后，其偏振态不变。

（2）如晶片厚度能使 $\delta = (2k+1)\pi，k = 0,1,2,\cdots$，这样的晶片称为半波片（或 $\frac{\lambda}{2}$ 片）。与晶片光轴成 θ 角的平面偏振光通过半波片后，仍为平面偏振光，但其振动面转过 2θ 角。

（3）如晶片厚度能使 $\delta = \frac{1}{2}(2k+1)\pi，k = 0,1,2,\cdots$，这样的晶片称为 1/4 波片（或 $\frac{\lambda}{4}$ 片）。

平面偏振光通过 1/4 波片后，一般变为椭圆偏振光；但当 $\theta = 0$ 或 $\frac{\pi}{2}$ 时，出射的为圆偏振光。所以用 1/4 波片获得椭圆偏振光和圆偏振光。

【实验内容和步骤】

1. 测量三棱镜的布鲁斯特角，并计算玻璃的折射率

（1）调节分光计

见实验 12。

（2）观察偏振反射光

① 如图 14-5 所示，将待测三棱镜置于载物台上，用钠光灯照亮平行光管狭缝，使平行光管出射的光射到三棱镜上，转动载物台找到反射光线。

② 在望远镜前端安装一块偏振片，慢慢转动偏振片，通过望远镜仔细观察反射光线的强度变化，直至光线强度最弱（即反射光线偏振方向与偏振片偏振方向垂直），固定偏振片。

③ 慢慢转动载物台（即不断改变入射角），观察反射光的强度变化情况，当载物台转动至某一位置时，望远镜中反射光线将完全消失（此时反射光为完全偏振光，入射角即为布儒斯特角），固定载物台。

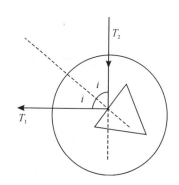

图 14-5 三棱镜置于载物台上

（3）测量布儒斯特角

取下偏振片，在望远镜中重新看到反射光线，并让其与叉丝重合，读取该位置的两游标读数 θ_1 和 θ_1'；然后转动望远镜去测量法线位置，再次读出此时两游标读数 θ_2 和 θ_2'。布儒斯特角 i_B 为 $\varphi = \frac{1}{2}\big[\,|\,\theta_2 - \theta_1\,| + |\,\theta_2' - \theta_1'\,|\,\big]$。

（4）重复测量 6 次，求 i_B，将结果代入（$14-2$）式计算玻璃的折射率。

2. 平面偏振光通过 1/2 波片现象的观测

（1）将起偏器 N_1 套在平行光管物镜前，检偏器 N_2 套在望远镜物镜前。调节 N_1 与 N_2 至正交位置（即消光位置），将 1/2 波片置于载物台上，转动 1/2 波片 360°，能看到几次消光？为什么？

（2）N_1 与 N_2 仍保持正交，转动 1/2 波片使其光轴与 N_1 平行，然后固定 1/2 波片不动，将起偏器 N_1 相对于起始位置依次转动 15°、30°、45°、60°、75°、90°，分别再使 N_2 旋转 360°，检查通过 1/2 波片后出射光的偏振态。将实验现象记录填入表 14-1 中，并总结出线偏振光通过 1/2 波片后振动面改变的规律。

表 14-1　实验现象记录表

1/2 波片转动角度	N_2 旋转 360° 观察到的现象	出射光的偏振态
15°		
30°		
45°		
60°		
75°		
90°		

3. 用 1/4 波片产生椭圆偏振光和圆偏振光

（1）取下 1/2 波片，将 1/4 波片置于正交的 N_1、N_2 之间，转动 1/4 波片置于消光位置。

（2）依次将 1/4 波片从消光位置转过 15°、30°、45°、60°、75°、90°，再分别使 N_2 旋转 360°，将观察到的结果填入表 14-2 中。

表 14-2　实验现象记录表

1/4 波片转动角度	N_2 旋转 360° 观察到的现象	出射光的偏振态
15°		
30°		
45°		
60°		
75°		
90°		

【数据处理要求】

1. 计算各个直接测量物理量的平均值及不确定度；
2. 计算布儒斯特角的测量平均值及不确定度；
3. 计算折射率的平均值及不确定度。

【思考题】

1. 仅用一个 1/4 波片和一个偏振片，能否分析某一单色光的任一偏振态？若能，试写出分析步骤。
2. 试说明椭圆偏振光通过 1/4 波片后变成平面偏振光的条件。

实验 15　凸透镜曲率半径的测量

【实验目的】

1. 观察光的等厚干涉现象,加深理解干涉原理;
2. 学习利用牛顿环干涉现象来测定平凸透镜的曲率半径;
3. 学习读数显微镜的使用;
4. 熟悉用逐差法处理数据。

【实验仪器】

读数显微镜、钠光灯、牛顿环装置

【实验原理】

把一块曲率半径相当大的平凸透镜 A 的凸面放在一块很平的平玻璃 B 上,那么在两者之间就形成类似劈尖形的空气薄层,如图 15-1 所示。如果将一束单色光垂直地投射上去,则入射光在空气层上下两表面反射且在上表面相遇将产生干涉。在反射光中形成一系列以接触点 O 为中心的明暗相间的光环,叫牛顿环。各明环(或暗环)处空气薄层的厚度相等,故称为等厚干涉。

明、暗环的干涉条件分别是

$$\delta = 2e + \frac{\lambda}{2} = k\lambda, k = 1,2,3,\cdots \tag{15-1}$$

$$\delta = 2e + \frac{\lambda}{2} = (2k+1)\frac{\lambda}{2}, k = 0,1,2,\cdots \tag{15-2}$$

其中 $\frac{\lambda}{2}$ 一项是由于两束相干光线中的一束从光疏媒质(空气)到光密媒质(玻璃)的交界面上反射时,发生"半波损失"引起的。

圈半径 r 与厚度 e 的关系如图 15-2 所示。

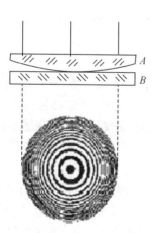

图 15-1　劈尖及牛顿环

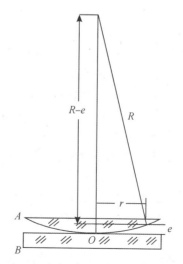

图 15-2　圈半径 r 与厚度 e 的关系

因为
$$R^2 = r^2 + (R - e)^2$$
即
$$r^2 = 2eR - e^2 \qquad\qquad (15-3)$$

R 是透镜 A 的曲率半径。由于 $R \gg e$，所以上式近似为

$$e = \frac{r^2}{2R}$$

代入明、暗环公式，分别有

$$r^2 = (2k+1)R\frac{\lambda}{2}（明环） \qquad\qquad (15-4)$$

$$r^2 = k\lambda R（暗环） \qquad\qquad (15-5)$$

实验中利用暗环公式(15−5)，由单色光 λ 所形成的暗环来测定透镜曲率半径 R 时，应注意公式(15−5)是认为接触点 O 处($r=0$)是点接触，且接触处无脏物或灰尘存在。但是，实际上接触是很小的面接触且存在脏物或灰尘，所以 O 处附近是一块模糊的斑迹。由于脏物的存在，那么在暗环条件的公式中就多一项光程差，于是有

$$2(e+a) + \frac{\lambda}{2} = (2k+1)\frac{\lambda}{2}$$

式中 a 为脏物的线度。暗环半径

$$r^2 = k\lambda R - 2Ra$$

量 a 不能直接量度，但可按下述的方法消除：

对于第 m 圈暗环半径

$$r_m^2 = m\lambda R - 2Ra$$

对于第 n 圈

$$r_n^2 = n\lambda R - 2Ra$$

两式相减，得

$$R = \frac{r_m^2 - r_n^2}{(m-n)\lambda} = \frac{d_m^2 - d_n^2}{4(m-n)\lambda} \qquad\qquad (15-6)$$

d 为牛顿环的直径。实验时波长 λ 是已知的，所以只要测量第 m 和第 n 圈直径 d_m 和 d_n，代入公式(15−6)就可算出 R 来。

【实验内容和步骤】

1. 牛顿环装置固定在金属架上，框架上有三个螺旋，用以改变干涉条纹的形状和位置，称为牛顿环仪。调节牛顿环仪上的三个螺旋，使干涉条纹呈圆形，并位于透镜中心(注意螺旋不要旋得太紧，以免透镜变形)。

2. 把牛顿环装置放在显微镜的载物台上，打开钠光灯，让光经过装在显微镜下的半反射镜反射后垂直入射到牛顿环装置上，如图 15-3 所示。

3. 调节显微镜目镜，使能看清"十"字叉丝。

4. 调节显微镜筒至最低位置，尽量靠近牛顿环装置，但不能碰到该装置。然后慢慢往上调节，并结合调节显微镜下方的反光镜，直到看见清晰的牛顿环图样为止。如果接触点(牛顿环中心)看到的是亮点而不是暗点，表示透镜与平面玻璃板的接触面间有灰尘，应用透镜纸擦干净。

5. 转动读数鼓轮，使显微镜筒大约在主尺的中间位置。

6. 移动牛顿环装置，使"十"字叉丝的交点在牛顿环中心，同时转动目镜使横向叉线平行于主尺。

7. 转动读数鼓轮使叉丝超过第 33 环，然后倒回到 30 环并向后移动，当十字叉丝竖线与 30

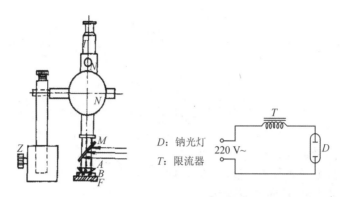

图 15-3　钠光灯的光经反射后垂直入射牛顿环装置

环外侧相切时,记录读数显微镜上的读数,然后继续转动鼓轮,使竖线依次与 29、28、27、26、25、24、23、22、21 环外侧相切,并记录读数。过了 21 环后继续转动鼓轮,并注意读出环的顺序,直到"十"字叉丝回到牛顿环中心,核对该中心是否是 $k = 0$。

8. 继续按原方向转动读数鼓轮,越过干涉圆环中心,记录"十"字叉丝与右边第 21、22、23、24、25、26、27、28、29、30 环外侧相切时的读数。注意从 33 环移到另一侧 30 环的过程中鼓轮不能倒转。

9. 自拟表格,记录测量数据,分别求出第 30、29、28、27、26、25、24、23、22、21 暗环的半径及半径的平方,并用逐差法求出暗环的平方差。

【注意事项】

1. 镜头不可用手触摸,有灰尘时应用擦镜纸轻轻拂去不能用力擦拭。

2. 显微镜对牛顿环调焦时,应把显微镜筒降到最低点,然后从上而下慢慢调焦,以防止与玻璃板碰撞。

3. 调节物镜调节轮及读数鼓轮时应缓慢,注意不可超出可调范围。为防止产生螺距误差,测量过程中鼓轮只能往一个方向转动,不许中途回转鼓轮。

【数据处理要求】

1. 方法

如图 15-4 所示,测出 $L_n - L_n'$,$\cdots$,$L_3 - L_3'$,$L_2 - L_2'$,$L_1 - L_1'$ 之间的距离,$L_1 - L_1'$ 为 k_1 级的圆环直径 D_1,同理可得 k_2,k_3,$\cdots$,k_n 级的圆环直径,采用多项逐差法处理。

首先把实验所测得 D_k 的数据分为 A、B 两组

A 组:D_1,D_2,D_3,$\cdots$,D_a,$\cdots$,D_m

B 组:D_{m+1},D_{m+2},D_{m+3},$\cdots$,D_b,$\cdots$,D_{2m}

于是可将(15-6)式改为

$$R = \frac{D_k^2}{4k\lambda}$$

得

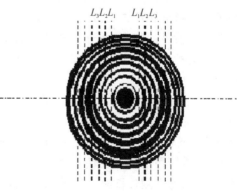

图 15-4　干涉图像

$$D_a^2 = 4a\lambda R \qquad\qquad (15-7)$$

$$D_b^2 = 4b\lambda R \qquad\qquad (15-8)$$

将(15 − 7)、(15 − 8)两式相减,得

$$R = \frac{D_b^2 - D_a^2}{4(b-a)\lambda} \qquad\qquad (15-9)$$

(15 − 9)式中,D_a、D_b 为 A、B 两组中的对应项,且 $b - a = m$(恒值)。

2. 步骤

(1)列出原始测量数据。

(2)计算各环位置读数的平均值,并列在表中。

(3)计算各环的直径 $\overline{D_k}$,并列在表中。

(4)计算各环的直径平方 $\overline{D_k^2}$,并列在表中。

(5)求 $\overline{D_b^2} - \overline{D_a^2}$。

(6)用(15 − 9)式求出 R 的值。

(7)计算出 R 的平均值及不确定度。

【思考题】

1. 你所观察到的全部牛顿圈是否在同一平面上?为什么?

2. 为什么测量过程中,显微镜的刻度鼓轮只能单方向移动?

3. 测量时,为什么叉丝的交点应对准暗条纹的中心?

4. 实验中为什么要测牛顿环直径,而不测其半径?

5. 玻片 M 起什么作用?玻片 M 应放在什么角度才能从显微镜中观察到牛顿环?若用白光代替单色光照射,则所观察的牛顿环将变成怎样?

6. 实验中为什么要测量多组数据且采用多项逐差法处理数据?

附录　读数显微镜

JXD-B$_b$ 型读数显微镜结构如图 15-5 所示。

1. 读数显微镜的特点及使用方法

读数显微镜是一种既可用于光学上的观察又可用于长度测量的光学仪器。读数显微镜用于长度测量时具有明显的特点:测量精确度高,精确到 0.01 mm;可进行平面内的测量;是一种无接触测量。其使用方法如下。

(1)调节目镜使目镜内的"十"字叉丝清晰,同时使叉丝的竖丝与主尺垂直。

(2)把观测件置于台面上并使其处于显微镜的正下方,旋转物镜调节轮使显微镜向下移动至最低处(但切勿与观测件接触)后,慢慢地反向调节物镜调节轮使显微镜向上移动,边调节边通过目镜观察直至观测件清晰。

(3)调整观测件使其位置合适(即被测长度的

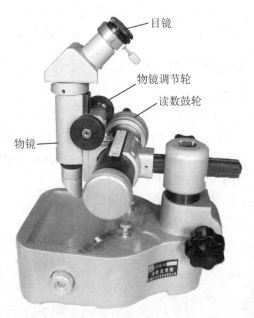

图 15-5　读数显微镜的结构

方向必须与显微镜的移动方向平行）并固定好,然后进行测量。

（4）做长度测量时,转动读数鼓轮使目镜"十"字叉丝的竖丝对准被测长度的起点 A,记下测量值 X_A;沿同方向转动读数鼓轮使目镜"十"字叉丝的竖丝对准被测长度的终点 B,记下测量值 X_B,则被测长度测量值为 $L = X_B - X_A$。

2. 读数显微镜的读数方法及误差

读数显微镜的读数由主尺刻度读数和读数鼓轮刻度读数组成。主尺刻度每小格 1 mm;读数鼓轮转一圈显微镜在主尺上移动 1 mm,一圈刻 100 格,每格 0.01 mm。测量值为主尺读数加读数鼓轮读数,主尺读数读整数格即可,读数鼓轮读数要估读一位。

读数显微镜使用时有三个可能引起误差的因素应注意避免或消除。其一,被测长度方向与显微镜移动方向不平行时,引起测量误差;其二,测起点读数与测终点读数时读数鼓轮转动方向不一致,引起测量误差,所以测量时应保持一致的转动方向;其三,读数显微镜的零点误差。当转动读数鼓轮使显微镜对准主尺零刻度线（或任意一条刻度线）时,观察读数鼓轮读数。如果读数鼓轮读数不为零,表明仪器存在零点误差,测量读数必须修正。修正方法为:假如仪器零点误差为 ΔX_0,当读数鼓轮读数大于 ΔX_0,直接扣去 ΔX_0;当读数鼓轮读数小于 ΔX_0,读数鼓轮读数应加上 1 mm 再扣去 ΔX_0。

实验 16　迈克耳孙干涉仪测量光波长

【实验目的】

1. 了解迈克耳孙干涉仪的结构及设计原理,掌握调节方法;
2. 掌握逐差法处理数据;
3. 观察光的等倾干涉现象并掌握利用迈克耳孙干涉仪测氦－氖激光波长的方法。

【实验仪器】

迈克耳孙干涉仪一台、氦－氖激光器、升降台

【实验原理】

1. 等倾干涉

图 16-1 是迈克耳孙干涉仪的光路原理图。调整迈克耳孙干涉仪,使之产生的干涉现象,可以等效为 M_1 和 M_2' 之间的空气薄膜产生的薄膜干涉。

当镜 $M_1 \perp M_2$,即 $M_1 /\!/ M_2'$(图 16-2)时,由扩展光源 S 射出的任一束光,经薄膜上下表面反射形成的相干光束 ① 和 ② 的光程差为

$$\delta = 2nd\cos i = 2d\sqrt{n^2 - \sin^2 i} = 2d\cos i(空气薄膜折射率 n = 1) \qquad (16-1)$$

可见,薄膜厚度 d 一定时,光程差 δ 由入射角 i 决定。显然干涉条纹是等倾角 i 的轨迹,即由干涉产生的条纹与一定的倾角对应,这种干涉称为等倾干涉。

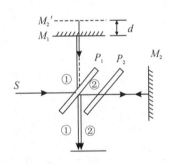
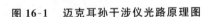

图 16-1　迈克耳孙干涉仪光路原理图

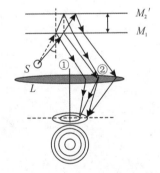

图 16-2　$M_1 /\!/ M_2'$ 时光路图

2. 利用等倾干涉现象测量光的波长

等倾干涉条纹的亮暗应满足下面的条件:

亮条纹　　　　　　　$\delta = 2d \cdot \cos i = k\lambda (k = 0,1,2,\cdots)$ 　　　　　　(16-2)

暗条纹　　　　　$\delta = 2d \cdot \cos i = (2k+1)\dfrac{\lambda}{2}(k = 0,1,2,3,\cdots)$ 　　　(16-3)

可见,空气薄层厚度 d 一定时,入射角 i 越小,即越靠近中心,圆环条纹的级数 k 越高(这与牛顿环正好相反),在中心处,$i = 0$,级次最高。若这时,中心处刚好是亮斑,则有

$$\delta = 2d = k\lambda$$

由此式可得 $\qquad\qquad$ $2(\Delta d) = (\Delta k_c) \cdot \lambda$ $\qquad\qquad$ (16 — 4)

可见,移动 M_1 镜改变空气薄膜的厚度 d,中心亮斑的级次 k 也会改变。而且当中心亮斑变化一个级次($\Delta k = \pm 1$),即每冒出或吞没一条亮条纹,就意味着空气薄层厚度改变了 $\dfrac{\lambda}{2}$,也就是 M_1 镜移动了 $\dfrac{\lambda}{2}$ 的距离。显然,当中心亮斑变化了 N 个级次($\Delta k = \pm N$),即冒出或吞没了 N 条亮条纹,则有

$$\Delta d = N \frac{\lambda}{2} \qquad\qquad (16 - 5)$$

所以,我们只要测出 M_1 镜移动的距离 Δd(可从仪器读出),并数出冒出或吞没干涉条纹的条数 N,就可以通过上式计算出光源的波长 λ。

3. 光源的相干长度

光源存在一定的相干长度有两种解释。一种解释是:实际光源发射的光波不是无穷长的谐波波列,当两相干波列的光程差等于零时,两波列的相遇处全部重叠,产生干涉条纹最清晰(设两列波光强相等),可见度最大;当两列波的光程差不大时,两波列部分重叠,这时干涉条纹的可见度下降。当两列波的光程差大于波列长度时,一波列已全部通过,而另一列却尚未到达,两波列没有机会重叠,这时干涉条纹消失。因此两相干波列的光程差等于波列长度时,该光程差是产生干涉的最大光程差,我们称这最大的光程差为此光源的相干长度 $L_{\mathrm{m}} = 2d$。

相干长度的另一种解释是:实际光源发射的单色光源不是绝对的单色光,而是有一定的波长范围。假设光波的中心波长为 λ_0,单色光由波长范围为 $\lambda_0 \pm \dfrac{\Delta\lambda}{2}$ 的波所组成,由波的干涉原理可知,每一波长的光对应着一套干涉花纹,随着 d 增大,$\lambda_0 + \dfrac{\Delta\lambda}{2}$ 和 $\lambda_0 - \dfrac{\Delta\lambda}{2}$ 两套干涉条纹逐渐错开,当错开一个条纹时,干涉条纹完全消失,即

$$k\left(\lambda_0 + \frac{\Delta\lambda}{2}\right) = (k+1)\left(\lambda_0 - \frac{\Delta\lambda}{2}\right)$$

$$k = \frac{\lambda_0}{\Delta\lambda}$$

光程差(相干长度)

$$L_{\mathrm{m}} = k\lambda_0 \approx \frac{\lambda_0^2}{\Delta\lambda} \qquad\qquad (16 - 6)$$

可见光源的单色性越好($\Delta\lambda$ 越小),相干长度就越长。

【仪器介绍】

迈克耳孙干涉仪的构造如图 16-3 所示,主要由精密的机械传动系统和四片精细磨制的光学镜片组成。G_1 和 G_2 是两块几何形状、物理性能相同的平行平面玻璃。其中 G_1 的第二面镀有半透明铬膜,称为分光板,它可使入射光分成振幅(即光强)近似相等的一束透射光和一束反射光。G_2 起补偿光程作用,称为补偿板。M_1 和 M_2 是两块表面镀铬加氧化硅保护膜的反射镜。M_2 固定在仪器上,称为固定反射镜,M_1 装在可由导轨前后移动的拖板上,称为移动反射镜。迈克耳孙干涉仪装置的特点是光源、反射镜、接收器(观察者)各处一方,分得很开,可以根据需要在光路中很方便地插入其他器件。

M_1 和 M_2 镜架背后各有两个调节螺丝,可用来调节 M_1 和 M_2 的倾斜方位。这两个调节螺

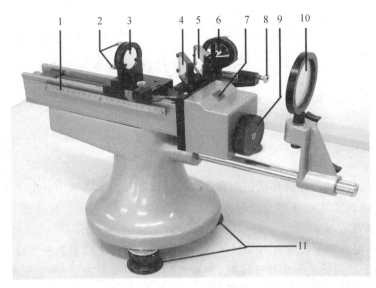

1. 主尺；2. 反射镜调节螺丝；3. 移动反射镜 M_1；4. 分光板 G_1；5. 补偿板 G_2；6. 固定反射镜 M_2；

7. 读数窗；8. 水平拉簧螺丝；9. 粗调手轮；10. 观察屏；11. 底座水平调节螺丝

图 16-3　　迈克耳孙干涉仪的构造

丝在调整干涉仪前均应先均匀地拧几圈(因每次实验后为保证其不受应力影响而损坏反射镜都将调节螺丝拧松了)，但不能过紧，以免减小调整范围。同时也可通过调节水平拉簧螺丝与垂直拉簧螺丝使干涉图像做上下和左右移动。仪器水平还可通过调整底座上三个水平调节螺丝来达到。

确定移动反射镜 M_1 的位置有三个读数装置，如图 16-4 所示：

(a)主尺——在导轨的侧面，最小刻度为1 mm　　　(b)读数窗——可读到0.01 mm　　　(c)带刻度盘的微调手轮——可读到0.0001 mm，估读到10^{-5} mm

图 16-4　　读数装置

【实验内容和步骤】

1. 干涉仪调节与等倾干涉条纹观察

（1）打开 He-Ne 激光器，使之与分光板 G_1 等高并且位于沿分光板和 M_2 镜的中心线上，转动粗调手轮，使 M_1 镜距分光板 G_1 的中心与 M_2 镜距分光板 G_1 的中心大致相等。

（2）遮住 M_2 镜，使激光束经分光板 G_1 射向 M_1 镜。调节激光器的方向，使反射回激光器的光能射在光束出发点。

（3）去掉遮住 M_2 的物体，这时在毛玻璃屏上可看到两排光点。调节 M_2 背后的两个螺丝，使两排光点中最强的光点完全重合，则 M_1 与 M_2 大致相互垂直了。

（4）在 He-Ne 激光器前放置一扩束镜（短焦距凸透镜），形成点光源的发射光束，在观察屏上可看到干涉条纹。

（5）仔细调节 M_2 镜后面的两个螺丝或两个拉簧螺丝，直到把干涉环中心调到视场中央。

2. 测量 He-Ne 激光的波长

（1）读数系统零点校正。先把微调手轮零点对准，再把粗调手轮零点与某一刻度对准，校正后勿动粗动手轮。

（2）慢慢转动微调手轮，移动 M_1 以改变 d，记下"冒"出或"缩"进的条纹数 ΔN，读出 d 的变化值 Δd，代入公式 $\lambda = \dfrac{2\Delta d}{\Delta m}$ 即可算出 λ。测量时应取 ΔN 不小于 50，连续取数个数据。

【注意事项】

转动动镜 M_1 的微动手轮时一定要顺着一个方向转动，中途不能改变转动方向，并且要保持连续性，细心操作。

【数据处理要求】

1. 设计数据记录表格。
2. 应用逐差法求出动镜 M_1 位置 d 的变化值 Δd 的平均值及其不确定度。
3. 求出 He-Ne 激光的波长 λ 及其不确定度，写出结果表达式。

【思考题】

1. 迈克耳孙干涉仪中的 P_1 和 P_2 各起什么作用？用钠光或激光作光源时，没有补偿板 P_2 能否产生干涉条纹？用白光做光源呢？

2. 在"等倾干涉"中，当薄膜厚度 h 增加时，应该看到条纹由中心"冒出"还是向中心"湮没"？条纹的宽窄以及环的密集程度如何变化？

实验 17　　用迈克耳孙干涉仪测量空气折射率

【实验目的】

1. 进一步了解光的干涉现象及其形成条件；
2. 掌握光程的概念及其物理意义；
3. 了解光的干涉现象；
4. 掌握采用迈克耳孙干涉仪测量空气折射率的方法。

【实验仪器】

He-Ne 激光器、迈克耳孙干涉仪、密封气管、数显压强计

【实验原理】

如图 17-1 所示，由 He-Ne 激光器发出的光束经分束镜 G 分成两束，各经平面反射镜 M_1、M_2 反射后又经 G 重新会合于毛玻璃屏 P。在激光器前置小孔光阑 R 和扩束镜 L，则在 P 处可见到非定域干涉条纹，在一个光臂中插入一长度为 l 的气室，重新调出非定域干涉条纹。

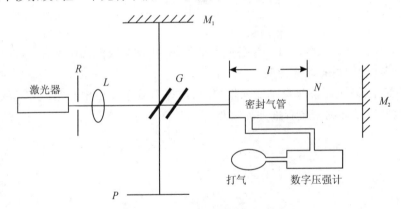

图 17-1　干涉法测定空气折射率

使气室的气压变化 Δp，从而使气体折射率改变 Δn（此时光经气室的光程变化 $2l\Delta n$），引起干涉圆环"陷入"或"冒出"N 条，则有 $2l\,|\,\Delta n\,|\,=\,N\lambda$，得

$$\Delta n = \frac{N\lambda}{2l} \tag{17-1}$$

当温度一定，气压不大时，气体折射率的变化量 Δn 与气压的变化量 Δp 成正比

$$\frac{n-1}{p} = \frac{\Delta n}{\Delta p} = 常数$$

$$n = 1 + \left|\frac{\Delta n}{\Delta p}\right| p \tag{17-2}$$

将（17-1）式代入（17-2）式可得

$$n = 1 + \frac{N\lambda}{2l} \cdot \frac{p}{\Delta p} \tag{17-3}$$

上式给出了气压为 p 时的空气折射率。例如令气压改变一个大气压（$\Delta p = -760$ mmHg），则一个大气压（$p = 760$ mmHg）下的气体折射率为 n_0。

只要数出气压改变 Δp 时的条纹移动数 N，即可求得一个大气压下的空气折射率 n_0，即

$$n_0 = 1 + \frac{N\lambda}{2l} \tag{17-4}$$

【实验内容和步骤】

1. 调节迈克耳孙干涉仪，使观察屏上出现干涉条纹。

2. 测量密封管的长度 l。在迈克耳孙干涉仪的一个臂中插入一个与打气管相连的密封管，并调出干涉圆条纹。

3. 通过打气管使空气压强变化 Δp，由数显压强表读取压强变化前后的大小 p 和 $p + \Delta p$，测量出对应的条纹变化 Δn。

4. 测量几个压强时的空气折射率 n_0。

【数据处理要求】

1. 设计实验数据记录表格。

2. 计算压强相同时，空气折射率的测量平均值及其不确定度。

3. 给出实验得到的空气压强 p 与相应的空气折射率 n 二者之间的关系。

【思考题】

1. 能否对其他气体物质进行测量？

2. 在实验中充气后，放气的同时可看到观察屏上某一点处有条纹移过，这表明该点处的光强是怎样变化的？

附录　空气折射率与压强的关系

设某气体的密度为 ρ，折射率为 n，根据洛伦兹－洛伦茨公式有

$$\frac{1}{\rho} \cdot \frac{n^2-1}{n^2+2} = \frac{1}{\rho} \cdot \frac{(n-1)(n+1)}{n^2+2} = c \tag{17-5}$$

气体的折射率 n 近似地等于 1，而与气体的状态无关。

$$n - 1 = c' \cdot \rho \tag{17-6}$$

当气体的密度改变 $\Delta\rho$ 时，折射率相应改变 Δn，有

$$c' = \frac{\Delta n}{\Delta\rho} \tag{17-7}$$

代入（17-6）式，得

$$n - 1 = \frac{\Delta n}{\Delta\rho} \cdot \rho \tag{17-8}$$

气体的密度 ρ 与其压强 p、体积 V、温度 T 的关系遵从气体状态方程

$$pV = \frac{m}{\mu}RT$$

式中 m 为气体质量，μ 为一摩尔气体的质量，R 为普适气体常数，故

$$\rho = \frac{m}{V} = \frac{\mu p}{RT}$$

　　实验中,把气体装到干涉仪的密封管(体积为 V)中,保持温度 T 不变,用抽气机抽去一部分气体,使气体的密度由 ρ 变为 $\rho - \Delta\rho$,相应的压强由 p 变为 $p - \Delta p$,则

$$\frac{\rho}{\Delta\rho} = \frac{p}{\Delta p}$$

代入(17 - 8) 式,得

$$n - 1 = \frac{\Delta n}{\Delta p} p \qquad\qquad (17 - 9)$$

第四章　　综合设计性实验

实验 18　　金属线膨胀系数的测定

物体的体积或长度随温度的升高而增大的现象称为热膨胀。热膨胀系数是材料的主要物理性质之一,是衡量材料的热稳定性好坏的一个重要指标。

在实际应用中,当两种不同的材料彼此焊接或熔接时,选择材料的热膨胀系数显得尤为重要,如玻璃仪器、陶瓷制品的焊接加工,都要求两种材料具备相近的膨胀系数。在电真空工业和仪器制造工业中广泛地将非金属材料(玻璃、陶瓷)与各种金属焊接,也要求两者有相适应的热膨胀系数。如果选择材料的膨胀系数相差比较大,焊接时由于膨胀的速度不同,在焊接处产生应力,降低了材料的机械强度和气密性,严重时会导致焊接处脱落、炸裂、漏气或漏油。如果层状物由两种材料叠置连接而成,则温度变化时,由于两种材料膨胀值不同,若仍连接在一起,体系中要采用一中间膨胀值,从而使一种材料中产生压应力而另一种材料中产生大小相等的张应力,恰当地利用这个特性,可以增加制品的强度。因此,测定材料的热膨胀系数具有重要的意义。

【实验目的】

1. 学习电热法测量金属线胀系数;
2. 学习利用光杠杆法测量微小长度变化量;
3. 掌握图解法处理数据的方法。

【实验仪器】

GXC-S 型控温式固体线胀系数测定仪、光杠杆、尺读望远镜、卷尺、游标卡尺

【实验原理】

1. 热膨胀系数测量

当温度升高时,一般固体中原子的热运动随固体温度的升高而加剧,把这种由于温度升高而引起固体中原子间平均距离增大,进而引起固体体积增大的现象称为固体的热膨胀。膨胀分为线膨胀和体膨胀,从测试技术来说,测体膨胀系数较为复杂。因此,在讨论材料的热膨胀系数时,常常采用线膨胀系数。设 L_t 表示温度为 t 时物体的长度,当温度变化 dt 时物体长度的变化设为 dL,定义

$$\alpha_t = \frac{1}{L_t}\frac{dL}{dt} \tag{18-1}$$

α_t 为物体在温度 t 时的线胀系数,其物理意义是固体的温度每升高 1 ℃ 时物体长度相对伸长

量。必须指出,由于膨胀系数实际上并不是一个恒定的值,而是随温度变化的,所以膨胀系数都是在一定温度范围 Δt 内的平均值,因此使用时要注意它适用的温度范围。在温度变化范围不大时,可以引进一个平均线胀系数的概念,即

$$\alpha = \frac{1}{L_1} \frac{(L_2 - L_1)}{(t_2 - t_1)} \qquad (18-2)$$

式中 L_1 和 L_2 分别为物体在温度 t_1 和 t_2 时的长度,α 是一个很小的量。当温度变化较大时,精密的测量表明 α 和 t 有关,经验公式为

$$\alpha = a + bt + ct^2 + \cdots \qquad (18-3)$$

式中 a、b、c…… 是常量。一般固体材料的 α 值很小,所以 $\Delta L = L_2 - L_1$ 也很小,因此对 ΔL 的精确测量是实验的一个关键问题,实验中采用光杠杆法对 ΔL 进行放大测量。

2. 控温式固体线胀系数测定仪

仪器结构图如图 18-1 所示。

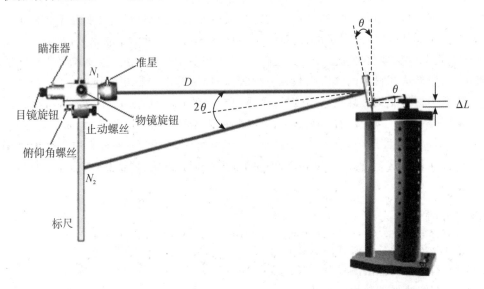

图 18-1　仪器结构

线胀系数仪的加热规律:

仪器线路图如图 18-2 所示。图 18-3 为温控器面板。样品被加热的时间长短是由预置温度和初始温度决定的。对于一次加热过程来说,预置温度一般比初始温度高 1℃ 左右即可。当温度探头测得的温度比预置温度低时,开关 K 闭合,加热指示灯 L 亮,电源对加热器加热。当温度探头测得的温度达到预置温度时,开关 K 断开,加热指示灯灭,但加热器上还有许多热量,并且继续向样品加热,所以样品继续升温直到加热器的温度和样品的温度相同(即达到热平衡)。此时温度会相对稳定(持续 30 秒左右),之后温度就开始下降,所以只有在温度达到最大时读数才较为准确。

3. 光杠杆放大原理

在光杠杆前约 $1.5 \sim 2$ m 处放置望远镜 R 及标尺 N。调节好望远镜后,可通过望远镜看到光杠杆的镜面内标尺的像。设望远镜中水平叉丝(或叉丝交点)对准标尺上的刻度为 N_1,如图 18-1,当金属杆受热膨胀而伸长 ΔL 时,光杠杆后足随金属杆 C 向上移动。这时光杠杆的两个前足固定,于是平面镜绕前两足的水平轴线而转动 θ 角(实线为光杠杆原来的位置,虚线为转

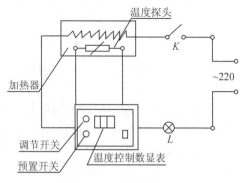

图 18-2　电器线路图

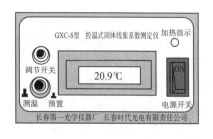

图 18-3　温控器面板

动后的位置），如图 18-4 所示。

$$\tan\theta = \frac{\Delta L}{H} \qquad (18-4)$$

式中 H 为光杠杆后足到前两足连线的距离。

而这时望远镜中所看到的标尺像的刻度为 N_1，可以证明 $\angle N_2ON_1 = 2\theta$，这就利用光杠杆将 θ 角放大一倍，而

$$\tan2\theta = \frac{N_2 - N_1}{D} \qquad (18-5)$$

图 18-4　光杠杆原理图

由于 ΔL 变化很小，因此 θ 及 2θ 亦很小，由 $(18-4)$、$(18-5)$ 式有

$$\tan\theta \approx \theta = \frac{\Delta L}{H}, \tan2\theta \approx 2\theta = \frac{N_2 - N_1}{D}$$

可得

$$\frac{N_2 - N_1}{D} = 2\frac{\Delta L}{H}$$

即

$$\Delta L = \frac{H}{2D}(N_2 - N_1) = \frac{H\Delta N}{2D} \qquad (18-6)$$

可见，当 H 及 D 一定时，测得 $N_2 - N_1$ 就可求得 ΔL。由 $(18-6)$ 式可知，$\Delta N = \frac{2D}{H}\Delta L$，即 ΔN 比 ΔL 放大了 $\frac{2D}{H}$ 倍，这就是利用光杠杆法进行微小长度变化测量的原理。

将 $(18-6)$ 式代入 $(18-2)$ 式，并令 $\Delta t = t_2 - t_1$ 可得

$$\alpha = \frac{1}{L}\frac{H}{2D}\frac{\Delta N}{\Delta t} \qquad (18-7)$$

其中，L 为金属样品的长度，H 为光杠杆后足尖到两前足尖中点的距离，D 为直尺到平面镜镜面间距离，当温度从 t_1 变为 t_2 时，测出对应的望远镜中标尺读数的差值 ΔN，就可用 $(18-7)$ 式求得线胀系数。

【实验内容和步骤】

（1）测量待测样品的长度。从线膨胀系数测定仪中取出待测金属样品并用米尺测量金属

样品的长度 L;然后将金属样品插放回去,放回时样品的下端要和基座紧密相连,上端露出筒外。

(2) 长度变化量测量装置的调整。

① 光杆杆放置要求:把光杠杆放在仪器平台上,其后足尖放在金属样品顶端的金属圈上,光杠杆的镜面在铅直方向。

② 望远镜俯仰角度和高度调节。调节望远镜俯仰角螺丝,使望远镜中轴大致水平。将望远镜靠近线膨胀系数仪,松开止动螺丝后调节望远镜高度,使望远镜中轴与光杠杆镜面等高后锁紧止动螺丝。本步调节也可采用以下方法:将望远镜放在线膨胀系数仪前 $1.5 \sim 2.0$ m 处,调节望远镜俯仰角螺丝,使其中轴大致水平。调节望远镜的高度使它与光杠杆镜面等高,也就是透过望远镜的瞄准器可平行地瞄准镜子的顶部(缺口、准星、镜子顶部在同一平面内)。

③ 调节刻度尺的高低使其零刻度线与望远镜中轴大致等高,实验过程中均保持如此。

④ 左右移动望远镜直到从望远镜上的瞄准器瞄准镜子的中心可以看到直尺的像,这时望远镜的位置就确定下来了(这时望远镜与直尺相对镜面成对称关系)。

⑤ 左右旋转目镜旋钮,调节尺读望远镜目镜焦距,使能看清楚里面的十字叉丝,以后就不必再调了。调节望远镜的调焦旋钮,寻找光杠杆上的镜子,找到后松开望远镜止动螺丝,左右调节望远镜,使镜面中心与望远镜视野中心对齐后锁紧止动螺丝(望远镜俯仰螺丝也可小幅度调整)。这时再逆时针调节调焦手轮便可观察到刻度尺的像。观察望远镜里的刻度,细调望远镜俯仰螺丝使视野中的刻度尺上下均清晰。微调光杠杆镜面垂直度使视野中的刻度尺的零刻度线与最长的横叉丝重合。

(3) 温度预置与测量点的温度稳定调节。打开电源开关,将开关拨至"测温",读出此时的温度 t_1 并记录(也要记录 N_1),将开关拨至"预置"端(这时默认的预置温度是 -40℃),进入预置状态,轻触调节开关,调节预置温度,调节完毕后,将开关拨至"测温"。(注意:若中途意外断电,再次测量前需重新设置预置温度。)

(4) 观察温度的变化情况,测量数据。

设置完预知温度后一段时间,加热指示灯亮,表明此时电源正在对加热器进行加热。同时,加热器也对样品传热。当温度超过预置温度时电源停止对加热器加热,加热指示灯灭,但加热器的温度比样品高,仍在向样品传热,所以这时温度仍在上升,每隔 $1 \sim 2$ s 就变化一次,直到温度变化间隔时间达到 10 s 以上时就要特别注意,这时温度就快到最高点(温度不变时间可达 30 s 左右),当温度达到最高时可认为加热器与金属棒达到热平衡(稳定)。读出直尺上的读数 N_2 和最高温度 t_2。及时重新预置温度(比上一组数据最高温高 1℃ 左右的温度),重复以上测量过程数次,至少测得 6 组数据。

(5) 停止加热,测出直尺到平面镜镜面间距离 D。

(6) 取下光杠杆,将其三足尖轻轻印在预习报告上,用笔和尺画出后足尖到两前足尖中点的距离 H,用游标卡尺测量 H。

【数据处理要求】

1. 设计标尺读数 N_i 随温度变化的实验数据记录表格。
2. 计算线胀系数值及不确定度并写出结果。

【思考题】

1. 两根材料相同,粗细长度不同的金属杆,在同样的温度变化范围内,线胀系数是否相同?为什么?

2. 根据实验的误差计算,分析和判断哪个量对实验的精密度影响最大?为什么?

附录　线胀系数仪调节过程中可能出现的问题及参考解决办法

问题 1. 从光杠杆的反射镜里无法看到尺子的像。

可能的原因:

(1) 尺子在光杠杆的左端或右端。解决办法:左或右移动尺读望远镜镜架,使尺子出现在光杠杆中。

(2) 当俯视或仰视光杠杆时,若能看到尺子的像,只是镜子中尺子的像只在上端或下端,而没有贯穿整个镜面。这是因为光杠杆与尺子间不平行,这时可以改变光杠杆镜面的角度,直接用手从镜子背后推动(调节镜面的竖直度),或者可能是刻度尺的位置没有调好,应调节刻度尺的零刻度线与光杠杆及望远镜中轴等高。

问题 2. 从望远镜里可以看到光杆杆却看不到尺子的像。

可能原因:

(1) 望远镜焦距没有调到合适的位置。解决办法:旋转望远镜调焦手轮,因为光杆杠镜面与尺子的像并不在同一个平面上。

(2) 前面的步骤(2)中 ④ 没有调好(即从光杠杆的反射镜中无法看到尺子的反射像)。

问题 3. 从望远镜里看到的尺子的像上端(或下端)比较模糊。

原因:这是由于望远镜中轴与光杠杆的中心不等高,导致从光杠杆反射的光进入望远镜时不均匀引起的。解决办法:调节目镜前端的俯仰角螺丝。

实验 19　　动态悬挂法测量材料的杨氏模量

杨氏模量是固体材料的重要力学性质,它反映了固体材料抵抗外力产生拉伸(或压缩)形变的能力,是选择机械构件材料的依据之一。

YW-2 型动态杨氏模量测试台利用动力学共振法原理,采用悬挂法来测量材料的杨氏模量。

【实验目的】

1. 学会用动态悬挂法测量材料的杨氏模量;
2. 了解换能器的功能,熟悉测试仪器及示波器的使用;
3. 培养学生综合运用知识和使用常用实验仪器的能力。

【实验仪器】

YW-2 型动态杨氏模量测试仪 1 台、YW-2 型信号发生器 1 台、千分尺、游标卡尺、电子秤、双踪示波器、试样铜棒和不锈钢棒各 1 根

【实验原理】

如图 19-1 所示,将一根截面均匀的试样棒悬挂在两个传感器(一个振荡,一个拾振)下面,在两端自由的条件下,试样棒做自由振动。根据棒的横振动方程

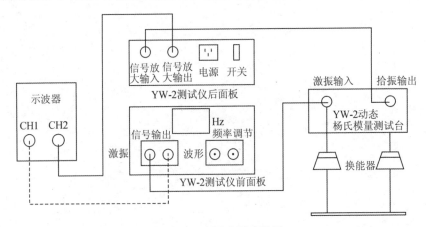

图 19-1　实验装置连接图

$$\frac{\partial^2 y}{\partial t^2} + \frac{-\rho S \partial^2 y}{Y J \partial t^2} = 0 \tag{19-1}$$

用分离变量法解该方程(求解过程见附录),对圆形棒,得

$$Y = 1.6067 \frac{l^3 m}{d^4} f^2 \tag{19-2}$$

上两式中,Y 为杨氏模量,l 为棒长,d 为棒直径,S 为棒截面积,ρ 为棒的密度,m 为棒的质量,f 为棒横振动的固有频率,J 为极性矩。由(19-2)式可知,测出试样棒在不同温度时的固

有频率 f 及各力学参数,即可计算出它在不同温度时的杨氏模量。测量时可采用图 19-1 的示意装置。本实验只计算室温下的杨氏模量。

注意:(19-2)式中给出杨氏模量 Y 的计算公式中 f 是棒横振动的基频,在本实验中黄铜试样棒的基频共振频率在 $680 \sim 780$ Hz 之间,不锈钢试样棒的基频共振频率在 $1000 \sim 1100$ Hz 之间。另外,物体的固有频率 $f_{固}$ 和共振频率 $f_{共}$ 是两个不同的概念,它们之间的关系为

$$f_{固} = f_{共}\sqrt{1 + \frac{1}{4Q^2}} \tag{19-3}$$

式中,Q 为试样的机械品质因素。对于悬挂法测量,一般 Q 的最小值约为 50,共振频率和固有频率相比只偏低 0.005%。本实验中只能测出试样的共振频率,由于两者相差很小,因此固有频率可用共振频率代替。

【仪器介绍】

YW-2 型动态杨氏模量测试台的结构见图 19-2。频率连续可调的音频信号源输出正弦电信号,经激振换能器转换为同频率的机械振动,再由悬线把机械振动传给试样棒,使试样棒作受迫横振动,试样棒另一端的悬线再把试样棒的机械振动传给拾振换能器,这时机械振动又转变成电信号,信号经选频放大器的滤波放大,再送至示波器显示。

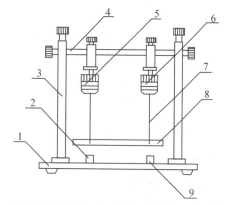

1. 底板;2. 输入插口;3. 立柱;4. 横杆;5. 激振器;
6. 拾振器;7. 悬线;8. 试样棒;9. 输出插口

图 19-2　杨氏模量测试台结构

当信号源频率不等于试样棒的固有频率时,试样棒不发生共振,示波器上几乎没有电信号波形或波形很小。当信号源的频率等于试样棒的固有频率时,试样棒发生共振,示波器上的波形突然增大,这时频率显示窗口显示的频率就是试样在该温度下的共振频率,代入(19-2)式即可计算该温度下的杨氏模量。

【实验内容和步骤】

1. 分别用卡尺、千分尺、电子秤测定试样(黄铜棒、不锈钢棒)的长度 l、直径 d、质量 m,其中直径 d 应在不同位置多次测量取平均值。(游标卡尺、千分尺的使用方法参考第二章中关于力、热学常用实验仪器介绍。)

2. 测量试样棒在室温时的共振频率 f。

(1)接线:按图 19-1 将测试台、测试仪器、示波器之间用专用导线连接。(虚线采用的是李萨如图形法,为选做内容。)

(2)安装试样棒:如图 19-2 所示,将试样棒悬挂于两悬线之上,要求试样棒横向水平,悬线与试样棒轴向垂直,两悬线挂点到相邻棒两端的距离相等。

(3)开机调节及测量:分别打开示波器、测试仪的电源开关,调整示波器处于正常工作状态。调节方法:① 观察时基线:按下相应通道开关,调灰度、聚焦,上下左右位置适中。注意这时触发方式选 AUTO,触发源选 VERT,触发耦合选 AC。把亮线调在屏幕中央。② 接通信号发生器后换能器(激荡)应有轻微鸣声,用手触摸两换能器挂钩应有杂波出现,注意输入端不要接地。调节信号发生器的频率(黄铜 $680 \sim 780$ Hz,不锈钢棒 $1000 \sim 1100$ Hz)并观察示波器,当

出现共振(信号振幅突然增大)现象时,再微调频率和 Y 轴衰减,使振幅达到最大。调触发电平和扫描时间使波形稳定,则此时测得的频率为试样棒的近似基频共振频率。

【数据处理要求】

1. 数据记录

表 19-1　样品的参量值

试样	l/mm	Δ_{ml}/mm	m/g	Δ_{mn}/g	f/Hz	Δ_{mf}/Hz
黄铜棒						
不锈钢棒						

表 19-2　样品的直径测量

序号	黄铜棒 d/mm	$\Delta_{md铜}/\text{mm}$	不锈钢棒 d/mm	$\Delta_{md钢}/\text{mm}$
1				
2				
3				
4				
5				
6				

2. 数据处理要求

(1) 计算黄铜棒的长度 l、质量 m、共振频率 f 的不确定度、直径 d 的平均值和不确定度。

(2) 将以上各测量值或其平均值代入(19-2)式中计算黄铜棒的杨氏模量。

(3) 推导杨氏模量的相对不确定和不确定度的计算公式,并计算。

(4) 计算不锈钢棒的杨氏模量。

【思考题】

1. 试讨论试样的长度、直径、质量、共振频率分别采用什么规格的仪器测量比较合适,为什么?

2. 如何用李萨如图形法判定试样的共振频率?

附录　　圆棒横振动方程推导过程

根据棒的横振动方程

$$\frac{\partial^2 y}{\partial t^2} + \frac{-\rho S \partial^2 y}{YJ \partial t^2} = 0$$

式中,y 为棒振动的位移;Y 为棒的杨氏模量;S 为棒的横截面积;J 为棒的转动惯量;ρ 为棒的密度;x 为位置坐标;t 为时间变量。用分离变数法求解棒的横振动方程,令 $y(x,t) = X(x)T(t)$,代入横振动方程得

$$\frac{1}{X}\frac{\mathrm{d}^4 X}{\mathrm{d}x^4} = \frac{\rho S}{YJ}\frac{1}{T}\frac{\mathrm{d}^2 T}{\mathrm{d}t^2}$$

可以看出,上式两边分别是 x 和 t 的函数,这只有都等于一个任意常数时才有可能,若设这个常数为 K^4,得

$$\frac{\mathrm{d}^4 X}{\mathrm{d}x^4} - K^4 X = 0, \frac{\mathrm{d}^2 T}{\mathrm{d}t^2} + \frac{K^4 YJ}{\rho S}t = 0$$

解这两个线性常微分方程,得通解

$$y(x,t) = (A_1 \mathrm{ch}Kx + A_2 \mathrm{sh}Kx + B_1 \cos Kx + B_2 \sin Kx)\cos(\omega t + \varphi)$$

其中 $\omega = \sqrt{\dfrac{K^4 YJ}{\rho S}}$,称为频率公式。$A_1$、$A_2$、$B_1$、$B_2$、$\varphi$ 是待定系数,可由边界条件和初始条件确定。

对于长为 L,两端自由的棒,当悬线悬挂于棒的节点附近时,其边界条件为:自由端横向作用力为零,弯矩亦为零,即

$$y_{xx}\big|_{x=0} = 0, y_{xx}\big|_{x=L} = 0, y_{xxx}\big|_{x=0} = 0, y_{xxx}\big|_{x=L} = 0$$

将边界条件代入通解,得超越方程 $\cos KL \cdot \mathrm{ch}KL = 1$,用数值计算法得到方程的根依次是 $KL = 0, 4.7300, 7.8532, 10.9956, 14.137, 14.279, 20.420, \cdots$,此数列逐渐趋于表达式 $K_n L = \left(n - \dfrac{1}{2}\right)\pi$ 的值。上述第一个根"0"相应于静态值,第二个根记为 $K_1 L = 4.7300$,与此相应的共振频率称为基频(或称固有频率),$\omega_1 = 2\pi f_1$。对于直径为 d,长为 L,质量为 m 的圆形棒,其转动惯量为 $J = S\dfrac{d^2}{16}$,在基频 f_1 下共振时,得棒的杨氏弹性模量为

$$Y = 1.6067\frac{l^3 m}{d^4}f^2$$

试样棒在做基频振动时存在两个节点,它们的位置距离端面 $0.224L$(距离另一端面为 $0.776L$)处,理论上,悬挂点应取在节点处,但由于悬挂在节点处试样棒难于被激振和拾振,因此可在节点两旁选不同点对称悬挂,振动频率近似等于节点处的共振频率。

实验 20　空气介质的声速测量

声波是一种在弹性媒质中传播的机械波,频率低于 20 Hz 的声波称为次声波;频率在 20 Hz ~ 20 kHz 的声波可以被人听到,称为可闻声波;频率在 20 kHz 以上的声波称为超声波。超声波在媒质中的传播速度与媒质的特性及状态因素有关,因而通过媒质中声速的测定,可以了解媒质的特性或状态变化,如测量氯气(气体)、蔗糖(溶液)的浓度,氯丁橡胶乳液的比重以及输油管中不同油品的分界面等,都可以通过测定这些物质中的声速来解决。可见,声速测定在工业生产上具有一定的实用意义。同时,通过液体中声速的测量,了解水下声呐技术应用的基本概念。

【实验目的】

1. 学会用驻波法和相位法测量声波在空气中的传播速度;
2. 进一步掌握示波器的使用方法;
3. 学会用逐差法处理数据。

【实验仪器】

SV6 型声速测量组合仪一台、SV5 型声速测定信号源一台、GOS6031 型示波器一台、待测样品、导线若干

【仪器介绍】

实验仪器采用 SV6 型声速测量组合仪及 SV5 型声速测定信号源各一台,其外形结构见图 20-1。

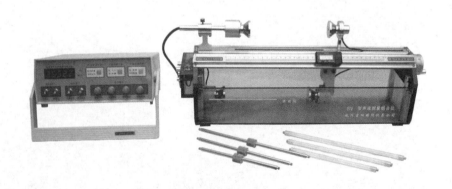

图 20-1　仪器外观

组合仪主要由储液槽、传动机构、数显标尺、两副压电换能器等组成。储液槽中的压电换能器供测量液体声速用,另一副换能器供测量空气及固体声速用。作为发射超声波用的换能器 S_1 固定在储液槽的左边,另一只接收超声波用的接收换能器 S_2 装在可移动滑块上。上下两只换能器的相对位移通过传动机构同步行进,并由数显表头显示位移的距离。

S_1 发射换能器超声波的正弦电压信号由 SV5 声速测定信号源供给,换能器 S_2 把接收到的超声波声压转换成电压信号,用示波器观察;时差法测量时则还要接到信号源进行时间测量,测得的时间值具有保持功能。

【实验原理】

在波动过程中波速 v、波长 λ 和频率 f 之间存在着下列关系: $v = f \cdot \lambda$,实验中可通过测定声波的波长 λ 和频率 f 来求得声速 v。常用的方法有共振干涉法与相位比较法。

1. 共振干涉法(驻波法)测量声速的原理

当两束频率相同、幅度相同、方向相反的声波相交时,产生干涉现象,出现驻波。对于波束 $1: F_1 = A \cdot \cos(\omega t - 2\pi X/\lambda)$,波束 $2: F_2 = A\cos(\omega t + 2\pi X/\lambda)$,当它们相交会时,叠加后的波形成波束 $3: F_3 = 2A\cos(2\pi X/\lambda) \cdot \cos\omega t$,这里 ω 为声波的角频率,t 为经过的时间,X 为经过的距离。由此可见,叠加后的声波幅度,随距离按 $\cos(2\pi X/\lambda)$ 变化。如图 20-2 所示,压电陶瓷换能器 S_1 作为声波发射器,它由信号源供给频率为数千周的交流电信号,由逆压电效应发出一平面超声波;而换能器 S_2 则作为声波的接收器,正压电效应将接收到的声压转换成电信号,该信号输入示波器,我们在示波器上可看到一组由声压信号产生的正弦波形。声源 S_1 发出的声波,经介质传播到 S_2,在接收声波信号的同时反射部分声波信号,如果接收面(S_2)与发射面(S_1)严格平行,入射波即在接收面上垂直反射,入射波与发射波相干涉形成驻波。我们在示波器上观察到的实际上是这两个相干波合成后在声波接收器 S_2 处的振动情况。移动 S_2 位置(即改变 S_1 与 S_2 之间的距离),从示波器的显示上会发现当 S_2 在某些位置时振幅有最小值或最大值。根据波的干涉理论可以知道,任何两相邻的振幅最大值的位置之间(或两相邻的振幅最小值的位置之间)的距离均为 $\lambda/2$。为测量声波的波长,可以在一边观察示波器上声压振幅值的同时,缓慢地改变 S_1 和 S_2 之间的距离,示波器上就可以看到声波振动幅值不断地由最大变到最小再变到最大,两相邻的振幅最大之间 S_2 移动过的距离亦为 $\lambda/2$。超声换能器 S_2 至 S_1 之间的距离的改变可通过转动螺杆的鼓轮来实现,而超声波的频率又可由声波测试仪信号源频率显示窗口直接读出。在连续多次测量相隔半波长的 S_2 的位置变化及声波频率 f 以后,我们可运用测量数据计算出声速,用逐差法处理测量的数据。

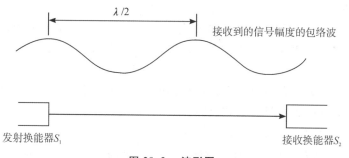

图 20-2　波形图

2. 相位法测量原理

声源 S_1 发出声波后,在其周围形成声场,声场在介质中任一点的振动相位是随时间而变化的,但它和声源的振动相位差 $\Delta\Phi$ 不随时间变化。

设声源方程为 $F_1 = F_{01} \cdot \cos\omega t$,距声源 X 处 S_2 接收到的振动为 $F_2 = F_{02} \cdot \cos\omega\left(t - \dfrac{X}{Y}\right)$,

两处振动的相位差 $\Delta\Phi = \omega \dfrac{X}{Y}$。当把 S_1 和 S_2 的信号分别输入到示波器 X 轴和 Y 轴,那么当 $X = n \cdot \lambda$ 即 $\Delta\Phi = 2n\pi$ 时,合振动为一斜率为正的直线,当 $X = (2n+1)\lambda/2$,即 $\Delta\Phi = (2n+1)\pi$ 时,合振动为一斜率为负的直线,当 X 为其他值时,合成振动为椭圆(图 20-3)。

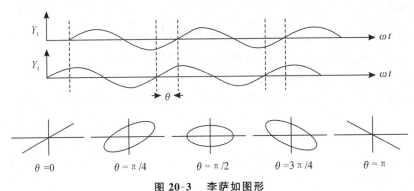

图 20-3　李萨如图形

【实验内容和步骤】

1. 声速测量系统的连接

专用信号源、测试仪、示波器之间连接方法见图 20-4。

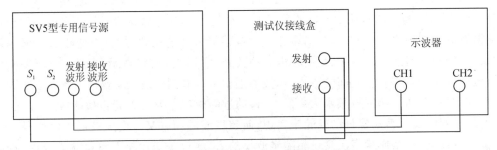

图 20-4　共振干涉法、相位法测量连接图

2. 谐振频率的调节

根据测量要求初步调节好示波器。将专用信号源输出的正弦信号频率调节到换能器的谐振频率,以使换能器发射出较强的超声波,能较好地进行声能与电能的相互转换,以得到较好的实验效果,方法如下:

(1) 将专用信号源的"发射波形"端接至示波器,调节示波器,能清楚地观察到同步的正弦波信号,然后将"发射强度"沿顺时针旋到底。

(2) 将换能器的接收信号接至示波器,调整信号频率(25 ~ 45 kHz),观察接收波的电压幅度变化,在某一频率点处(34.5 ~ 39.5 kHz 之间,因不同的换能器或介质而异)电压幅度最大,此频率即是压电换能器 S_1、S_2 相匹配频率点,记录此频率 f_i。

(3) 改变 S_1、S_2 的距离,使示波器的正弦波振幅最大,再次调节正弦信号频率,直至示波器显示的正弦波振幅达到最大值。共测 5 次取平均频率 f。

3. 共振干涉法、相位法测量声速的步骤。

(1) 共振干涉法(驻波法)测量波长

观察示波器,找到接收波形的最大值,记录幅度为最大时的距离,由数显尺上直接读出或

在机械刻度上读出，记下 S_2 位置 X_0。然后，向着同方向转动距离调节鼓轮，这时波形的幅度会发生变化（同时在示波器上可以观察到来自接收换能器的振动曲线波形发生相移），逐个记下振幅最大的 $X_1, X_2, \cdots, X_{11}$，包括 X_0 一共12个点，单次测量的波长 $\lambda_i = 2|X_i - X_{i-1}|$。用逐差法处理这 12 个数据，即可得到波长 λ。

（2）相位比较法（李萨如图法）测量波长

将测试仪接收波接到模拟示波器 CH2，信号源上的发射波接到 CH1，模拟示波器调到"X-Y"显示方式，适当调节示波器，出现李萨如图形。转动距离调节鼓轮，观察李萨如图形为一定角度的斜线时，记下 S_2 的位置 X_0，再向前或向后（必须是一个方向）移动距离，使观察到的波形又回到前面所说的特定角度的斜线，这时来自接收换能器 S_2 的振动波形发生了 2π 相移。依次记下示波器屏上斜率负、正变化的直线出现的对应位置 $X_1, X_2, \cdots, X_{11}$，单次波长 $\lambda_i = 2|X_i - X_{i-1}|$，用逐差法处理数据，即可得到波长 λ。

（3）干涉法、相位法的声速计算

由波长 λ 和平均频率 f（频率由声速测试仪信号源频率显示窗口直读出），可得声速 $v = f \cdot \lambda$。

【注意事项】

1. 实验过程中，鼓轮只能沿同一方向旋转；
2. 实验结束后，应将模拟示波器的 x-y 模式去掉。

【数据处理要求】

1. 驻波法测量声速

（1）设计驻波法测量声速的实验数据记录表格。

（2）用逐差法处理实验数据，确定声速测量结果及不确定度。

2. 相位法测量声速

（1）设计相位法测量声速的实验数据记录表格。

（2）用逐差法处理实验数据，确定声速测量平均值及不确定度。

【思考题】

1. 声速测量中共振干涉法、相位法有何异同？

2. 为什么要在谐振频率条件下进行声速测量？如何调节和判断测量系统是否处于谐振状态？

3. 为什么发射换能器的发射面与接收换能器的接收面要保持互相平行？

附录　压电换能器，数显表头使用方法及维护

1. 超声波的发射与接收 —— 压电换能器

压电陶瓷超声换能器能实现声压和电压之间的转换。压电换能器作波源具有平面性、单色性好以及方向性强的特点。同时，由于频率在超声范围内，一般的音频对它没有干扰。频率提高，波长 λ 就短，在不长的距离中可测到许多个 λ，取其平均值，λ 的测定就比较准确。这些都可使实验的精度大大提高。压电换能器的结构见图 20-5。

压电换能器由压电陶瓷片和轻、重两种金属组成。压电陶瓷片（如钛酸钡、锆钛酸铅等）由

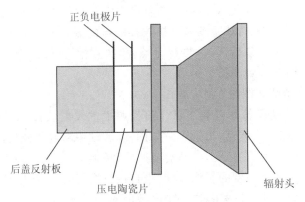

正负电极片

后盖反射板

压电陶瓷片

辐射头

图 20-5　压电陶瓷超声换能器

一种多晶结构的压电材料做成,在一定的温度下经极化处理后,具有压电效应。在简单情况下,压电材料受到与极化方向一致的应力 T 时,在极化方向上产生一定的电场强度 E,它们之间有一简单的线性关系 $E = gT$;反之,当与极化方向一致的外加电压 U 加在压电材料上时,材料的伸缩形变 S 与电压 U 也有线性关系 $S = dU$。比例常数 g、d 称为压电常数,与材料性质有关。由于 E、T、S、U 之间具有简单的线性关系,因此我们可以将正弦交流电信号转变成压电材料纵向长度的伸缩,成为声波的声源,同样也可以使声压变化转变为电压的变化,用来接收声信号。在压电陶瓷片的头尾两端胶粘两块金属,组成夹心形振子。头部用轻金属做成喇叭形,尾部用重金属做成柱形,中部为压电陶瓷圆环,紧固螺钉穿过环中心。这种结构增大了辐射面积,增强了振子与介质的耦合作用,同时由于振子是以纵向长度的伸缩直接影响头部轻金属做同样的纵向长度伸缩(对尾部重金属作用小),这样所发射的波方向性强,平面性好。

压电换能器谐振频率 (35 ± 3) kHz,功率不小于 10 W。

2. 数显表头的使用方法及维护

声速测量组合仪储液槽上方测量两换能器移动距离的数显表头的使用方法:

(1)"inch/mm" 按钮为英制/公制转换用,测量声速时用 mm。

(2)"OFF"、"ON" 按钮为数显表头电源开关。

(3)"ZERO" 按钮为表头数字回零用。

(4)数显表头在标尺范围内,接收换能器处于任意位置都可设置"0"位。摇动丝杆,接收换能器移动的距离为数显表头显示的数字。

(5)数显表头右下方"▼"处打开为更换表头内扣式电池处。

(6)使用时,严禁将液体淋到数显表头上,如不慎将液体淋入,可用电吹风吹干(电吹风用低挡,并保持一定距离使温度不超过 60 ℃)。

(7)数显表头与数显杆尺的配合极其精确,应避免剧烈的冲击和重压。

(8)仪器使用完毕后,应关掉数显表头的电源,以免不必要地消耗纽扣电池。

实验 21　用分光计测定液体中的声速

1921 年法国物理学家布里渊(L. Brillouin 1889—1969) 曾预言液体中的高频声波能使可见光产生衍射,1935 年拉曼(C. V. Raman 1888—1970) 和奈斯(Nath) 证实了布里渊的设想。

【实验目的】

1. 学习测量声速的一种方法;
2. 了解超声光栅的衍射原理;
3. 熟悉仪器调整。

【实验仪器】

超声光栅仪(信号源、压电陶瓷片、水槽)、分光计、双面镜、测微目镜、钠光灯(或汞灯)

【实验原理】

1. 仪器介绍

实验仪器如图 21-1 所示。其中超声光栅仪的数字显示高频功率信号源实际上是一个晶体管自激振荡器。压电陶瓷片与可变电容器并联构成 LC 振荡回路的电容部分,电感 L 是一个螺旋线圈,通过晶体管的正反馈电路的作用,能够产生和维持等幅振荡。调整面板上的电容器可以改变振荡频率。

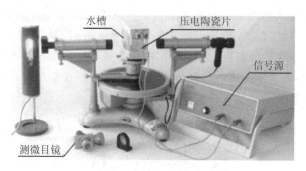

图 21-1　实验装置图

超声光栅仪的核心元件是压电陶瓷片,它是一个重要的传感器,能把电信号转换为振动信号。为便于理解,可把它内部的每一个分子简化为一个正负中心不重合的电偶极子。一旦给它强加一个外电场,由于电场力偶的作用,电偶极矩矢量 P 将沿场强方向顺排,如图 21-2所示。从微观的角度看,每个分子都顺排,在宏观上就表现为陶瓷片的外形尺寸发生了变化。如果外电场大小、方向都成周期性变化,则陶瓷片的厚度就一会儿伸张,一会儿收缩,即发生振动,振动在弹性媒质中传播就是波,一旦振动频率高于 20000 Hz,该波就是超声波。压电陶瓷片的这种特性称为逆压电效应。

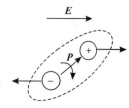

图 21-2　电偶极子

2. 衍射原理

众所周知,声波最显著的特征是它的波动性,它在盛有液体的玻璃槽中传播时,液体将被周期性压缩、膨胀,形成疏密波。声波在传播方向被垂直端面反射,它又会反向传播。当玻璃槽的宽度恰当时,入射波和反射波会叠加形成稳定的驻波,由于驻波的振幅是单一行波振幅的 2 倍,因而驻波加剧了液体的疏密变化程度,如图 21-3 所示。

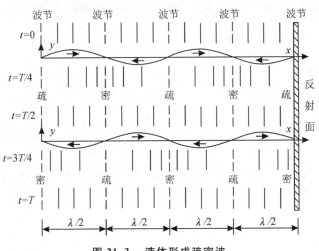

图 21-3　液体形成疏密波

描述声波有三个特征量:波长 λ,声速 v,频率 ν,它们之间满足关系 $v = \lambda \times \nu$。一般我们知道声波频率 ν,因此求声速实际上是求波长 λ。对于疏密波,波长 λ 等于相邻两密部的距离。布里渊认为,一个受超声波扰动的液体很像一个左右摆动的平面光栅,它的密部就相当于平面光栅上的刻痕,不易透光;疏部就相当于平面光栅上相邻两刻痕之间的透光部分。它就是一个液体光栅,或称超声光栅,超声波波长 λ 正是光栅常数 d($d = a + b$)。从图 21-4 可知,平面光栅的左右摆动并不影响衍射条纹的位置,因为各级衍射条纹完全由光栅方程描述,而不由光栅位置确定。因此当平行光沿着垂直于超声波传播方向通过受超声波扰动的液体时,必将发生衍射,并且可以通过测量衍射条纹的位置来确定超声波波长 λ,即

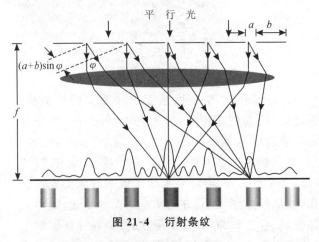

图 21-4　衍射条纹

$$d\sin\varphi = k\lambda \quad (k = 0, \pm 1, \pm 2, \cdots)$$

其中 k 为衍射条纹的级次,φ 为 k 级条纹的衍射角,λ 为平行光的波长。当 φ 小于 $5°$ 时,$d = \dfrac{k\lambda}{\sin\varphi}$

$\approx \dfrac{k\lambda}{\tan\varphi} = \dfrac{k\lambda f}{I_k} = \dfrac{\lambda f}{I_1} = \dfrac{\lambda f}{\Delta I}$，其中 I_k 为 k 级条纹与 0 级条纹的距离，f 为透镜的焦距，ΔI 为各级条纹的平均间隔。

从光栅方程不难看出，当增大超声波波长 λ 时，条纹间隔 ΔI 必将减小，各级衍射条纹都向中心纹靠近，这就是所谓的声光效应，即通过直接控制声波的波长或频率，间接控制光波的传播方向、强度和频率。

【实验内容】

（1）分光计调整。利用双面镜调整望远镜光轴与仪器中心轴垂直，并且让望远镜对平行光聚焦；调整平行光管光轴与望远镜光轴一致，并且让入射光经平行光管正好变为平行光（参见实验 12 中"分光计调节方法"）。

（2）按要求对水槽加注纯净水或其他液体。打开信号源开关，激发超声波，调整超声波频率，微调水槽上盖使水槽的反射面与压电陶瓷片平行，同时保证入射光与声波传播方向垂直，最终让超声波在水槽中共振形成稳定的驻波，此时在望远镜中观察到的衍射谱线最多、最亮，且在视场中成对称分布。记录超声波频率 ν。

（3）换上测微目镜，调整目镜焦距及位置，使视场中的准线、标尺和衍射谱线同时清晰。

（4）用测微目镜测出各级谱线的位置坐标，用逐差求出谱线间的平均间隔。其中分光计望远镜物镜的焦距 $f = 170.09$ mm，钠光波长 $\lambda = 589.3$ nm，汞灯紫光波长 $\lambda = 435.8$ nm，汞灯绿光波长 $\lambda = 546.1$ nm，汞灯黄光波长 $\lambda = 578.0$ nm。

表 21-1　数据记录表格

液体名称：　　　　　　　　　　　　　　　　　频率 ν：　　　MHz

谱线/mm 波长/nm	X_{-3}	X_{-2}	X_{-1}	X_0	X_1	X_2	X_3

（5）测量室温，对照标准值求百分误差。（超声波在 25℃ 纯净水中的传播速度 $v = 1497$ m/s。如果水温低于 75℃，温度每上升 1℃，声速 v 增加 2.5 m/s。）

【注意事项】

1. 压电陶瓷片不能在空气中激发超声波，可能被振裂。压电陶瓷片不可在液体中长期浸泡，可能被腐蚀。

2. 超声光栅仪的高频信号源不可长时间使用，内部振荡线路过热会影响实验。

3. 实验中不要碰触高频信号源与压电陶瓷片之间的连接导线，压电陶瓷片表面与水槽反射壁面之间的平行可能被破坏，进而影响水槽内部驻波的形成。

4. 避免测微目镜手轮的空回误差。

5. 考虑有效数字，数据处理采用逐差法。

【思考题】

1. 如何保证平行光束垂直于声波的传播方向？

2. 如何解释衍射中央条纹与各级条纹之间的距离随高频信号源振荡频率的高低而增大

和减小?

　　3. 驻波的相邻波腹或相邻波节之间的距离都为半个波长 $\lambda/2$,如何理解超声光栅的光栅常数等于波长 λ?

　　4. 比较平面光栅和超声光栅的异同。

实验 22 非线性电路混沌

非线性科学是研究自然界中复杂现象与规律的一门新兴学科,从其发展现状看,必将对科学与技术的未来发展产生重大而深远的影响。非线性科学中具有代表性的一部分内容便是混沌理论。混沌是指有确定性动力学方程系统的演化表现出貌似随机的性态。混沌是一种关于过程而不是关于状态的学科,是关于演化而不是关于存在的学科。所有日常生活经验与真实世界的图像是研究混沌的目标。滴水的自来水龙头,水滴的形状由稳态变为随机,气候的变化性态,飞行中的飞机的性态,在高速公路上汽车拥挤的性态,经济的波动,管理的过程,音乐旋律的起伏等,都会出现混沌。这些性态都遵循着同一条新发现的定律或同类新发现的定律 —— 混沌理论。今天的科学认为,混沌无处不在,是自然界普遍的非线性现象。

长期以来,人们在认识和描述运动时,大多只局限于线性动力学描述方法,即确定的运动有一个完美确定的解析解,但是自然界在相当多情况下,非线性现象起着很大的作用。1963 年美国气象学家 Lorenz 在分析天气预报模型时,首先发现空气动力学中的混沌现象,该现象只能用非线性动力学来解释。1975 年混沌作为一个新的科学名词首次出现在科学文献中。此后,非线性动力学迅速发展,并成为有丰富内容的研究领域。该学科涉及非常广泛的科学:从电子学到物理学,从气象学到生态学,从数学到经济学等。混沌通常对应于不规则或非周期性,这是由非线性系统本质产生的。本实验将引导学生自己建立一个非线性电路,该电路包括有源非线性负阻、LC 振荡器和 RC 移相器三部分。采用物理实验方法研究 LC 振荡器产生的正弦波与经过 RC 移相器移相的正弦波合成的相图(李萨如图),观测振动周期发生的分岔及混沌现象;测量非线性单元电路的电流 —— 电压特性,从而对非线性电路及混沌现象有一个初步了解;学会自己制作和测量一个带铁磁材料介质的电感器以及测量非线性器件伏安特性的方法。

【实验目的】

1. 了解混沌现象的一些基本概念;
2. 设计一个能实时测量有源非线性负阻器件伏安特性曲线的电路。

【实验仪器】

直流稳压电源、FB715 型设计性实验装置、GOS2062 数字示波器

【实验原理】

1. 非线性电路

实验电路如图 22-1 所示,图中只有一个非线性元件 R,它是一个有源非线性负阻器件。电感器 L 和电容 C_2 组成一个损耗可以忽略的谐振回路;可变电阻 R_V 和电容器 C_1 串联将振荡器产生的正弦信号移相输出。本实验中所用的非线性元件 R 是一个三段分段线性元件。图 22-2 为该电阻的伏安特性曲线,从特性曲线可知加在此非线性元件上电压与通过它的电流极性是相反的。由于加在此元件上的电压增加时,通过它的电流却减小,因而将此元件称为非线性负阻元件。

电路的非线性动力学方程为

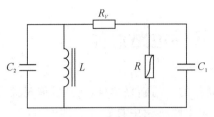

图 22-1　非线性电路原理图

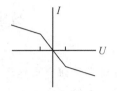

图 22-2　非线性元件伏安特性

$$C_1 \frac{\mathrm{d}U_{C_1}}{\mathrm{d}t} = G \cdot (U_{C_2} - U_{C_1}) - g \cdot U_{C_1}$$

$$C_2 \frac{\mathrm{d}U_{C_2}}{\mathrm{d}t} = G \cdot (U_{C_1} - U_{C_2}) + i_L \tag{22-1}$$

$$L \frac{\mathrm{d}i_L}{\mathrm{d}t} = -U_{C_2}$$

式中，导纳 $G = 1/R_V$，U_{C_1} 和 U_{C_2} 分别为表示加在电容器 C_1 和 C_2 上的电压，i_L 表示流过电感器 L 的电流，g 表示非线性电阻的导纳。

2. 有源非线性负阻元件的实现

　　有源非线性负阻元件实现的方法有多种，这里使用的是一种较简单的电路，采用两个运算放大器(一个双运放 TL082，其伏安特性如图 22-3 所示)和 6 个配置电阻来实现。其电路如图 22-4 所示，实验所要研究的是该非线性元件对整个电路的影响，而非线性负阻元件的作用是使振动周期产生分岔和混沌等一系列非线性现象。

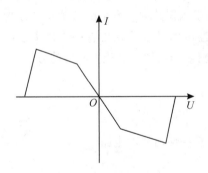

图 22-3　双运放非线性元件的伏安特性

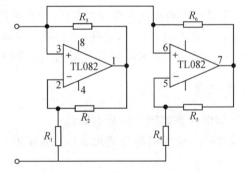

图 22-4　有源非线性器件

　　实际非线性混沌实验电路如图 22-5 所示。

【实验内容】

　　(1) 按图 22-5 所示的电路接线，调节 $R_1 + R_2$ 阻值。在示波器上观测图 22-5 所示的 CH1—地和 CH2—地所构成的相图(李萨如图)，由大到小调节 $R_1 + R_2$ 电阻值时，描绘相图周期的分岔及混沌现象。将一个环形相图的周期定为 P，观测并记录 $2P$、$4P$、阵发混沌、$3P$、单吸引子(混沌)、双吸引子(混沌)共六个相图和相应的 CH1—地和 CH2—地两个输出波形。

　　(2) 测量非线性负阻伏安特性曲线

　　把有源非线性负电阻元件与 RC 移相器连线断开。测量非线性单元电路在电压 $U < 0$ 时的伏安特性，作 I-U 关系图，并进行直线拟合。

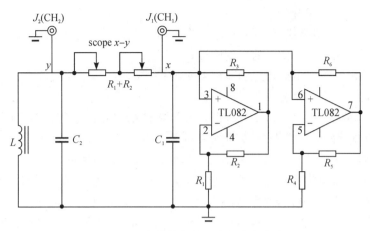

图 22-5　非线性电路混沌实验电路图

【注意事项】

1. 双运算放大器 TL082 的正负极不能接反,地线与电源接地点接触必须良好。

2. 注意检查电路,确保电路连接正确。

【思考题】

1. 什么是负阻?从伏安特性曲线上如何体现负阻概念?非线性负阻电路(元件)在本实验中的作用是什么?

2. 为什么要采用 RC 移相器,并且用相图来观测倍周期分岔等现象?如果不用移相器,可用哪些仪器或方法?

3. 通过做本实验,请阐述倍周期分岔、混沌、奇怪吸引子等概念的物理含义。

4. 用李萨如图观测周期分岔与直接观测波形分岔相比有何优点?

附录　示波器观察到的混沌图形及混沌学中的一些基本概念

1. 示波器观察到的有关混沌图形(图 22-6)

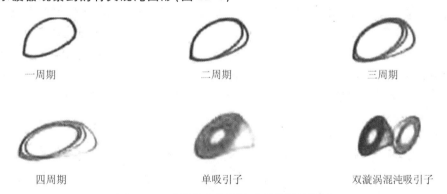

　　一周期　　　　　　　　　二周期　　　　　　　　　三周期

　　四周期　　　　　　　　　单吸引子　　　　　　　双漩涡混沌吸引子

图 22-6　非线性电路混沌实验的混沌图形

2. 混沌学中的一些基本概念

对于混沌现象,我们不仅要了解它本身的特征,而且要把握混沌发生的基本条件和一般规律,清楚有哪些通向混沌的途径。

(1) 数学上对混沌的描述,是针对一个集合提出的,表明了混沌运动的重要特征:

① 存在着可数无穷多个稳定的周期轨道;

② 存在着不可数无穷多个稳定的非周期轨道;

③ 至少存在着一个不稳定的非周期轨道。

(2) 系统在混沌区的有序和无序中,存在着复杂精细的几何结构,它们互补。这些几何结构可以用周期窗口、分岔、倍周期分岔、切分岔等来加以描述。

周期窗口:对应于系统稳定周期运动轨道的窗口,简称为周期窗口。

分岔:分岔原为微分方程理论中的一个名词,原意是一分为二。在非线性作用下,系统原稳定的周期运动轨道会出现分岔,产生新的周期运动轨道,新的周期运动轨道不稳定时,又会产生另一类新的周期运动轨道 …… 最后达到的终态就是混沌理论所研究的对象。在混沌学中,倍周期分岔和切分岔是目前研究得最细的两条通向混沌途径的经典分岔。

倍周期分岔:是指系统周期运动轨道由一分为二,二分为四,四分为八,八分为十六 ……,或三分为六,六分为十二 ……,或五分为十,十分为二十 ……,等等。周期运动轨道的倍周期分岔对混沌现象研究之所以重要,是因为这样无限地分下去将导致混沌现象的出现。

切分岔:切分岔是指系统存在着区别于倍周期分岔的另一类周期运动轨道的分岔,这种分岔周期运动轨道的出现也会导致系统产生混沌现象。在切分岔中,倍周期分岔依然存在,它与切分岔之间具有无限的自嵌套、自相似的几何结构。而且,正是由于切分岔的存在,使系统混沌现象的出现呈现出"阵发"的特点。

切分岔中一个明显的周期窗口是三周期。三周期不可能来自倍周期分岔,因为倍周期分岔的结果只能产生二的倍数的偶数类,而不能产生奇数类周期。系统存在一个以三为周期的周期点时,就一定存在任何正整数的周期点,系统一定出现混沌现象。一个稳定的三周期运动轨道,在系统不稳定时,会由倍周期分岔出现六周期,再分岔出现十二周期 …… 至倍周期分岔现象突然中断,周期性让位于混沌,混沌现象出现。反之,在能观察到倍周期分岔的系统中,原则上都能看到三周期的现象。因此,有人说:"只要有三周期,就会有乱七八糟。"

吸引子:"吸引"是指系统状态变化的趋向,结构不稳定的状态总要趋向稳定才能存在下去。那些相空间中对应着系统结构(指运动方程的结构)稳定的部分(点或区域),对其他不稳定的"点"有一种"吸引"作用,这种结构稳定的部分称为"吸引子"。从物理、数学和动力系统的角度来看,吸引子表示系统的稳定定态,系统的运动只有到达吸引子上才能稳定下来并保持下去。

混沌吸引子的概念描述的是系统在相空间收缩的同时出现的整体稳定而局部不稳定。它是一种三维或三维以上的吸引子,其基本特征是它对初始条件的敏感依赖性。

实验 23　　磁阻效应实验

　　磁阻器件由于其灵敏度高、抗干扰能力强等优点在工业、交通、仪器仪表、医疗器械、探矿等领域应用十分广泛,如数字式罗盘、交通车辆检测、导航系统、伪钞鉴别、位置测量等探测器。磁阻器件品种较多,可分为正常磁电阻、各向异性磁电阻、特大磁电阻、巨磁电阻和隧道磁电阻等。其中正常磁电阻的应用十分普遍。锑化铟(InSb)传感器是一种价格低廉、灵敏度高的正常磁电阻,有着十分重要的应用价值。它可用于制造在磁场微小变化时测量多种物理量的传感器。本实验装置结构简单,实验内容丰富,使用两种材料的传感器:用砷化镓(GaAs)测量磁感应强度,研究锑化铟(InSb)在磁感应强度变化时的电阻。

【实验目的】

　　1. 了解磁阻现象与霍耳效应的关系与区别;
　　2. 了解并掌握 FB512X 型磁阻测定实验仪的工作原理与使用方法;
　　3. 了解电磁铁励磁电流和磁感应强度的关系;
　　4. 测定磁感应强度和磁阻元件电阻大小的对应关系。

【实验仪器】

　　FB512 型磁阻实验仪

【实验原理】

　　在一定条件下,导电材料的电阻值 R 随磁感应强度 B 的变化规律称为磁阻效应。在该情况下半导体内的载流子将受洛伦兹力的作用,发生偏转,在两端产生积聚电荷并产生霍耳电场。如果霍耳电场的作用和某一速度载流子的洛伦兹力的作用刚好抵消,那么小于或大于该速度的载流子将发生偏转。因而沿外加电场方向运动的载流子数目将减少,电阻增大,表现出横向磁阻效应。如果将图 23-1 中 A、B 端短接,霍耳电场将不存在,所有电子将向 A 端偏转,也表现出磁阻效应。

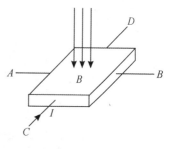

图 23-1　原理图

　　通常以电阻率的相对改变量来表示磁阻 $\Delta\rho/\rho(0)$,$\rho(0)$ 为零磁场时的电阻率,$\Delta\rho = \rho(B) - \rho(0)$,而 $\dfrac{\Delta R}{R(0)} \propto \dfrac{\Delta\rho}{\rho(0)}$,其中 $\Delta R = R(B) - R(0)$。

　　理论计算和实验都证明了磁场较弱时,一般磁阻器件的 $\dfrac{\Delta R}{R(0)}$ 正比于 B 的两次方,而在强磁场中 $\dfrac{\Delta R}{R(0)}$ 则为 B 的一次函数。

　　当半导体材料处于弱交流磁场中,因为 $\dfrac{\Delta R}{R(0)}$ 正比于 B 的二次方,所以 R 也随时间周期变化 $\dfrac{\Delta R}{R(0)} = k \cdot B^2$。令 $B = B_0\cos\omega t$(其中 k 为常量),有

$$R(B) = R(0) + \Delta R$$

$$= R(0) + R(0) \times \frac{\Delta R}{R(0)}$$

$$= R(0) + R(0) \cdot k \cdot B_0^2 \cdot \cos^2 \omega t$$

$$= R(0) + \frac{1}{2} R(0) \cdot k \cdot B_0^2 + \frac{1}{2} R(0) \cdot k \cdot B_0^2 \cdot \cos 2\omega t \qquad (23-1)$$

假设电流恒定为 I_0,则

$$U(B) = I_0 \cdot R(B)$$

$$= I_0 \left[R(0) + \frac{1}{2} R(0) \cdot k \cdot B_0^2 \right] + \frac{1}{2} I_0 \cdot R(0) \cdot k \cdot B_0^2 \cdot \cos 2\omega t$$

$$= U(0) + \widetilde{U} \cdot \cos 2\omega t \qquad (23-2)$$

由(23-2)式可知磁阻上的分压为 B 振荡频率两倍的交流电压和一直流电压的叠加。

【实验内容和步骤】

1. 测定励磁电流和磁感应强度的关系

测量励磁电流 I_M 与 U_H 的关系。FB512 型磁阻效应实验仪面板图如图 23-2 所示。按图 23-3,把各相应连接线接好,闭合电源开关。调节左边霍耳传感器位置,使霍耳传感器在电磁铁气隙最外边,离气隙中心约 20 mm.调霍耳工作电流 $I_H = 3.00$ mA,预热 5 min 后,测量霍耳传感器的不等位电压 U_0。然后调节左边霍耳传感器位置,使传感器印版上 0 刻度对准电磁铁上中间基准线,按下面板上继电器控制按钮开关 K_1 和 K_2。调励磁电流为 0 mA,记录对应的数据 $U_{H1正向}$,然后拨动开关 K_4,改变励磁电流的方向,记录对应的数据 $U_{H1反向}$,分别依次调励磁电流为 100 mA,200 mA,…,1000 mA,记录对应的 $U_{H1正向}$、$U_{H1反向}$,最后算出 $U_{H1平均} = \dfrac{| U_{H1正向} - U_{H1反向} |}{2}$, $B = \dfrac{U_{H1平均}}{K_H \cdot I_H}$,其中 $K_H = 177$ mV/(mA·T),并作 B-I_M 关系曲线。

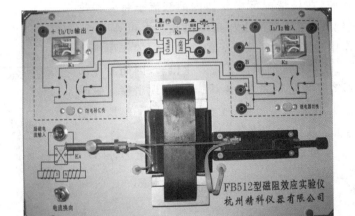

图 23-2　FB512 型磁阻效应实验仪面板

2. 测量磁感应强度和磁阻变化的关系

(1)调节传感器位置,使传感器印刷板上 0 刻度对准电磁铁上中间基准线,把励磁电流先调节为 0,释放 K_1、K_2,按下 K_3、K_4 打向上方。在无磁场的情况下,调节磁阻工作电流 I_2,使仪器数字式毫伏表显示电压 $U_2 = 800.0$ mV,记录此时的 I_2 值。按下 K_1、K_2,记录霍耳输出电压 $U_{H1正向}$,改变 K_4 方向再测一次 $U_{H1反向}$ 值,算出 $U_{H1平均}$(mV),记录霍耳工作电流 I_1,依次记录数

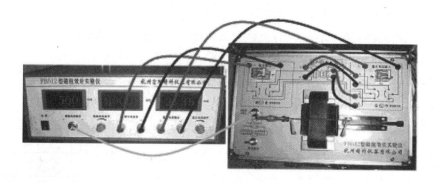

励磁电流:0 ～ 1000 mA 连续可调;霍尔、磁阻传感器工作电流 0 ～ 5 mA;水平位移范围 ±18 mm

图 23-3　FB512 型磁阻实验仪连接图

据。各开关回复原状。

（2）按上述步骤,逐步增加励磁电流,改变 I_2,在基本保持 $U_2 = 800.0$ mV 不变的情况下,重复以上过程,把一组组数据记录到表格中。$0 \leqslant I_M \leqslant 200$ mA 时,I_M 每增加 20 mA 记录一组数据;$200 \leqslant I_M \leqslant 1000$ mA 时,I_M 每增加 100 mA 记录一组数据。

【注意事项】

1. 霍耳片又薄又脆,切勿受意外机械损伤。

2. 霍耳电流和励磁电流不可以接错。

3. 在测试磁感应强度时,每测试一组数据,应通过电流换向开关 K_4 测得正负两组霍耳电压值。

4. 在测试电阻变化时,应按下 K_3,即使得 InSb 霍耳片 A、B 端短接。

【数据处理要求】

1. 测定励磁电流和磁感应强度的关系

（1）设计表格记录励磁电流 $U_{H1正向}$、$U_{H1反向}$、$U_{H1平均}$,并算出对应的磁感应强度 B。

表 23-1　励磁电流和磁感应强度的关系

I_M/mA	0	100	200	...	1000
$U_{H1正向}$/mV					
$U_{H1反向}$/mV					
$U_{H1平均}$/mV					
$B = \dfrac{U_{H1平均} \times 1000}{K_H \times I_H}$/mT					

（2）根据表格中的数据画出 B-I_M 关系曲线。

2. 测量磁感应强度和电阻变化的关系

（1）设计表格记录 I_M、$U_{H1平均}$、I_1、U_2、I_2,利用 Origin 软件计算出相应的 B、R、$\Delta R/R(0)$,有关计算公式如下:

$$B = \frac{U_{H1平均}}{K_H \cdot I_1}$$

式中 $K_H = 177 \text{ mV}/(\text{mA} \cdot \text{T})$。

$$R(B) = \frac{U_2}{I_2}, \Delta R = R(B) - R(0), \text{当} I_M = 0 \text{ 时,算得} R(0) = \frac{U_2}{I_2}。$$

表 23-2　磁感应强度和电阻变化关系

I_M/mA	GaAs				InSb		B/T	$R(B)/\Omega$	$\Delta R/R(0)$
	$U_{H1正向}/\text{mV}$	$U_{H1反向}/\text{mV}$	$U_{H1平均}/\text{mV}$	I_1/mA	U_2/mV	I_2/mA			
0									
20									
40									
60									
80									
100									
120									
140									
160									
180									
200									
300									
400									
500									
600									
700									
800									
900									
1000									

(2) 利用 Origin 软件作 $\Delta R/R(0)$-B 关系曲线。

(3) 分析 $\Delta R/R(0)$-B 关系曲线特性。

【思考题】

1. 什么是霍耳效应?(请参考"实验 9 霍耳效应和霍耳元件特性测定"。)

2. 在测量 B-I_M 曲线时,$I_M = 0$ 时仍有较小的霍耳电压,为什么?

3. 什么是不等位电压?实验中怎样消除不等位电压?

实验 24　PN 结正向压降与温度关系的研究

常用的温度传感器有热电偶、测温电阻器和热敏电阻等,这些温度传感器均有各自的优点,但也有不足之处,如热电偶的适用温度范围宽,但灵敏度低,且需要参考温度;热敏电阻灵敏度高,热响应快,体积小,缺点是非线性,且一致性较差,这对于仪表的校准和调节均不便;测温电阻如铂电阻有精度高、线性好的优点,但灵敏度低且价格较贵;而 PN 结温度传感器则有灵敏度高、线性较好、热响应快、体积小且轻巧易集成化等优点,所以其应用势必日益广泛。但是这类温度传感器的工作温度一般为 $-50 \sim 150$ ℃,与其他温度传感器相比,测温范围的局限性较大,有待于进一步改进和开发。

【实验目的】

1. 了解 PN 结正向压降随温度变化的基本关系式;

2. 在恒定正向电流条件下,测绘 PN 结正向压降随温度变化的曲线,并由此确定其灵敏度及被测 PN 结材料的禁带宽度;

3. 学习用 PN 结测温的方法。

【实验仪器】

DH-PN-1 型 PN 结正向压降温度特性实验仪一台、加热装置一台、导线若干

【仪器介绍】

1. 加热测试装置

如图 24-1 所示,1 为可拆卸的隔离圆筒;2 为测试圆铜块,被测 PN 结和温度传感器 AD590均置于其上;加热器 5 装于铜块中心柱体内,通过热隔离后与外壳固定;测量引线通过高温导线连至顶部插座 8,再由顶部插座用专用导线连至测试仪;7 为加热器电源插座,接至测试仪

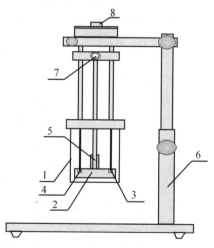

1. 隔离圆筒;2. 测试圆铜块;3. 测温元件;4. 被测 PN 结;
5. 加热器;6. 支撑杆;7. 加热电源插座;8. 信号输出插座

图 24-1　加热测试装置

的"11"端子。

2. 测试仪面板图(见图 24-2)

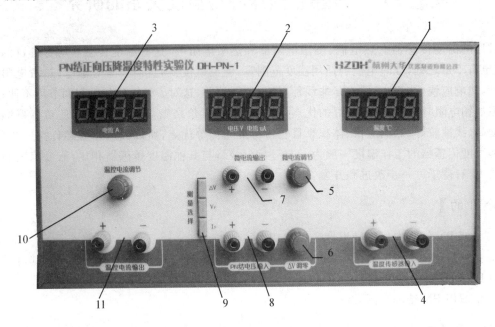

1. PN结温度测量显示;2. PN结U_F、ΔU、I_F测量显示;3. 加热电流值显示;4. 温度传感器输入端子;5. PN结导通电流I_F调节旋钮;6. 调零旋钮;7. PN结导通电流I_F输出端子;8. PN结电压输入端子;9. U_F、ΔU、I_F显示选择开关;10. 加热电流调节旋钮;11. 加热电流输出端子

图 24-2 测试仪面板图

【实验原理】

理想的 PN 结的正向电流 I_F 和正向压降 U_F 存在如下近关系式

$$I_F = I_s \exp(\frac{qU_F}{kT}) \qquad (24-1)$$

其中q为电子电荷;k为玻耳兹曼常数;T为绝对温度;I_s为反向饱和电流,它是一个和PN结材料的禁带宽度以及温度有关的系数。可以证明

$$I_s = CT^\gamma \exp[-\frac{qU_g(0)}{kT}] \qquad (24-2)$$

其中C是与结面积、掺质浓度等有关的常数,γ也是常数;$U_g(0)$为绝对零度时 PN 结材料的带底和价带顶的电势差。

将(24-2)式代入(24-1)式,两边取对数可得

$$U_F = U_{g(0)} - (\frac{k}{q}\ln\frac{C}{I_F})T - \frac{kT}{q}\ln T^\gamma = U_1 + U_{n1} \qquad (24-3)$$

其中
$$U_1 = U_{g(0)} - (\frac{k}{q}\ln\frac{C}{I_F})T$$

$$U_{n1} = -\frac{kT}{q}\ln T^\gamma$$

方程(24-3)就是 PN 结正向压降作为电流和温度函数的表达式,它是 PN 结温度传感器的基本方程。令 I_F = 常数,则正向压降只随温度而变化,但是在方程(24-3)中还包含非线性

项 U_{n1}。下面来分析一下 U_{n1} 项所引起的线性误差。

设温度由 T_1 变为 T 时，正向电压由 U_{F1} 变为 U_F，由(24－3)式可得

$$U_F = U_{g(0)} - (U_{g(0)} - U_{F1})\frac{T}{T_1} - \frac{kT}{q}\ln(\frac{T}{T_1})^\gamma \qquad (24-4)$$

按理想的线性温度响应，U_F 应取如下形式

$$U_{理想} = U_{F1} + \frac{\partial U_{F1}}{\partial T}(T - T_1) \qquad (24-5)$$

$\frac{\partial U_{F1}}{\partial T}$ 等于 T_1 温度时的 $\frac{\partial U_F}{\partial T}$ 值。

由(24－3)式可得

$$\frac{\partial U_{F1}}{\partial T} = -\frac{U_{g(0)} - U_{F1}}{T_1} - \frac{k}{q}\gamma \qquad (24-6)$$

所以

$$U_{理想} = U_{F1} + \left(-\frac{U_{g(0)} - U_{F1}}{T_1} - \frac{k}{q}\gamma\right)(T - T_1)$$

$$= U_{g(0)} - (U_{g(0)} - U_{F1})\frac{T}{T_1} - \frac{k}{q}(T - T_1)\gamma \qquad (24-7)$$

将理想线性温度响应(24－7)式和实际响应(24－4)式相比较，可得实际响应对线性的理论偏差为

$$\Delta = U_{理想} - U_F = -\frac{k}{q}(T - T_1)\gamma + \frac{kT}{q}\ln(\frac{T}{T_1})^\gamma \qquad (24-8)$$

设 $T_1 = 300$ K，$T = 310$ K，取 $\gamma = 3.4$，由(24－8)式可得 $\Delta = 0.048$ mV，而相应的 U_F 的改变量约 20 mV，相比之下误差甚小。不过当温度变化范围增大时，U_F 温度响应的非线性误差将有所递增，这主要是由于 γ 因子所致。

综上所述，在恒流供电条件下，PN 结的 U_F 对 T 的依赖关系取决于线性项 U_1，即正向压降几乎随温度升高而线性下降，这就是 PN 结测温的理论依据。必须指出，上述结论仅适用于杂质全部电离，本征激发可以忽略的温度区间(对于通常的硅二极管来说，温度范围约 $-50 \sim 150$ ℃)。如果温度低于或高于上述范围时，由于杂质电离因子减小或本征载流子迅速增加，U_F-T 关系将产生新的非线性，这一现象说明 U_F-T 的特性还随 PN 结的材料而异，对于宽带材料(如 GaAs，E_g 为 1.43 eV)的 PN 结，其高温端的线性区宽；而对材料杂质电离能小(如 Insb)的 PN 结，则低温端的线性范围宽。对于给定的 PN 结，即使在杂质导电和非本征激发温度范围内，其线性度亦随温度的高低而有所不同，这是非线性项 U_{n1} 引起的，由 U_{n1} 对 T 的二阶导数 $\frac{\mathrm{d}^2 U}{\mathrm{d}T^2} = \frac{1}{T}$ 可知，$\frac{\mathrm{d}U_{n1}}{\mathrm{d}T}$ 的变化与 T 成反比，所以 U_F-T 的线性度在高温端优于低温端，这是 PN 结温度传感器的普遍规律。

【实验内容和步骤】

1. 实验系统检查与连接

(1) 取下隔离圆筒的筒套(左手扶筒盖，右手扶筒套逆时针旋转)，检查待测 PN 结管和测温元件，应分放在铜座的左右两侧圆孔内，其管脚不与容器接触，然后装上筒套。组装好加热测试装置，注意安装牢靠，螺丝要拧紧。

(2) 温控电流开关置"关"位置(即逆时针旋转到底)，接上加热电源线和信号传输线，两者连接均为直插式。在连接和拆除信号线时，动作要轻，否则可能拉断引线而影响实验。加热装置

上共有两组连接线。侧向引出的一组线,共有两根芯线,与测试仪面板上通"11"两端子相连(可不计极性)。另一组从顶部引出,共有六根芯线,其中两根自成一组,是测温信号线,其黄线接"4"端子"+"端,白线接"4"端子"−"端。另四根芯线,红、棕色线接"7"、"8"端子的"+"端,蓝、绿色线接"7"、"8"端子"−"端。

2. 开机

打开机箱背后的电源开关,三组数显表即有指示,此时测试仪上将显示出室温 T_R,记录起始温度 T_R。

3. $U_F(T_R)$ 的测量和调零

将"测量选择"开关拨到 I_F,由"I_F 调节"使 $I_F = 50\ \mu A$,将 K 拨到 U_F,记 $U_F(T_R)$ 值,再将 K 置于 ΔU,由"ΔU 调零"使 $\Delta U = 0$。

4. 测定 $\Delta U\text{-}T$ 曲线

开启温控电流开关调至 0.7 A,1 ~ 2 min 后,即可显示出温度上升。记录对应的 ΔU 和 T,ΔU 每改变 10 mV 立即读取一组 ΔU、T。注意:当温度升高至 120℃ 时,则立即停止加热,即将温控电流旋至零。

5. 求被测 PN 结正向压降随温度变化的灵敏度 $S(\text{mV}/℃)$

以 T 为横坐标,ΔU 为纵坐标,作 $\Delta U\text{-}T$ 曲线,其斜率就是 S。

6. 估算被测 PN 结材料的禁带宽度

$$U_{g(0)} = U_{F(T_R)} - S \cdot \Delta T$$

$\Delta T = T_R + 273.2\ \text{K}$,即起始温度室温的开尔文温标读数。将实验所得的 $E_{g(0)} = eU_{g(0)}$ 与公认值 $E_{g(0)} = 1.21\ \text{eV}$ 相比较,求其误差。

7. 改变加热电流重复实验

改变加热电流重复上述步骤进行测量,并比较两组测量结果。

8. 改变工作电流重复实验

改变工作电流 $I_F = 100\ \mu A$,重复上述 1 ~ 6 步骤进行测量,并比较两组测量结果。

【注意事项】

1. 仪器的连接线较多,芯线也较细,所以要注意使用,不可用力过猛。

2. 除加热线没有极性区别,其余连接线都有极性区别,连接时注意不要接反。

3. 读数时应按 ΔU 每改变 10 mV 立即读取一组 ΔU、T,才能减小误差。

4. 加热装置温升不应超过 +120 ℃,长期过热使用,将造成接线老化,甚至脱焊,造成仪器故障。

5. 使用完毕后,一定要切断电源,以避免长时间加温过热造成安全事故。

【数据处理要求】

(1) 实验起始温度时各参数记录:

实验起始温度:$T_R = $ _____ ℃;

工作电流:$I_F = $ __50__ μA;

起始温度为 T_R 时的正向压降:$U_{F(T_R)} = $ _____ mV;

控温电流: __0.700__ A。

(2) $\Delta U\text{-}T$ 数据纪录表

$\Delta U/\text{mV}$	0	-10	-20	⋯
$T/\text{℃}$				

（3）以 T 为横坐标，ΔU 为纵坐标，作 $\Delta U\text{-}T$ 曲线。

（4）用图解法求出被测 PN 结正向压降随温度变化的灵敏度 $S(\text{mV/℃})$，并正确表示不确定度。

（5）计算被测 PN 结材料的禁带宽度。

【思考题】

1. 测 $U_{F(T_R)}$ 的目的何在？

2. 测 $\Delta U\text{-}T$ 为何按 ΔU 的变化读取 T，而不是按自变量 T 读取 ΔU？

3. 在测量 PN 结正向压降和温度的变化关系时，温度高时 $\Delta U\text{-}T$ 线性好，还是温度低时好？

4. 测量时，为什么温度必须在 $-50\sim150\ ℃$ 范围内？

实验 25　太阳能电池基本特性的测定

太阳能的利用和太阳能电池特性研究是 21 世纪新型能源开发的重点课题。目前硅太阳能电池应用领域除人造卫星和宇宙飞船外,已应用于许多民用领域,如太阳能汽车、太阳能游艇、太阳能收音机、太阳能计算机、太阳能乡村电站等。太阳能是一种清洁、"绿色"能源,因此,世界各国十分重视对太阳能电池的研究和利用。本实验的目的主要是探讨太阳能电池的基本特性。

【实验目的】

1. 了解太阳能电池的工作原理及其应用;
2. 测量太阳能电池的伏安特性曲线;
3. 测量并计算太阳能电池的光电性质参数;
4. 学会用计算机做实验数据的最小二乘法线性拟合。

【实验仪器】

FD-OE-4 型太阳能电池基本特性测定仪、数字电压表 1 只、数字电流表 1 只、直流电源 1 个、电阻箱 1 个、光功率计 1 个、导线若干

【实验原理】

1. 太阳能电池的结构

以晶体硅太阳能电池为例,其结构示意图如图 25-1 所示。晶体硅太阳能电池是通过由硅半导体材料制成的大面积 PN 结进行工作的。一般采用 N^+/P 同质结的结构,即在约 10 cm × 10 cm 面积的 P 型硅片(厚度约 500 μm)上用扩散法制作出一层很薄的经过重掺杂的 N 型层。然后在 N 型层上面制作金属线,作为正面接触电极。在整个硅片背面沉积一层金属膜,作为背面欧姆接触电极。这样就形成了晶体硅太阳能电池。为了减少入射光的反射损失,一般在整个表面上再覆盖一层减反射膜。

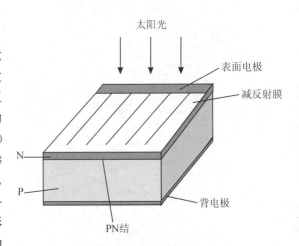

图 25-1　晶体硅太阳能电池的结构示意图

太阳能电池在没有光照时其特性可视为一个二极管,在没有光照时其正向偏压 U 与通过电流 I 的关系式为

$$I = I_0 \left[\exp\left(\frac{qU}{nk_BT}\right) - 1 \right] \tag{25-1}$$

式中,I_0 为二极管的反向饱和电流,n 称为理想系数,是表示 PN 结特性的参数,一般在 1～2 之间,q 为电子电荷,k_B 为玻耳兹曼常数,T 为温度。可令

$$\beta = \frac{q}{nk_B T}$$

则对于给定的太阳能电池，I_0 和 β 是常数。

2. 光伏效应

当光照射在距太阳能电池表面很近的 PN 结时，只要入射光子的能量大于硅半导体材料的禁带宽度 E_g，则在 P 区、N 区和结区内光子被吸收产生电子 — 空穴对。在 PN 结附近产生的光生载流子由于存在浓度梯度而产生扩散，只要少数载流子离 PN 结的距离小于它的扩散长度，总有一定几率扩散到结界面处。在 P 区与 N 区交界面的两侧结区存在一空间电荷区，即耗尽层。在耗尽层内，正负电荷间形成一电场，电场方向由 N 区指向 P 区，这个电场称为内建电场。这些扩散到结界面处的少数载流子在内建电场的作用下被拉向结区。结区内产生的电子 — 空穴对在内建电场作用下分别移向 N 区和 P 区。如果外电路处于开路状态，那么这些光生电子和空穴积累在 PN 结附近，使 P 区获得附加正电荷，N 区获得附加负电荷，这样在 PN 结上产生一个光生电动势。这一现象称为光伏效应（Photovoltaic Effect，缩写为 PV）。

3. 太阳能电池的表征参数

太阳能电池的工作原理基于光伏效应。当光照射太阳能电池时，将产生一个由 N 区到 P 区的光生电流 I_{ph}。同时，由于 PN 结二极管的特性，存在正向二极管电流 I_D，此电流方向从 P 区指向 N 区，与光生电流相反。因此，实际获得的电流 I 为

$$I = I_{ph} - I_D = I_{ph} - I_0\left[\exp(\beta U_D) - 1\right] \tag{25-2}$$

式中 U_D 为结电压，I_{ph} 为与入射光的强度成正比的光生电流，其比例系数由太阳能电池的结构和半导体材料的性质决定。

如果忽略太阳能电池的串联电阻 R_s，U_D 即为太阳能电池的端电压 U，则（25 - 2）式可改写为

$$I = I_{ph} - I_0\left[\exp(\beta U) - 1\right] \tag{25-3}$$

当太阳能电池的输出端短路时，$U = 0（U_D \approx 0）$，由（25 - 3）式可得到短路电流

$$I_{sc} = I_{ph}$$

即太阳能电池的短路电流等于光生电流，与入射光的强度成正比。当太阳能电池的输出端开路时，$I = 0$，由（25 - 2）、（25 - 3）式可得到开路电压

$$U_{oc} = \frac{1}{\beta}\ln\left(\frac{I_{sc}}{I_0} + 1\right)$$

当太阳能电池接上负载 R 时，所得的负载伏安特性曲线如图 25-2 所示。负载 R 可以从零到无穷大。当负载 R_m 使太阳能电池的输出功率最大时，它所对应的最大功率 P_m 为

$$P_m = I_m U_m$$

式中 I_m 和 U_m 分别为最佳工作电流和最佳工作电压。将 U_{oc} 与 I_{sc} 的乘积与最大功率 P_m 之比定义为填充因子 FF，则

$$FF = \frac{P_m}{U_{oc}I_{sc}} = \frac{U_m I_m}{U_{oc}I_{sc}}$$

FF 为太阳能电池的重要表征参数，FF 越大则

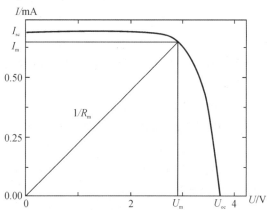

图 25-2　太阳能电池的伏安特性曲线

太阳能电池的输出功率越高。FF 取决于入射光强度、材料的禁带宽度、理想系数、串联电阻和并联电阻等。

太阳能电池的转换效率 η 定义为太阳能电池的最大输出功率与照射到太阳能电池的总辐射能 P_{in} 之比,即

$$\eta = \frac{P_m}{P_{in}} \times 100\%$$

4. 太阳能电池的等效电路

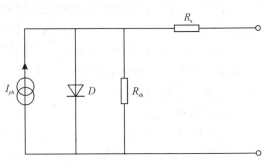

太阳能电池可用 PN 结二极管 D、恒流源 I_{ph}、太阳能电池的电极等引起的串联电阻 R_s 和相当于 PN 结漏电流的并联电阻 R_{sh} 组成的电路来表示,如图 25-3 所示,该电路为太阳能电池的等效电路。由等效电路图可以得出太阳能电池两端的电流和电压的关系为

图 25-3　太阳能电池的等效电路

$$I = I_{ph} - I_0 \left[\exp\left\{ \frac{1}{\beta}(U + R_s I) \right\} - 1 \right] - \frac{U + R_s I}{R_{sh}}$$

为了使太阳能电池的输出功率更大,必须尽量减小串联电阻 R_s,增大并联电阻 R_{sh}。

【实验内容和步骤】

实验装置如图 25-4 所示。

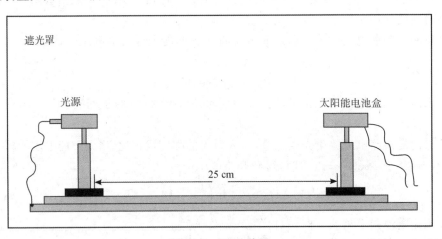

图 25-4　实验装置

(1) 在没有光源(全黑)的条件下,测量太阳能电池正向偏压时的 I-U 特性(直流偏压 $0 \sim 3.0$ V)。

① 画出测量线路图。

② 连接线路,取电阻箱阻值 $R = 1000\ \Omega$。

③ 直流偏压在 $0 \sim 3.0$ V 内变化,每 0.2 V 记录一次 U 和 I 值。

(2) 在不加偏压时,用白色光源照射,测量太阳能电池伏安特性。注意此时光源到太阳能电池的距离保持为 25 cm。

① 画出测量线路图并连接线路。

② 改变负载电阻值,记录负载电阻 R、太阳能电池输出电流 I、太阳能电池输出电压 U 的

数值。(负载电阻在 0 ~ 10 kΩ 范围内,每增加 0.5 kΩ 记录一次数据;负载电阻在 10 ~ 30 kΩ 范围内,每增加 5 kΩ 记录一次数据;负载电阻在 30 ~ 100 kΩ 范围内,每增加 10 kΩ 记录一次数据。)

(3)测量太阳能电池的光照效应与光电性质。

在暗箱中(用遮光罩挡光),取离白光源 25 cm 水平距离光强作为标准光照强度,用光功率计测量该处的光照强度 J_0;改变太阳能电池到光源的距离 x,用光功率计测量 x 处的光照强度 J,求光强 J 与位置 x 的关系。测量太阳能电池接收到的相对光强度 $\frac{J}{J_0}$ 分别为 0.05,0.1,0.15, 0.2,0.3,0.4,0.5,0.6,0.7,0.8,0.9,1 时,相应的 I_{sc} 和 U_{oc} 的值。

【注意事项】

1. 白光源的温度较高,应避免与灯罩接触。

2. 测试太阳能电池全暗情况下的伏安特性时应罩上遮板及遮罩,以避免外部光线的干扰。

3. 测试太阳能电池的效应时应取下遮板,罩上遮光罩,以避免外部光线干扰,尽量使太阳能电池只接收白光源的光线。

4. 测试太阳能电池在光照情况下的伏安特性的整个过程中,应注意保持太阳能电池与白光源位置不动,即保持太阳能电池接收到的白光源的光强固定。

【数据处理要求】

1. 在全暗的情况下,测量太阳能电池正向偏压下流过太阳能电池的电流 I 和太阳能电池的输出电压 U。

(1)测量数据填入表 25-1,$R = 1000\ \Omega$。

表 25-1　全暗情况下太阳能电池在外加偏压时伏安特性

次数	1	2	3	4	5	6	7	8	9	10	11	12	13	14	15
U/V															
$I/\mu A$															

(2)用 Origin 软件绘制 I-U 曲线。

(3)用 Origin 软件绘制 $\ln I$-U 曲线并进行线性拟合。由 $\frac{I}{I_0} = e^{\beta U} - 1$ 可知,当 U 较大时,$e^{\beta U} \gg 1$,即 $\ln I = \beta U + \ln I_0$,$\ln I$ 与 U 呈线性关系。取记录数据的最后六点数据,拟合求出 β 和 I_0,并记下拟合的相关系数 r。

2. 在不加偏压而使用遮光罩的条件下,保持白光源到太阳能电池的距离为 25 cm,测量太阳能电池的输出电流 I 对太阳能电池的输出电压 U 的关系,及输出功率 $P = I \times U$ 与负载电阻 R 的关系。

(1)测量数据填入表 25-2 中。

表 25-2   光照情况下太阳能电池的伏安特性

次数	1	2	3	4	5	6	7	8	9	10	···	48	49
$R/\text{k}\Omega$	0											100	∞
U/V													
I/mA													
P/mW													

（2）用 Origin 软件绘制出 $I\text{-}U$ 曲线。

（3）由 $I\text{-}U$ 曲线求出短路电流 I_{sc} 和开路电压 U_{oc}。

（4）用 Origin 软件绘制 $P\text{-}R$ 曲线，求最大输出功率 P_m 及最大输出功率时的负载电阻 R。

（5）计算填充因子 $FF = \dfrac{P_m}{U_{oc} I_{sc}}$。

3. 测量太阳能电池 I_{sc} 和 U_{oc} 与相对光强 $\dfrac{J}{J_0}$ 的关系。

（1）测量数据填入表 25-3 中。

表 25-3   同光照强度下,太阳能电池的短路电流和开路电压

次数	1	2	3	4	5	6	7	8	9	10	11	12
J/J_0	0.05	0.1	0.15	0.2	0.3	0.4	0.5	0.6	0.7	0.8	0.9	1.0
I_{sc}/mA												
U_{oc}/V												

（2）用 Origin 软件绘制 $I_{sc}\text{-}\dfrac{J}{J_0}$ 曲线,利用最小二乘法拟合,在 Origin 软件里线性拟合求出 I_{sc} 与相对光强 $\dfrac{J}{J_0}$ 之间的近似关系函数,并记录拟合相关系数。

*（3）用 Origin 软件绘制 $U_{oc}\text{-}\dfrac{J}{J_0}$ 曲线,利用最小二乘法拟合,在 Origin 软件里线性拟合求出 U_{oc} 与相对光强度 $\dfrac{J}{J_0}$ 之间的近似函数关系,并记录拟合相关系数。注:U_{oc} 与相对光强度 $\dfrac{J}{J_0}$ 之间近似函数关系为

$$U_{oc} = \beta\ln\left(\dfrac{J}{J_0}\right) + C$$

【思考题】

1. 太阳能电池的减反射膜厚度如何取值?

2. 在测试太阳能电池在光照情况下的伏安特性时,会发现电流表的最后两位读数不稳定,为什么?

实验 26　光电效应测定普朗克常数

当光照射在物体上时,光的能量只有部分以热的形式被物体所吸收,而另一部分则转换为物体中某些电子的能量,使这些电子逸出物体表面,这种现象称为光电效应。在光电效应这一现象中,光显示出它的粒子性,所以深入观察光电效应现象,对认识光的本性具有极其重要的意义。

普朗克常数 h 是 1900 年普朗克为了解决黑体辐射能量分布时提出的"能量子"假设中的一个普适常数,是基本作用量子,也是粗略地判断一个物理体系是否需要用量子力学来描述的依据。

1905 年爱因斯坦为了解释光电效应现象,提出了"光量子"假设,即频率为 ν 的光子其能量为 $h\nu$。当电子吸收了光子能量 $h\nu$ 之后,一部分消耗于电子的逸出功 W,另一部分转换为电子的动能 $\frac{1}{2}mv^2$,即

$$\frac{1}{2}mv^2 = h\nu - W \tag{26-1}$$

上式称为爱因斯坦光电效应方程。1916 年密立根首次用油滴实验证实了爱因斯坦光电效应方程,并在当时的条件下,较为精确地测得普朗克常数 $h = 6.57 \times 10^{-34}$ 焦尔·秒,其不确定度大约为 0.5%。这一数据与现在的公认值比较,相对误差也只有 0.9%。为此,1923 年密立根因这项工作而荣获诺贝尔物理学奖。

目前利用光电效应制成的光电器件和光电管、光电池、光电倍增管等已成为生产和科研中不可缺少的重要器件。

【实验目的】

1. 了解光电效应的基本规律,验证爱因斯坦光电效应方程;
2. 掌握用光电效应法测定普朗克常数 h。

【实验仪器】

ZKY-GD-4 智能光电效应实验仪。

仪器由汞灯及电源、滤色片、光阑、光电管、智能测试仪构成,仪器结构如图 26-1 所示,测试仪的调节面板如图 26-2 所示。测试仪有手动和自动两种工作模式,具有数据自动采集、存储、实时显示采集数据、动态显示采集曲线(连接示波器,可同时显示 5 个存储区中存储的曲线),及采集完成后查询数据的功能。

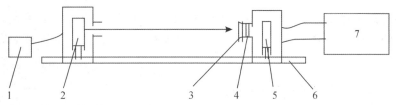

1. 汞灯电源;2. 汞灯;3. 滤色片;4. 光阑;5. 光电管;6. 基座;7. 测试仪

图 26-1　仪器结构示意图

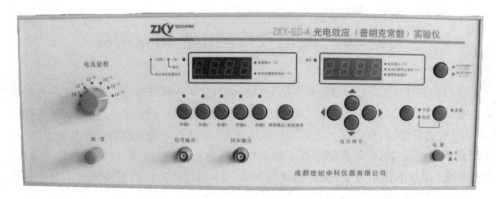

图 26-2　　仪器面板

【实验原理】

光电效应的实验示意图如图 26-3 所示,图中 GD 是光电管,K 是光电管阴极,A 为光电管阳极,G 为微电流计,V 为电压表,E 为电源,R 为滑线变阻器,调节 R 可以得到实验所需要的加速电位差 U_{AK}。光电管的 A、K 之间可获得从 $-U$ 到 0 再到 $+U$ 连续变化的电压。实验时用的单色光是从低压汞灯光谱中用干涉滤色片过滤得到的,其波长分别为 365 nm、405 nm、436 nm、546 nm、577 nm。无光照阴极时,由于阳极和阴极是断路的,所以 G 中无电流通过。用光照射阴极时,由于阴极释放出电子而形成阴极光电流(简称阴极电流)。加速电位差 U_{AK} 越大,阴极电流就越

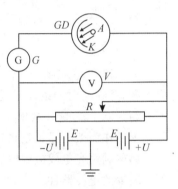

图 26-3　　光电效应实验示意图

大,当 U_{AK} 增加到一定数值后,阴极电流不再增大而达到某一饱和值 I_M,I_M 的大小和照射光的强度成正比(如图 26-4 所示)。加速电位差 U_{AK} 变为负值时,阴极电流会迅速减少,当加速电位差 U_{AK} 负到一定数值时,阴极电流变为 0,与此对应的电位差称为截止电位差。这一电位差用 U_0 来表示。$|U_0|$ 的大小与光的强度无关,而是随着照射光的频率的增大而增大(如图 26-6 所示)。

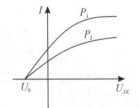

图 26-4　同一频率,不同光强时光电管的伏安特性曲线

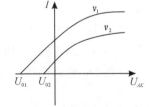

图 26-5　不同频率时光电管的伏安特性曲线

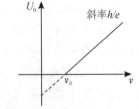

图 26-6　截止电压 U 与入射光频率的关系

(1)饱和电流的大小与光的强度成正比。

(2)光电子从阴极逸出时具有初动能,其最大值等于它反抗电场力所做的功,即

$$\frac{1}{2}mv^2 = e \times U_0 \tag{26-2}$$

因为 $U_0 \propto \nu$，所示初动能大小与光的强度无关，只是随着频率的增大而增大。$U_0 \propto \nu$ 的关系可用爱因斯坦方程表示如下

$$U_0 = \frac{h}{e}\nu - \frac{W}{e} \tag{26-3}$$

此式表明截止电压 U_0 是频率 ν 的线性函数，直线斜率 $k = h/e$，实验时用不同频率的单色光（$\nu_1, \nu_2, \nu_3, \nu_4, \cdots$）照射阴极，测出相对应的截止电位差（$U_{01}, U_{02}, U_{03}, U_{04}, \cdots$），然后作出 U_0-ν 图，由此图的斜率即可以求出 h。

（3）如果光子的能量 $h\nu \leqslant W$ 时，无论用多强的光照射，都不可能逸出光电子。与此相对应的光的频率则称为阴极的红限，且用 ν_0（$\nu_0 \leqslant W/h$）来表示。实验时可以从 U_0-ν 图的截距求得阴极的红限和逸出功。

截止电位差的确定：如果使用的光电管对可见光都比较灵敏，而暗电流也很小，由于阳极包围着阴极，即使加速电位差为负值时，阴极发射的光电子仍能大部分射到阳极。而阳极材料的逸出功又很高，可见光照射时是不会发射光电子的，其电流特性曲线如图 26-7 所示。图中电流为零时的电位就是截止电位差 U_0。

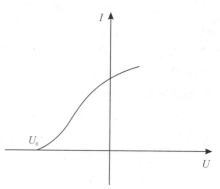

图 26-7 伏安特性曲线

* 然而，光电管在制造过程中，工艺上很难保证阳极不被阴极材料所污染（这里污染的含义是：阴极表面的低逸出功材料溅射到阳极上），而且这种污染还会在光电管的使用过程中日趋加重。被污染后的阳极逸出功降低，当从阴极反射过来的散射光照到它时，便会发射出光电子而形成阳极光电流。实验中测得的电流特性曲线，是阳极光电流和阴极光电流叠加的结果。

由于阳极的污染，实验时出现了反向电流。特性曲线与横轴交点的电流虽然等于 0，但阴极光电流并不等于 0，交点的电位差 U_0' 也不等于截止电位差 U_0。两者之差由阴极电流上升的快慢和阳极电流的大小决定。阴极电流上升越快，阳极电流越小，U_0' 与 U_0 之差也越小。从实际测量的电流曲线上看，正向电流上升越快，反向电流越小，则 U_0' 与 U_0 之差也越小。

由图 26-8 可以看到，由于电极结构等种种原因，实际上阳极电流往往饱和缓慢，在加速电位差负到 U_0 时，阳极电流仍未达到饱和，所以反向电流刚开始饱和的拐点电位差 U_0'' 也不等于截止电位差 U_0。两者之差视阳极电流的饱和快慢而异。阳极电流饱和得越快，两者之差越小。若在负电压增至 U_0 之前阳极电流已经饱和，则拐点电位差就是截止电位差 U_0。

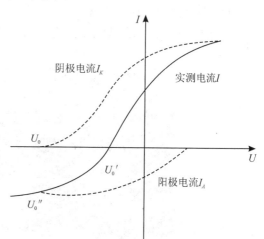

图 26-8 伏安特性曲线

总而言之，对于不同的光电管应该根据其电流特性曲线的不同采用不同的方法来确定其

截止电位差。假如光电流特性的正向电流上升得很快,反向电流很小,则可以用光电流特性曲线与暗电流特性曲线交点的电位差 U'_0 近似地当作截止电位差 U_0(交点法)。若反向特性曲线的反向电流虽然较大,但其饱和速度很快,则可用反向电流开始饱和时的拐点电位差 U''_0 当作截止电位差 U_0(拐点法)。

【实验内容及步骤】

1. 测试前准备

(1) 将实验仪及汞灯电源接通(汞灯及光电管暗箱遮光盖盖上),预热 20 min。

(2) 调整光电管与汞灯距离约为 40 cm 并保持不变。

(3) 用专用连接线将光电管暗箱电压输入端与测试仪电压输出端(后面板上)连接起来(红 — 红,蓝 — 蓝)。

(4) 将"电流量程"选择开关置于 10^{-13} 挡,进行测试前调零。测试仪在开机或改变电流量程后,都会自动进入调零状态。调零时应将光电管暗箱电流输出端 K 与测试仪微电流输入端(后面板上)断开,旋转"调零"旋钮使电流指示为"000.0"。调节好后,按"调零确认/系统清零"键,用高频匹配电缆将电流输入连接起来,系统进入测试状态。

2. 测普朗克常数 h

在测量各谱线的截止电压 U_0 时,可采用零电流法(即交点法),即直接将各谱线照射下测得的电流为零时对应的电压 U_{AK} 的绝对值作为截止电压 U_0。此法的前提是阳极反向电流、暗电流和本底电流都很小,用零电流法测得的截止电压与真实值相差较小,且各谱线的截止电压相差 ΔU 对 U_0-ν 曲线的斜率无大的影响,因此对 h 的测量不会产生大的影响。

测量截止电压:

(1) 将直径 4 mm 的光阑及 365.0 nm 的滤色片装在光电管暗箱光输入口上,打开汞灯遮光盖。

(2) 打开光电效应实验软件,点击"数据通讯"菜单,选择"开始新实验"项,在对话框里面输入自己的班级、学号、姓名等,然后单击"开始"(图 26-9),进入实验参数设置窗口(图 26-10)。

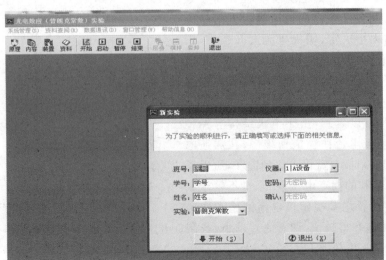

图 26-9　光电效应实验软件界面

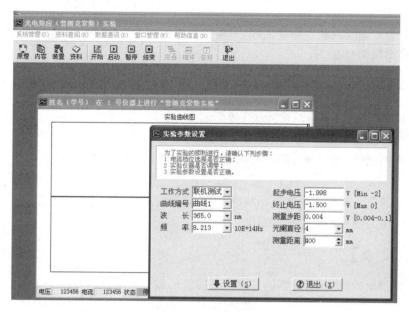

图 26-10　实验参数设置

（3）输入实验参数,选择工作方式、曲线编号、相应的波长、起步电压、终止电压和测量步距等,然后单击"设置"进入数据采集状态(图 26-11),系统提示"是否启动实验",选择"是"进行数据采集。

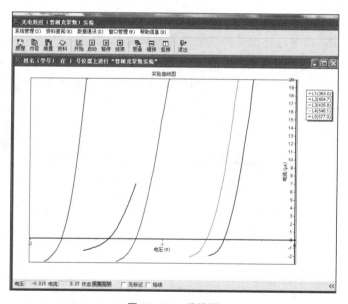

图 26-11　谱线图

（4）采集数据直到数据采集完毕。

（5）依次换上 404.7 nm、435.8 nm、546.1 nm、577.0 nm 的滤色片,单击菜单"启动",重复(3)、(4)至整个实验结束。

对各条谱线,我们建议扫描范围大致设置为: 365 nm, − 1.998 ∼− 1.50 V;405 nm, − 1.60 ∼− 1.10 V;436 nm , − 1.35 ∼− 0.95 V; 546 nm, − 0.80 ∼− 0.40 V;577 nm,

$-0.65 \sim -0.25$ V。

若同时想看 5 条反向伏安特性曲线,可将扫描电压范围设置得宽一些,也可根据需要随时中途结束该条谱线的测试。

【注意事项】

1. 开机调零时须将"微电流输入线"拔下。

2. 汞灯打开需要预热 20 分钟,实验过程中不能关闭;不要触摸灯罩,以免烫手。

3. 每一次换滤色片的时候,都要先把汞灯遮盖,不能使光直接照射到光电管上,以免损伤光电管。

4. 每一个滤色片对应一个波长和频率,实验过程注意一对一地修改参数。

5. 完成一条曲线后要记得保存图像。

【数据处理要求】

1. 据实验得出的曲线图,分别测量出 5 条曲线的截止电压,填入表 26-1 中。

表 26-1　$U_0\text{-}\nu$ 关系

波长 λ_i/nm	365.0	404.7	435.8	546.1	577.0
频率 $\nu_i/10^{14}$ Hz	8.214	7.408	6.879	5.490	5.196
截止电压 U_{0i}/V					

2. 选择菜单上的"数据通讯 — 手工实验数据计算",弹出数据计算窗口,依次输入截止电压值,然后单击"计算"即可计算出普朗克常数和相对误差(图 26-12)。

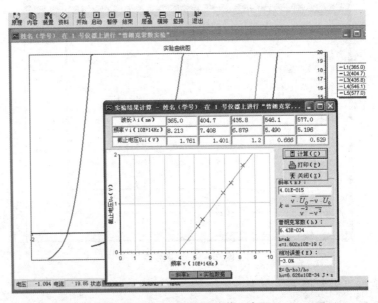

图 26-12　五条曲线的截止电压

由表 26-1 的实验数据,作出 $U_0\text{-}\nu$ 图,求出直线的斜率 k,即可用 $h = ek$ 求出普朗克常数,并与 h 的公认值 h_0 比较,求出相对误差 $E = (h - h_0)/h_0$,式中 $e = 1.602 \times 10^{-19}$ C,$h_0 = 6.626 \times 10^{-34}$ J·s。

3. 单击菜单上的"数据通讯 — 打印结果"，系统弹出打印预览窗口（如图 26-13），单击"打印"按钮即可打印实验报告。

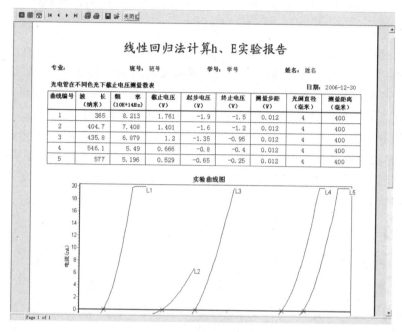

图 26-13　实验报告范例

4. 用最小二乘法求出普朗克常数 h 的不确定度及其相对不确定度。

【思考题】

1. 光电管一般都用逸出功小的金属作阴极，用逸出功大的金属作阳极，为什么？
2. 谈谈普朗克常数和光电效应在物理学发展史上的重要性。
3. 简述本实验如何通过光电效应方程测量普朗克常数。

实验 27　　验证多普勒效应并测试声速

多普勒效应在科学研究、工程技术、交通管理、医疗诊断等各方面都有十分广泛的应用。例如,原子、分子和离子由于热运动使其发射和吸收的光谱线变宽,称为多普勒增宽,在天体物理和受控热核聚变实验装置中,光谱线的多普勒增宽已成为一种分析恒星大气及等离子体物理状态的重要测量和诊断手段。基于多普勒效应原理的雷达系统已广泛应用于导弹、卫星、车辆等运动目标速度的监测。在医学上利用超声波的多普勒效应来检查人体内脏的活动情况、血液的流速等。电磁波(光波)与声波(超声波)的多普勒效应原理是一致的。本实验既可研究超声波的多普勒效应,又可利用多普勒效应将超声探头作为运动传感器来研究物体的运动状态。

【实验目的】

1. 测量超声接收器运动速度与接收频率之间的关系,验证多普勒效应;
2. 利用多普勒效应综合实验仪测试声速。

【实验仪器】

多普勒效应综合实验仪

【仪器介绍】

整套仪器由实验仪、超声发射/接收器、导轨、运动小车、支架、光电门、电磁铁、弹簧、滑轮、砝码等组成。实验仪内置微处理器,带有液晶显示屏。图 27-1 为实验仪的面板图。

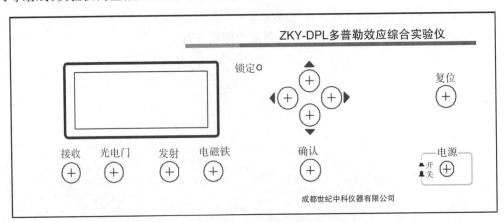

图 27-1　实验仪面板

实验仪采用菜单式操作,显示屏显示菜单及操作提示,由"▲▼◀▶"键选择菜单或修改参数,按"确认"键后仪器执行。可在"查询"页面查询到在实验时已保存的实验数据。

仪器安装如图 27-2 所示。所有需固定的附件均安装在导轨上,并在两侧的安装槽上固定。调节超声发射器的高度,使其与超声接收器(已固定在小车上)在同一个平面上,将组件电缆接入实验仪的对应接口。

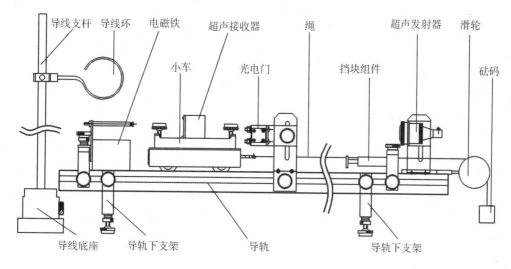

图 27-2　多普勒效应验证实验安装示意图

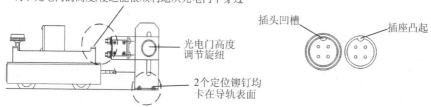

图 27-3　光电门的安装及高度调节示意图　图 27-4　插头与插座连接示意图

注意：

(1) 导线环用于放置小车电缆等有可能对运动物体产生阻力的导线；

(2) 安装时不可挤压连接电缆，以免导线折断；

(3) 小车不使用时应立放，避免小车滚轮沾上污物，影响实验进行。

【实验原理】

多普勒效应：当波源和接收器之间有相对运动时，接收器接收到的波的频率与波源发出的频率不同的现象称为多普勒效应。多普勒效应适用于声波，也适用于所有类型的波，包括光波、电磁波等。

根据声波的多普勒效应公式，当声源与接收器之间有相对运动时，接收器接收到的频率 f 为

$$f = \frac{f_0(u + v_1\cos\alpha_1)}{(u - v_2\cos\alpha_2)} \tag{27-1}$$

式中 f_0 为声源发射频率，u 为声速，v_1 为接收器运动速率，α_1 为声源和接收器连线与接收器运动方向之间的夹角，v_2 为声源运动速率，α_2 为声源和接收器连线与声源运动方向之间的夹角。

若声源保持不动，运动物体上的接收器沿声源与接收器连线方向以速度 v 运动，则从(27-1)式可得接收器接收到的频率为

$$f = f_0(1 + \frac{v}{u}) \tag{27-2}$$

当接收器向着声源运动时,v 取正,反之取负。

若 f_0 保持不变,以光电门测量物体的运动速度,并由仪器对接收器接收到的频率自动计数,根据(27－2)式,作 f-v 关系图可直观验证多普勒效应,且由实验点作直线,其斜率应为 $k = \dfrac{f_0}{u}$,由此可计算出声速 $u = \dfrac{f_0}{k}$。

由(27－2)式可解出

$$v = u(\frac{f}{f_0} - 1) \tag{27－3}$$

若已知声速 u 及声源频率 f_0,通过设置使仪器以某种时间间隔对接收器接收到的频率 f 采样计数,由微处理器按(27－3)式计算出接收器的运动速度,由显示屏显示 v-t 关系图,或调阅有关测量数据,即可得出物体在运动过程中的速度变化情况,进而对物体运动状况及规律进行研究。

【实验内容与步骤】

1. 仪器安装

(1) 按照图 27-2 装置安装好仪器。

(2) 调节水平超声传感发生器的高度,使其与超声接收器(已固定在小车上)在同一个平面上。

(3) 再调整红外接收传感器高度和方向,使其与红外发射器(已固定在小车上)在同一轴线上。

(4) 将组件电缆接入实验仪的对应接口上。

(5) 安装完毕后,让电磁铁吸住小车,给小车上的传感器充电,第一次充电时间约 6～8 s,充满后(仪器面板充电灯变绿色)可以持续使用 4～5 min。在充电时要注意,必须让小车上的充电板和电磁铁上的充电针接触良好。

2. 测量准备

(1) 实验仪开机后,首先要求输入室温。因为计算物体运动速度时要代入声速,而声速是温度的函数。利用"◀ ▶"将室温 T 值调到实际值,按"确认"键。

(2) 第二个界面要求对超声发生器的驱动频率进行调谐。在超声应用中,需要将发生器与接收器的频率匹配,并将驱动频率调到谐振频率 f_0,这样接收器获得的信号幅度才最强,才能有效地发射与接收超声波。一般 f_0 在 40 kHz 左右。

(3) 电流调至最大值后,按"确认"键。本仪器所有操作,均要按"确认"键后,数据才被写入仪器。

3. 开始测试

(1) 在液晶显示屏上,选中"多普勒效应验证实验",并按"确认"键。

(2) 利用"▶"键修改测试总次数(选择范围 5～10,一般选 5 次),按"▼",选中"开始测试"。

(3) 准备好后,按"确认"键,电磁铁释放,测试开始进行,仪器自动记录小车通过光电门时的平均运动速度及与之对应的平均接收频率。

改变小车的运动速度,可用以下两种方式:

① 砝码牵引:利用砝码的不同组合实现;

② 用手推动：沿水平方向对小车施以变力，使其通过光电门。

为便于操作，一般由小到大改变小车的运动速度。

（4）每一次测试完成，都有"存入"或"重测"的提示，可根据实际情况选择，"确认"后回到测试状态，并显示测试总次数及已完成的测试次数。

（5）改变砝码质量（砝码牵引方式），并退回小车让磁铁吸住，按"开始"，进行第二次测试。

（6）完成设定的测量次数后，仪器自动存储数据，并显示 f-v 关系图及测量数据。

【注意事项】

1. 须待磁铁吸住小车后，再开始调谐。此时超声发生器和接收器的距离最远，保证其在最大距离下的信号强度。

2. 调谐及实验进行时，须保证超声发生器和接收器之间无任何阻挡物。

3. 为保证使用安全，三芯电源线须可靠接地。

4. 小车速度不可太快，以防小车脱轨跌落损坏。

【数据处理要求】

由 f-v 关系图可看出，若测量点成直线，符合（27-2）式描述的规律，即直观验证了多普勒效应。用"▶"键选中"数据"，"▼"键翻阅数据并记入表 27-1 中，用作图法或线性回归法计算 f-v 关系直线的斜率 k。下式为线性回归法计算 k 值的公式，其中测量次数 $i = 5 \sim n, n \leqslant 10$。

$$k = \frac{\overline{v_i \times f_i} - \overline{v_i} \times \overline{f_i}}{\overline{v_i^2} - \overline{v_i}^2} \tag{27-4}$$

由 k 计算声速 $u = \dfrac{f_0}{k}$，并与声速的理论值比较，声速理论值由 $u_0 = 331(1 + \dfrac{t}{273})^{\frac{1}{2}}$（m/s）计算，$t$ 表示室温。测量数据的记录是仪器自动进行的。在测量完成后，只需在出现的显示界面上，用"▶"键选中"数据"，"▼"键翻阅数据并记入表 27-1 中，然后按照上述公式计算出相关结果并填入表格。

表 27-1 普勒效应的验证与声速的测量

$f_0 =$

测量数据				直线斜率 $k/(1/m)$	声速测量值 $u = f_0/k/(m/s)$	声速理论值 $u_0/(m/s)$	百分误差 $(u-u_0)/u_0$
次数 i	1	2	⋯	6				
$v_i/(m/s)$								
f_i/Hz								

【思考题】

如何利用多普勒效应综合实验仪进行其他实验，如研究匀变速直线运动，验证牛顿第二定律，研究自由落体运动，求自由落体加速度，研究简谐振动等？需要哪些配件，如何安装？

实验 28　DataStudio 软件的使用

DataStudio 是用来获取、显示及分析数据的软件。DataStudio 与 Pasco 接口和传感器一起配合使用来采集和分析数据。DataStudio 可用于建立和完成物理、化学实验。

DataStudio 在实验过程中采集和显示数据的操作比较简单，只需将传感器插入接口并配置软件即可。DataStudio 有许多监测数据的方式，包括数字表、仪表、图表、示波器。

一、启动 DataStudio 软件

双击计算机桌面上的 DataStudio 图标，启动 DataStudio 软件。

在 DataStudio 开启时（或者点击"文件 → 新建活动"时），计算机上会出现"欢迎使用 DataStudio"窗口（如图 28-1 所示）导引屏幕，其中有四个选项：

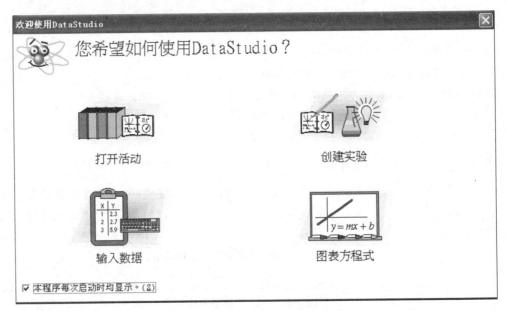

图 28-1　欢迎使用 DataStudio 窗口

创建实验：使用这个选项来创建新的实验。

打开活动：使用这个选项来开启现有活动。

输入数据：在表格中手动输入数据（如用于画曲线图等）。

图表方程式：输入数学表达式（例如 $y = x^2$）

二、软件界面简介

软件界面如图 28-2 所示。

1. 菜单栏

包含文件菜单、实验菜单。

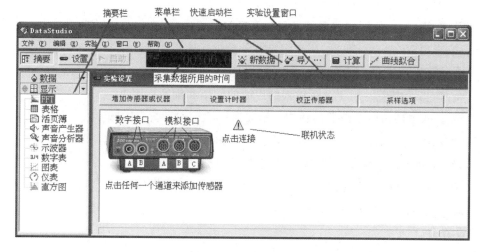

图 28-2　软件界面

（1）文件菜单

其中的选项有：

① 新建活动：弹出欢迎使用 DataStudio 窗口（如图 28-1）；

② 打开活动：打开已保存过的实验；

③ 保存活动：保存当前实验。

（2）实验菜单

其中的选项有：

① 开始数据：开始采集数据；

② 停止数据：停止采集数据；

③ 删除最后一个数据过程：删除最后一组采集到的数据；

④ 删除全部数据过程：删除采集到的全部数据；

⑤ 更改接口：选择其他 Pasco 接口；

⑥ 连接至接口：启动 Pasco 接口与计算机的通讯。

2. 快速启动栏

其中包含：

（1）摘要：打开或关闭摘要栏；

（2）设置：打开实验设置窗口；

（3）启动：开始采集数据；

（4）新数据：手动输入实验数据；

（5）导入：从数据文件中导入数据；

（6）计算：进行 Y 和 X 之间的关系运算；

（7）曲线拟合：选择不同的拟合方式来逼近曲线。

3. 摘要栏

其中包含：

（1）数据：记录实验采集数据的过程、Y 和 X 之间的关系运算、曲线拟合等。

（2）显示：显示各种数据显示方式（双击以下图标后选择数据源，即可以该方式显示数据）。

① ⱶⱶⱶ FFT：用快速傅里叶变换显示数据；

② ▦ 表格：把采集到的数据值显示在表格中；

③ 🖺 活页簿：新建活页簿，用来记录各种数据形式；

④ 🔊 声音产生器：用于产生一个频率和幅度可调的声波；

⑤ ⚹ 声音分析器：用于分析输入的声波的频率和幅度；

⑥ ⊕ 示波器：仿照示波器的功能显示波形；

⑦ 3ⱶⱶ 数字表：以数字的形式实时显示单个采集到的数据；

⑧ 🗠 图表：用作图的方式记录所采集到的数据；

⑨ 🕐 仪表：以指针型的仪器，通过指针的偏转来指示当前采集的数据；

⑩ ▥ 直方图：以直方图的形式显示数据。

4. 实验设置窗口

其中包含：

（1）增加传感器：用于向 Pasco 接口增加传感器；

（2）校正传感器：用于校正采集到的数据；

（3）采样选项：设置采样参数，如延迟采样、自动停止等；

（4）请选择接口：选择与 Pasco 硬件接口一致的型号；

（5）采样率：设置采样频率。

三、选择 Pasco 接口

1. 选择 Pasco 接口类型

点击"实验设置窗口"（点击快速启动栏里的"设置"可弹出该窗口）里的"请选择接口"来选择相应的接口（图 28-3）。如要选用 500 型接口，可以选中"500 接口"后点击"确定"按钮。

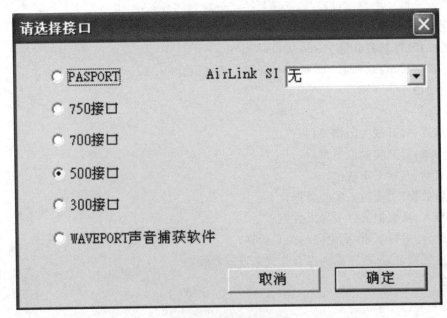

图 28-3　选择接口类型

2. 指定 Pasco 接口的通道与传感器相连

点击相应的通道,在弹出的选择传感器窗口中,指定与 Pasco 接口的通道相连的传感器类型。如要在指定 Pasco 500 型接口的模拟通道 B 与电压传感器相连,可以先点击 500 型接口的 B 通道,此时会弹出一个"请选择传感器或仪器"窗口,点击" 电压传感器 ",后点击"确定",即可完成电压传感器与 Pasco 500 型接口的连接。

四、增加传感器

1. 增加数字传感器

先把数字传感器接到相应的数字通道,点击图 28-2 中相应的数字接口通道,此时弹出"请选择传感器或仪器"窗口。

在图 28-4 中选择与 Pasco 接口相连接的数字传感器类型,然后再点击"确定",增加完传感器后,一般还要在"实验设置"中设置相应参数再开始采集数据。例如要增加"转动传感器"可点击图 28-2 中的数字 A 通道,然后在图 28-4 中点击"转动传感器",接着点击"确定"即可完成操作。此时图 28-2 中的"实验设置"显示如图 28-5 所示。可在图 28-5 中更改相应的参数,如设置"采样率"、"位置"、"分辨率"等。

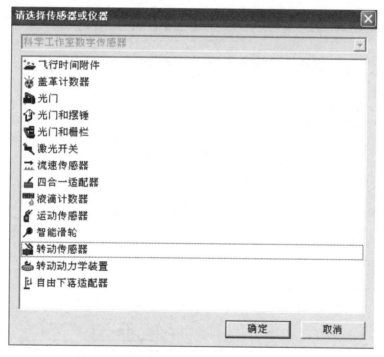

图 28-4　数字接口 —— 请选择传感器或仪器

2. 增加模拟传感器

同样先把模拟传感器接到模拟通道,然后再点击图 28-2 中相应的模拟接口通道,此时弹出"请选择传感器或仪器"窗口。

在图 28-6 中选择相应的模拟传感器,再点击"确定"即可完成传感器的增加。例如要在模拟 C 通道增加电压传感器,须先点击图 28-2 中模拟接口的"C 通道",然后在图 28-6 中点击"电压传感器",接着点击"确定",最后还要在图 28-5 中进行相应的参数设置。

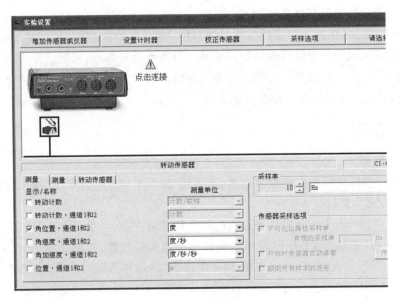

图 28-5　实验设置

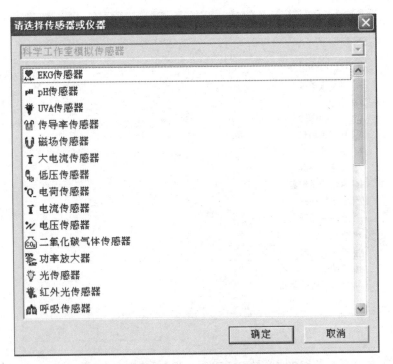

图 28-6　模拟接口——请选择传感器或仪器

五、图表使用介绍

图表(图 28-7)的快速启动栏功能简介:

(1) 全屏显示:自动调整 X 和 Y 轴使曲线全屏显示。

(2) 拉近:以选中的区域为中心放大曲线,默认情况下以图表的中心放大。

(3) 拉远:以选中的区域为中心缩小曲线,默认情况下以图表的中心缩小。

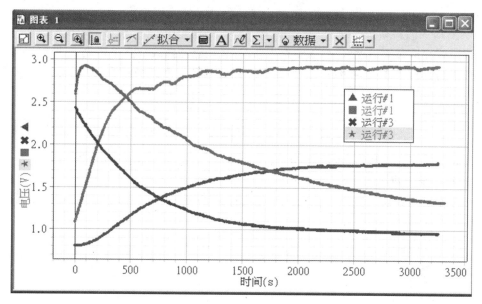

图 28-7   图表示意

（4）范围选取:使选取的区域全屏显示。

（5）智能工具:会启动一组十字标线"⊞",用于显示指定数据点的坐标数据对。当十字标线的中心⊞接近某数据点时,中心会被"吸引"到该数据点上,同时在该点的附近会显示其坐标值。

（6）斜率:会画出曲线上选中点的切线并显示斜率(建议结合使用"拟合"里的"线性拟合"和"范围选取"来计算斜率)。

（7）拟合:以多种方法来推拟合选中的取线,如正比、线性、二次拟合等。

（8）计算:对选中曲线的 XY 关系进行运算,并把结果显示在图表中。

（9）记事:在图表上增加文本标签。

（10）画图:在图表上手动画曲线。

（11）统计:显示统计信息。

（12）数据:选择要在图表上显示的曲线。

（13）移除:移除选中的曲线,即不在图表中显示选中的曲线。

（14）设置:设置显示曲线的方式,如显示轨迹的粗细、数据点、连线等。

六、图表的简要操作示例

1. 如何连接 DataStudio 与 500 型接口 (图 28-5)

首先打开 500 型接口的电源开关,然后点击图 28-5 中的"点击连接"图标。

2. 如何恢复被移除的曲线

首先用鼠标按住"摘要栏"里"数据"对应的曲线名称,然后拖动鼠标到图表中,直到虚线框框住整个图表时,松开手即可。

3. 如何测量两点间的间隔

首先点击"智能工具",先把鼠标移到十字叉丝的中心"⊞",将鼠标拖到起始点处,然后松开鼠标,将鼠标移到"⊞"的任一角上(此时鼠标变成"带三角形的小手"),再拖动鼠标到结束点即可。

4. 如何测量曲线的斜率

可以用线性拟合来逼近斜率:首先选中曲线(直接点击曲线或点击图表上的曲线对应的名称),再选中"拟合"下拉菜单里的"线性拟合",此时软件对整条曲线进行线性拟合。如果要进行局域拟合,则用鼠标选中该局部区域即可。

5. 如何在图表上增加文字说明

首先点击" A 记事",然后在图表上需要标注的地方点击一下,在弹出的"附注属性"对话框上填写相关文字说明后,再点击"确定"。

6. 如何移除多余的曲线

首先点击要移除的曲线,然后再点击" x ",此时会弹出一个"移除项目"的对话框,选择"移除即可"。

实验 29 应用计算机测线性电阻伏安特性

【实验目的】

1. 熟悉 Pasco 的 DataStudio 软件环境；
2. 了解数据采集原理，了解 500 型接口线路的连接方法；
3. 掌握传感器的用户自定义方法。

【实验仪器】

计算机、500 型科学工作室接口、电压传感器、DF1731SLL3A 型直流电源、滑线变阻器、待测电阻、实验用 9 孔插件方块、导线若干

【实验原理】

电子器件的伏安特性是指器件的端电压与器件的电流关系，对电子器件的伏安特性的透彻了解对器件的应用研究具有重要意义。如果一个电子器件为电阻器件，其特性为线性的且满足欧姆定理，即电阻 R 与它两端电压 U 成正比，与通过该电阻的电流 I 成反比，关系式为

$$R = \frac{U}{I} \tag{29-1}$$

电阻的特性曲线可以在 DataStudio 软件的平台上应用计算机来测量，测量电路如图 29-1 所示。稳压电源和滑线变阻器组成分压电路，动点 C 从 B 到 A 移动过程中，CB 两端电压逐渐升高。电流传感器采用外接方式，传感器内采样电阻可选用不同阻值以满足测量的需要。电流传感器内部结构如图 29-2 所示，R_g 为采样电阻，经过该电阻将电流变换为电压输出，送给 500 型科学工作室接口的模拟通道 A。

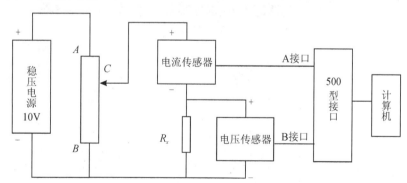

图 29-1 用计算机测定线性电阻伏安特性示意图

500 型科学工作室接口的电压传感器输入阻抗高，并接在电路中对系统影响小，电压传感器与 500 型科学工作室模拟通道 B 或 C 连接（A 通道输入阻抗为 2 MΩ，B 和 C 输入阻抗为 200 kΩ）。

500 型科学工作室接口采集的电流和电压为模拟量，计算机不能识别，需经过模数 A/D 转换，接口通过 RS232 串行口与计算机实现通信，把转换后的数字信号送给计算机，DataStudio

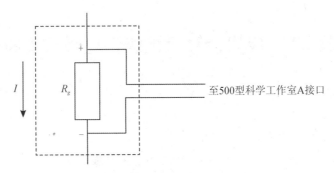

图 29-2　电流传感器内部结构

软件对数据处理,结果显示在计算机屏幕上。

　　Pasco 电流传感器采样电阻为 1.000 Ω,本实验将采样电阻换成其他数值,因此电流传感器采用自定义方式。

【实验原理】

　　(1)按图 29-1 连接好线路,注意电流或电压传感器梅花插头与插座的正确连接,连接线有箭头和 TOP 标志,标志应向上,不允许错位强行插入。

　　(2)线路详细检查正确后,才能打开稳压电源,以免烧坏 500 型科学工作室接口。

　　(3)检查 500 型科学工作室接口 A、B、C 模拟通道,选 A 通道为电流接口,B、C 通道任选一个为电压传感器输入口。

　　(4)打开 500 型科学工作室接口电源开关(在背面),点击计算机 DataStudio 图标,计算机进入自检,自检结束后计算机屏幕将显示如图 29-3 所示的工作界面,系统进入 DataStudio 软件平台。

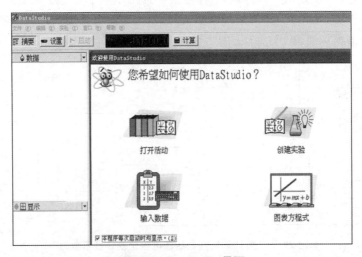

图 29-3　DataStudio 界面

　　(5)点击"创建实验",系统自动连接科学工作室接口。根据电流和电压传感器硬件的连接,点击 A 接口选择"用户自定义传感器",B 或 C 接口选择"电压传感器",计算机屏幕将显示如图 29-4 所示的工作界面。

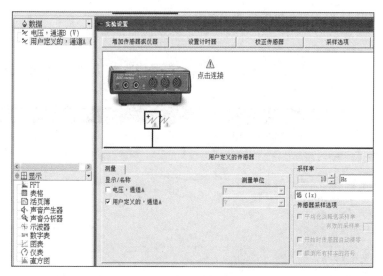

图 29-4　选择传感器

（6）双击"用户自定义的，通道 A"把系统默认调校物理量电压改成电流。

电流

$$I_{max} = \frac{U_{max}}{R_g} = \frac{10}{R_g} = \quad （mA）$$

计算结果填入高值数据框中，低值填入零。电压最大值为 10 V，低值为零，如图 29-5 所示。

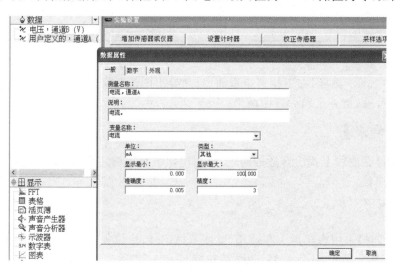

图 29-5　用户自定义传感器的设定

（7）用鼠标点取图标，按下左键不放，拖入 DataStudio 工作界面，显示二维坐标。点横坐标轴通道选择图标，将横坐标轴时间 t 更改为电压变量（B 或 C 通道）。点纵坐标轴通道选择图标，从多选项中选 A 通道电流自定义传感器。

（8）点击"启动"图标，系统开始采集数据。匀速移动滑线变阻器触点，从最低点移到最高点，点击"停止"图标，计算机屏幕将自动形成 I-U 特性曲线。

（9）实验过程中，如果发现 I-U 曲线或电流自定义错误需要更改，应先将数据框中的数据（系统按顺序编号）全部选中，再按键盘 Delete 键删除。

（10）本实验分别接入三个待测电阻 R_x，形成三条曲线。

（11）点击图形显示最大化，三条直线所在坐标系应满屏幕。也可以采用手工调整横纵坐标比例。

（12）点击"显示"图标，在下拉菜单里面选择"设置值"，在"图例标题"里面写入曲线名称、班级、姓名、学号，如图 29-6 所示。

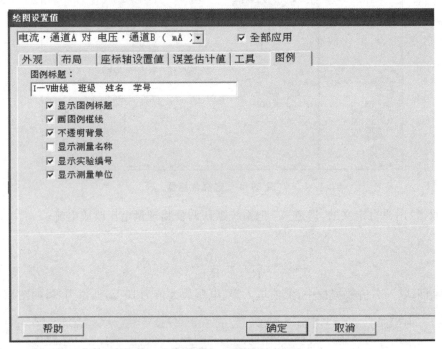

图 29-6　绘图设置

（13）点击"显示"图标，在下拉菜单里面选择"导出图片"，文件名为 ∗ . bmp格式，∗ 用学号后面三位数替换。检查正确后打印结果。

【数据处理要求】

利用十叉尺在曲线上找出合适的两点，求得电阻值及不确定度，示值误差取十叉尺坐标读数末位的 5 个单位。

【注意事项】

1. 传感器连接采用梅花插头和插座，要注意标记号，错位强行插入，500 型接口会烧毁。拆下时，手要抓住插头部位，不能旋转，也不能拉线。

2. 电流传感器接线柱有红和黑色，电压传感器香蕉插头也有红和黑色，分别代表正极和负极，极性不要接反，否则，实验结果曲线不会在坐标系的第一象限。

【思考题】

1. 比较不同阻值情况下，直线方程 $y = a_1 + a_2 x$ 中 a_2 的变化。

2. 科学工作室500型的A、B、C模拟接口输入信号是什么物理量？对于不同物理量如何变换？试举例说明？

3. 试比较电流传感器内接和外接的区别。在本实验，电流传感器内部采样电阻 R_g 的大小对电路和传感器采样有何影响？

实验 30　稳态法测量不良导体的导热系数

导热系数,工程上又称热导率,是表征物体热传导性能的重要物理量。导热系数的测量不仅在工程实践中(如锅炉制造、房屋设计、冰箱生产等)有重要的实际意义,而且对新材料的研制和工程设计也具有重要意义。导热系数不仅和材料的结构有关,往往还会受到材料的制造工艺、纯度、杂质种类等诸多因素的影响,材料的导热系数常常需要用实验来具体测定。

【实验目的】

1. 掌握用稳态法测量不良导体(橡皮样品)的导热系数;
2. 学习用物体散热速率求传导速率的实验方法;
3. 学会用科学工作室 500 型接口来测量电压。

【实验仪器】

FD-TC-B 型导热系数测定仪(如图 30-1)、FD-TC-B 型导热系数接口、科学工作室 500 型接口、橡皮样品、计算机

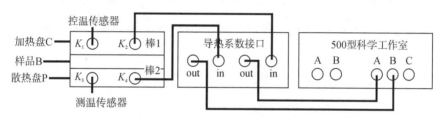

图 30-1　导热系数仪器间接线图

粗线表示仪器间的连线。孔 K_1、K_2 没有顺序区别,只要控温传感器能插进去即可;孔 K_3、K_4 没有顺序区别,只要测温传感器能插进去即可。导热系数接口的棒 1 要求插在加热盘的孔内,棒 2 要求插在散热盘的孔内。

科学工作室与导热系数接口间用电压传感器连接,电压传感器的红色导线与 out ＋ 相连,黑色导线与 out － 相连。

导热系数测定仪由电加热器、铜加热盘 C,橡皮样品圆盘 B,铜散热盘 P,支架及调节螺丝、温度传感器以及控温与测温器组成。

【实验原理】

本实验采用平板稳态法来测量不良导体的导热系数。平板稳态法是指先将样品制成平板状,其上端面与一个稳定的热源(加热盘)充分接触,下端面与一均匀散热体(散热盘)相接触;利用热源对样品加热,样品内部的温差使热量从高温向低温处传导,样品内部各点的温度将随加热快慢和传热快慢的影响而变动;当加热盘和散热盘的温度基本上保持不变时,此时加热达到了稳态,待测样品内部形成了稳定的温度分布,根据这一温度分布就可以计算出导热系数。实验中,由于平板样品的侧面积比平板平面小很多,可以认为热量只沿着上下方向垂直传递,横向由侧面散去的热量可以忽略不计,即可以认为,稳态时样品内只有在垂直样品平面的方向

上有温度梯度,在同一平面内,各处的温度相同。

　　设稳态时,样品的上下平面温度分别为 θ_1、θ_2,根据傅里叶传导方程,在 Δt 时间内通过样品的热量 ΔQ 满足下式

$$\frac{\Delta Q}{\Delta t} = \lambda \frac{\theta_1 - \theta_2}{h_B} S \tag{30-1}$$

即

$$\frac{\Delta Q}{\Delta t} = \lambda \frac{\theta_1 - \theta_2}{4h_B} \pi d_B^2 \tag{30-2}$$

式中 λ 为样品的导热系数,h_B 为样品的厚度,S 为样品的底面积,d_B 为待测样品的直径。

　　实验装置如图 30-1 所示,固定于底座的三个支架上,支撑着一个铜散热盘 P,散热盘 P 可以借助底座内的风扇达到稳定有效的散热。圆盘待测样品 B 放于铜盘 P 上,样品 B 上放置一个圆盘状加热盘 C。加热盘 C 是由单片机控制的自适应电加热,可以设定加热盘的温度。圆盘 B、C、P 的底面积基本上相等,加热前应使三个圆盘同轴放置。

　　当传热达到稳定状态时,样品上下表面的温度 θ_1 和 θ_2 不变,这时可以认为加热盘 C 通过样品传递的热流量与散热盘 P 向周围环境散发的热量相等。因此可以通过散热盘 P 在稳定温度 θ_2 时的散热速率来求出热流量 $\frac{\Delta Q}{\Delta t}$。

　　实验时,当测得稳态时的样品上下表面温度 θ_1 和 θ_2 后,将样品 B 抽去,让加热盘 C 与散热盘 P 接触,当散热盘的温度上升到高于稳态时的 θ_2 值后,移开加热盘,让散热盘在电扇作用下冷却,记录散热盘温度 θ 随时间 t 的下降情况,求出散热盘在 θ_2 时的冷却速率 $\frac{\Delta\theta}{\Delta t}\Big|_{\theta=\theta_2}$,则散热盘 P 在 θ_2 时的散热速率为

$$\frac{\Delta Q}{\Delta t} = mC \frac{\Delta\theta}{\Delta t}\Big|_{\theta=\theta_2} \tag{30-3}$$

其中 m 为散热盘 P 的质量,C 为其比热容。

　　在达到稳态的过程中,P 盘的上表面并未暴露在空气中,而物体的冷却速率与它的散热表面积成正比,为此,稳态时铜盘 P 的散热速率的表达式应作面积修正

$$\frac{\Delta Q}{\Delta t} = mC \frac{\Delta\theta}{\Delta t}\Big|_{\theta=\theta_2} \frac{(\pi R_P^2 + 2\pi R_P h_P)}{(2\pi R_P^2 + 2\pi R_P h_P)} \tag{30-4}$$

其中 R_P 为散热盘 P 的半径,h_P 为其厚度。

　　由(30-2)式和(30-4)式可得

$$\lambda \frac{\theta_1 - \theta_2}{4h_B} \pi d_B^2 = mc \frac{\Delta\theta}{\Delta t}\Big|_{\theta=\theta_2} \frac{(\pi R_P^2 + 2\pi R_P h_P)}{(2\pi R_P^2 + 2\pi R_P h_P)} \tag{30-5}$$

所以样品的导热系数 λ 为

$$\lambda = mC \frac{\Delta\theta}{\Delta t}\Big|_{\theta=\theta_2} \frac{(R_P + 2h_P)}{(2R_P + 2h_P)} \frac{4h_B}{(\theta_1 - \theta_2)} \frac{1}{\pi d_B^2} \tag{30-6}$$

　　本实验通过导热系数接口利用温度传感器把加热盘和散热盘的温度值转化为电压值,再通过科学工作室 500 型接口的电压传感器来采集其电压值。由于导热系数接口的温度 θ 和电压 U 的关系满足:$\theta = k \times U + b$,其中 k 和 b 为常数,则

$$\theta_1 - \theta_2 = k(U_1 - U_2) \tag{30-7}$$

$$\frac{\Delta\theta}{\Delta t}\Big|_{\theta=\theta_2} = k \frac{\Delta U}{\Delta t}\Big|_{U=U_2} \tag{30-8}$$

把(30-7)、(30-8)式代入(30-6)式,可得待测样品的导热系数 λ

$$\lambda = mC \left. \frac{\Delta u}{\Delta t} \right|_{U=U_2} \frac{(R_P + 2h_P)}{(2R_P + 2h_P)} \frac{4h_B}{(u_1 - u_2)} \frac{1}{\pi d_B{}^2} \qquad (30-9)$$

【实验内容及步骤】

1. 用游标卡尺测量橡皮样品和散热铜盘的直径和厚度各 8 组数据并作记录,注意使用游标卡尺前需记录零点误差。

2. 测量散热铜盘的质量。

3. 调整导热系数测定仪的散热盘与样品:先把加热盘拿起来固定住,再把散热盘放在三个微调螺丝上,然后把加热盘压在散热盘上,调节底部的三个微调螺丝,使样品与加热盘、散热盘接触良好;把待测样品放在加热盘与散热盘之间,并使四个小孔上下对齐。

4. 按照图 30-1 所示,连接好各种传感器。

5. 打开导热系数接口和 500 型接口的电源开关,再用 DataStudio 软件来采集数据(参考 DataStudio 软件简介):

(1) 打开 DataStudio 软件,选择"创建实验";

(2) 指定模拟传感器的通道 A、通道 B 接电压传感器;

(3) 在"实验设置"窗口中把"采样率"设置成 1 Hz;

(4) 用图表来观测数据:双击"摘要栏"下面的"显示"子菜单中的"图表",在"请选择数据源"窗口中,点击"电压,通道 A"后,再点击"确定";

(5) 观测通道 B 的电压数据:用鼠标拖动 DataStudio 软件左边框的"⬙数据"中的"∿电压,通道B (V)"到图表 1 窗口的方格中,当虚线框框住所有格子时放开鼠标;

(6) 点击快速启动栏里的"启动",开始采集数据;

(7) 点击图表 1 中的第一个按钮"▣",全屏显示。

6. 打开导热系数测定仪的电源,开启电源后,左边表头首先显示 FDHC,然后显示当前温度,当转换至"b ＝＝•＝"时,按"升温"或"降温"键来设定控制温度。把温度设置到 50℃ 后按下"确定"键,加热盘即开始加热。右边显示散热盘的当前温度。

7. 记录稳态时散热盘的温度对应的电压值:观察图表中的两条曲线,若两条曲线基本上不再随时间增大而上升的状态保持 5 min 或更长的时间,即可以认为已经达到了稳定状态;点击智能工具▦图标,把鼠标移动到十字叉丝"✛"正中间(此时鼠标变成小手加带箭头的十字),并拖动鼠标使十字叉丝的 X 轴穿过散热盘曲线的稳态电压处,记下此时的电压值 U_2。

8. 按"复位"键停止加热,取走待测样品,让加热盘与散热盘直接接触(注意此时散热盘的温度会迅速上升,应密切关注曲线的增长趋势),当散热盘对应的电压值上升到高于 U_2 值 0.07 V 后移去加热盘,让散热圆盘在风扇作用下冷却,观察散热盘对应的降温电压曲线 A,待到曲线的电压值低于 U_2 值 0.07 V 后点击"▪ 停止",即停止采集数据。

9. 计算稳态电压差:按步骤 7 使十字叉丝的 X 轴穿过散热盘曲线的稳态电压处,把鼠标移动到十字叉丝的右上角,当鼠标变成带三角形的小手后,拖动鼠标到加热盘处于稳定状态时的电压曲线段上。

10. 计算 U_2 时散热铜盘的冷却速率:

(1) 先点击散热盘对应的降温曲线,再点击"⤴拟合 ▾"下拉菜单,选择"线性拟合"。

(2) 选取靠近 U_2 的点来做线性拟合:点击降温曲线 A 上比 U_2 大 0.05 V 的点,再拖动鼠标

到曲线 A 上比 U_2 小 0.05 V 的点后放开鼠标,此时"线性拟合框中"显示的 m(斜率)值就为冷却速率 $\dfrac{\Delta U}{\Delta t}\Big|_{U=U_2}$。

  11. 在图表上写下名字:先点击"A 记事",然后在图表的空白位置处再点击一下,在"附注属性"对话框中输入"班级、学号、姓名",后点击"确定"。

  12. 根据$(30-9)$式即可算出待测样品的导热系数。

【注意事项】

  1. 加热盘和散热盘两个传感器要一一对应,不可互换。

  2. 电压传感器与 500 型接口连接时必须对准后再插入。

  3. 使用游标卡尺前需记录零点误差。

  4. 在实验过程中导热系数测定仪铜盘下方的风扇要求始终处于打开状态。

  5. 步骤 8 中散热盘的温度会迅速上升,应密切关注曲线的增长趋势。

【数据处理要求】

  散热盘比热容(紫铜):$C=385$ J/(kg · K)。

  1. 设计表格,用于记录橡皮样品和散热铜盘的直径和厚度。

  2. 计算橡皮样品的导热系数及其不确定度。

【思考题】

  1. 谈谈你对本实验的理解。

  2. 如何验证导热系数接口的温度与电压的线性关系?

  3. 请回答出两种测量冷却速率的方法。

实验 31　光的双缝干涉

著名的杨氏双缝干涉实验是最早利用单一光源形成两束相干光,从而获得光干涉的典型实验。光的干涉原理有力地证明了光的波动性。

【实验目的】

1. 观察激光通过双缝形成的干涉图案及光强分布规律;
2. 通过分析图案中明、暗条纹的实际分布情况,验证光的干涉理论;
3. 通过干涉图案研究光的波动性,加深对光的波动性理论的理解。

【实验仪器】

计算机、500 型科学工作室接口、Pasco 光学综合实验仪

【仪器介绍】

实验仪器的实物图如图 31-1 所示。

图 31-1　实验装置

【实验原理】

当双缝的间距远小于双缝到用于观察的接收屏的距离时,从缝的边缘发出的光线可以看作是平行的。当从一个狭缝中出射的光到达接收屏的距离与从另一个狭缝中出射的光到达接收屏的距离之差为半波长的偶数倍时,在接收屏上将发生相长干涉,当距离之差为半波长的奇数倍时,将发生相消干涉。对于双缝,由于干涉相长,将在接收屏上出现几个亮条纹(或光强极大值),这些亮条纹对称地分布在接收屏上。

如图 31-2 所示,一束单色平行光垂直照射两个相距为 d 且很窄的狭缝 S_1 和 S_2,使 S_1、S_2 为两个独立的平行光源。由于满足振动方向相同、频率相同、相位差恒定的相干条件,故透过 S_1、S_2 的光为相干光。这样由 S_1 和 S_2 发出的光在空间相遇,将产生干涉现象。若在 S_1 和 S_2 的前面放一屏幕,屏幕上将出现明暗相间的干涉条纹。

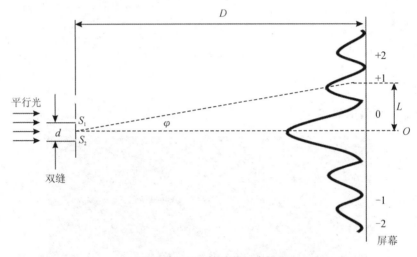

图 31-2　双缝干涉示意图

若第 k 级条纹所对应的角度是 φ_k,则由双缝干涉条纹公式可知,S_1、S_2 到屏幕上某处的光程差满足下面关系式

$$d\sin\varphi_k = \pm(2k+1)\lambda/2 \quad (k = 0,1,2,3,\cdots) \tag{31-1}$$

则该处两束光相遇时相互减弱,形成暗条纹。

若 S_1、S_2 到屏幕上某处的光程差满足下面关系式

$$d\sin\varphi_k = \pm k\lambda \quad (k = 0,1,2,3,\cdots) \tag{31-2}$$

则该处两束光相遇时相互加强,形成明条纹。

对于 O 点,$\varphi_k = 0$,$d\sin\varphi_k = 0$,$k = 0$,故 O 点为一明条纹中心,此条纹叫作中央明条纹。在以上式子中,d 是缝间距,λ 是入射光的波长,k 是条纹的级次,φ_k 是 k 级条纹的角度,正、负号表明明、暗条纹在 O 点两边成对称分布。

由图 31-2 的几何关系可以轻易地求出狭缝的缝间距 d。设 L 为中央明条纹中心到第 k 级明条纹的距离,D 为狭缝到屏幕的距离。由于 φ_k 很小,故 $\sin\varphi_k \approx \tan\varphi_k$,而 $\tan\varphi_k = \dfrac{L}{D}$,由双缝干涉明条纹公式可得到缝间距为

$$d = \frac{k\lambda D}{L} \quad (k = 0,1,2,3,\cdots) \tag{31-3}$$

【实验内容和步骤】

1. 将转动传感器插入科学工作室接口的数字通道,光传感器插入模拟通道,开启科学工作室接口的电源。

2. 按照图 31-1 安装实验仪器,将双缝圆盘安置在附件托架上,调节附件托架的位置,使双缝圆盘与激光器的距离约为 3 cm。

注意:双缝圆盘上的狭缝是电镀制作的,安装和实验过程中不能用手触摸。

3. 打开 DataStudio 软件,单击"创建实验",而后单击数字通道,选择"转动传感器",设置"位置"变量,设置"转动传感器"的分辨率为高,并且设置合适的"采样率";单击相应的模拟通道,选择"光传感器",设置"光强"变量,如图 31-3 所示。

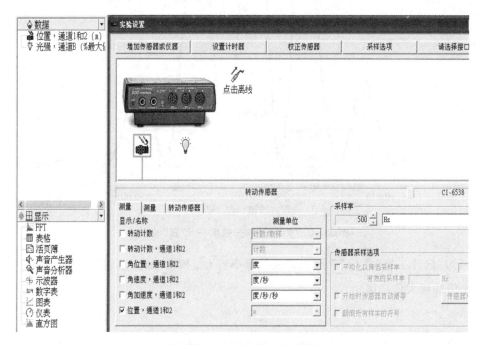

图 31-3　DataStudio 工作界面

4. 打开激光器背后的电源开关。轻微转动双缝圆盘和附件托架的角度,调节激光器后面的两个螺母,使激光器水平直射在宽度为 0.08 mm、缝间距为 0.25 mm 的双缝上。同时观察接收屏上的干涉条纹,要求干涉条纹保持水平、清晰,能看到 0 级、±1 级、±2 级的干涉条纹,中央明条纹的高度与光传感器的接收孔的高度相同。

5. 拖动图表到工作界面,双击"位置,通道 1 和 2",修改图标的精确度,要求精度为 5,准确到 0.00005 m。然后纵坐标设置为"光强度",横坐标设置为"位置",用于描绘干涉条纹强度随位置变化的曲线,即"光强度 — 位置"曲线。

6. 将光阑圆盘中的 2 挡光学小孔正对光传感器,光传感器上的增益置于 100,保证其处于最灵敏状态,以便光传感器能够有效地接收激光。

7. 单击"启动",开始记录实验数据。沿着干涉条纹方向缓慢、平稳地移动转动传感器,使之做水平直线运动;整个干涉条纹采集完毕,单击"停止"结束采集,"运行"将出现在实验设置窗口的数据列表中,实验采集的"光强 — 位置"图形曲线如图 31-4 所示。

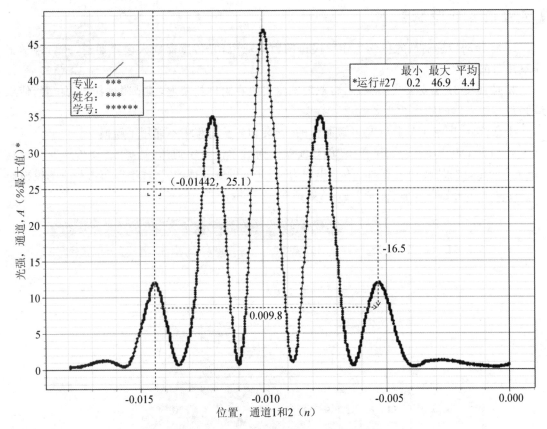

图 31-4　双缝干涉"光强度 — 位置"曲线

8. 通过"统计工具"图标 $\sum$ 得到光强的最小值 I_{min} 和最大值 I_{max}，根据公式（31—4），计算光强最小值和最大值之比 α

$$\alpha = \frac{I_{min}}{I_{max}} \tag{31-4}$$

9. 利用计算机读取 ±2 级明条纹的横坐标值且记为 L_{-2} 和 L_{+2}，在光具座上读出狭缝的位置 D_1 和光阑圆盘的位置 D_2。

10. 给图表命名为"光强 — 位置曲线 　班级 　学号 　姓名"，然后打印图表。

【数据处理要求】

（1）利用（31—5）式和（31—3）式求出双缝间距的实验测量值 d。

$$L = \frac{L_{+2} - L_{-2}}{2} \tag{31-5}$$

（2）将实验求出的双缝间距 d 与双缝标称值进行比较，求出其相对不确定度。

【思考题】

1. 当双缝的间距增加时，干涉明条纹的距离是增大还是减小？

2. 当狭缝的宽度增加时，干涉明条纹的距离是增大还是减小？

3. 实验中双缝是否会发生衍射现象？如果发生，观察到的现象是什么？

实验 32　单缝衍射光强分布的测量

【实验目的】

1. 通过制作夫琅禾费单缝衍射的光强分布曲线,加深对光的衍射理论的理解;
2. 验证夫琅禾费单缝衍射条纹的宽度和缝宽的关系;
3. 培养学生运用计算机进行综合物理实验的能力。

【实验仪器】

计算机、500 型科学工作室接口、Pasco 光学综合实验仪

【实验原理】

1. 单缝衍射的光强分布

当光在传播过程中经过障碍物,如不透明物体的边缘、小孔、细线、狭缝等时,一部分光会传播到几何阴影中去,产生衍射现象。如果障碍物的尺寸与波长相近,那么,这样的衍射现象就比较容易观察到。

单缝衍射有两种:一种是菲涅耳衍射,单缝距光源和接收屏均为有限远或者说入射波和衍射波都是球面波;另一种是夫琅禾费衍射,单缝距光源和接收屏均为无限远或者相当于无限远,即入射波和衍射波都可看作是平面波。

在用散射角极小的激光器产生激光束,通过一条很细的狭缝($0.1 \sim 0.3$ mm 宽),在狭缝后大约 1.0 m 的地方放上观察屏,就可看到衍射条纹,它实际上就是夫琅和费衍射条纹,如图 32-1 所示。当在观察屏位置处放上光传感器和转动传感器,转动传感器可在平行于衍射条纹的方向移动,那么光传感器就可以测出每一个衍射条纹的光强。

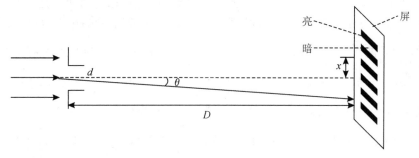

图 32-1　单缝衍射原理

当激光照射在单缝上时,根据惠更斯 — 菲涅耳原理,单缝上每一点都可看成是向各个方向发射球面子波的新波源。由于子波叠加的结果,在屏上可以得到一组平行于单缝的明暗相间的条纹。

激光的方向性很强,可视为平行光束;宽度为 d 的单缝产生的夫琅禾费衍射图样,其衍射光路图满足近似条件

$$D \gg d, \sin\theta \approx \theta \approx \frac{x}{D}$$

产生暗条纹的条件是

$$d\sin\theta = k\lambda \quad (k = \pm 1, \pm 2, \pm 3, \cdots) \tag{32-1}$$

暗条纹的中心位置为

$$x = k\frac{D\lambda}{d} \tag{32-2}$$

两相邻暗纹之间的中心是明纹中心。

由理论计算可得,垂直入射于单缝平面的平行光经单缝衍射后光强分布的规律为

$$I = I_0 \frac{\sin^2\theta}{\theta^2}$$

$$\theta = Bx$$

$$B = \frac{\pi d}{\lambda D} \tag{32-3}$$

式中,d 是狭缝宽,λ 是波长,D 是单缝位置到接收屏的距离,x 是从衍射条纹的中心位置到测量点之间的距离,光强分布如图 32-2 所示。

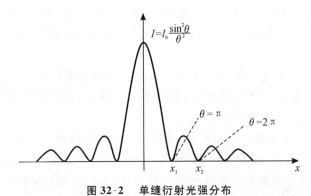

图 32-2　单缝衍射光强分布

当 θ 相同,即 x 相同时,光强相同,所以在屏上得到的光强相同的图样是平行于狭缝的条纹。当 $\theta = 0$ 时,$x = 0$,$I = I_0$,在整个衍射图样中,此处光强最强,称为中央主极大;当 $\theta = k\pi(k = \pm 1, \pm 2, \cdots)$,即 $\theta = \frac{k\lambda D}{d}$ 时,$I = 0$,在这些地方为暗条纹。暗条纹是以光轴为对称轴,呈等间隔、左右对称的分布。中央亮条纹的宽度 Δx 可用 $k = \pm 1$ 的两条暗条纹间的间距确定,$\Delta x = \frac{2\lambda D}{d}$;某一级暗纹的位置与缝宽 d 成反比,d 大,x 小,各级衍射条纹向中央收缩,当 d 宽到一定程度,衍射现象便不再明显,只能看到中央位置有一条亮线,这时可以认为光线是沿直线传播的。

次极大明纹与中央明纹的相对光强分别为

$$\frac{I}{I_0} = 0.047, 0.017, 0.008, \cdots \tag{32-4}$$

2. 缝宽的测量

由以上分析,如已知光波长,可得单缝的宽度计算公式为

$$d = \frac{k\lambda D}{x} \tag{32-5}$$

因此,如果测到了第 k 级暗条纹的位置 x,用光的衍射可以测量单缝的宽度。同理,如已知单缝的宽度,可以测量未知的光波长。

【实验内容和步骤】

1. 测量夫琅禾费单缝衍射的光强分布

(1)将转动传感器插入科学工作室接口的数字通道,光传感器插入模拟通道,开启科学工作室接口的电源。

(2)将狭缝附件放置在导轨上,选择适当的狭缝。

(3)开启激光器电源,调节激光器后面的两个螺母,使激光能够垂直照射在狭缝上,并且使衍射光条纹能够照射到光传感器上。

(4)打开 DataStudio 软件,单击"创建实验"。

(5)单击数字通道,选择"转动传感器",设置"位置"变量和"转动传感器"的分辨率,并且设置合适的"采样频率";单击相应的模拟通道,选择"光传感器"设置"光强"变量。

(6)拖动图表到工作界面,然后设置纵横坐标的变量。

(7)单击"启动",沿着衍射条纹方向移动转动传感器,进行数据采集;采集完毕,单击"停止"结束采集,得到衍射光强分布曲线,如图 32-3 所示。

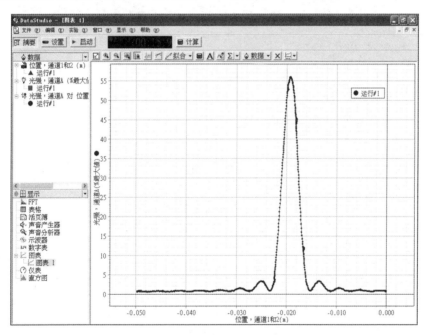

图 32-3　单缝衍射光强分布

(8)修改图表名称,然后打印图表。

2. 测量单缝宽度 d

(1)由上面衍射光强分布曲线用计算机测量 x 的值,在光具座上读出狭缝到光阑圆盘的距离,记为 D,根据公式(32—5)计算单缝的宽度 d。其中测量 x 时可以采用多次测量求平均值的方法来减小误差。

(2)改变缝的宽度,观察衍射光强分布曲线。

【注意事项】

1. 移动转动传感器的过程要缓慢、平稳。
2. 调整激光器时,眼睛不能直接对准激光观测,必须从显示屏上面观测。
3. 转动狭缝圆盘时,手不能触摸狭缝,以免损坏狭缝。

【数据处理要求】

1. 设计实验数据记录表格;
2. 打印衍射光强分布曲线图;
3. 计算单缝的宽度及其不确定度。

【思考题】

1. 什么叫夫琅禾费衍射?用氦氖激光作光源的实验装置是否满足夫琅禾费衍射条件?
2. 当缝宽增加一倍时,衍射花样的光强和条纹宽度将会怎样改变?如缝宽减半,又将怎样改变?

实验 33　　声光衍射法测定液体中的声速

1921 年法国物理学家布里渊(L. Brillouin 1889—1969) 曾预言液体中的高频声波能使可见光产生衍射,1935 年拉曼(C. V. Raman 1888—1970) 和奈斯(Nath) 证实了布里渊的设想。

【实验目的】

1. 了解超声光栅的衍射原理,观察声光衍射的现象;
2. 培养学生运用计算机进行综合物理实验的能力;
3. 学会使用超声光栅测量液体中的声速。

【实验仪器】

半导体激光器、声光衍射仪、科学工作室 500 型接口及软件、旋转移动传感器、光传感器、光具座、水槽、换能器、计算机

【实验原理】

声波是一种纵向应力波(弹性波),这种应力波作用到声光介质中时会引起介质密度呈疏密周期性变化,使介质的折射率也发生相应的周期性变化。这样声光介质在超声场的作用下,就变成了一个等效的相位光栅,如果激光作用在光栅上就会产生衍射。这种现象称为声光衍射。

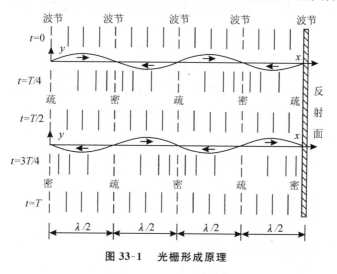

图 33-1　光栅形成原理

行波形成的超声光栅,栅面在空间随时间移动,介质折射率和密度两者都是周期性变化的,且具有相同的周期,并且以超声波的速度 v_s 向前推进,可表示为

$$n(Z,t) = n_0 + \Delta n(Z,t) \qquad\qquad (33-1)$$

$$\Delta n(Z,t) = \Delta n(\omega_s - K_s Z)$$

式中 Z 为超声波传播方向上的坐标,ω_s 为超声波的角频率,$K_s = \dfrac{2\pi}{\lambda_s}$ 为超声波的波数,λ_s 为波长。

如果在超声波的前进方向上垂直放置一个反射面,当调节它与波源间的距离使其为超声

波波长的整数倍时,则可形成超声驻波。设前进波和反射波的传播方程为

$$a_1(Z,t) = A\sin\left[2\pi\left(\frac{t}{T_s} - \frac{Z}{\lambda_s}\right)\right]$$
$$a_2(Z,t) = A\sin\left[2\pi\left(\frac{t}{T_s} + \frac{Z}{\lambda_s}\right)\right]$$

(33－2)

二者叠加,得

$$a(Z,t) = 2A\cos\left(2\pi\frac{Z}{\lambda_s}\right)\sin\left(2\pi\frac{t}{T_s}\right)$$

(33－3)

(33－3)式说明叠加的结果产生了一个新的声波:振幅为 $2A\cos\left(2\pi\frac{Z}{\lambda_s}\right)$,即在 Z 方向上各点振幅是不同的,呈周期性变化。波长为 λ_s(即原来的声波波长),不随时间变化;位相 $2\pi\frac{t}{T_s}$ 是时间的函数,不随空间变化,这就是超声驻波的特征。

由于液体的折射率与密度直接相关,因此液体密度的周期变化,必然导致其折射率也呈周期性变化。计算表明,当在液体中形成超声驻波时,相应的折射率变化可表示为

$$\Delta n(Z,t) = 2\Delta n\sin(\omega_s t)\cos(K_s Z)$$

(33－4)

驻波超声光栅的光栅常数就是超声波的波长 λ_s。

液体有一定的厚度 l,但当

$$l \leqslant \frac{\lambda}{\lambda_s}$$

时(式中 λ 是入射光波长),可把它作为一个简单的平面光栅来处理。

当一束光垂直入射在超声光栅上时,出射光为衍射光。可以证明,超声光栅与常规的光栅一样,形成各级衍射的条件是

$$\lambda_s\sin\theta_k = k\lambda \quad (k = 0, \pm 1, \pm 2, \cdots)$$

(33－5)

式中 k 为衍射条纹级数,θ_k 为第 k 级衍射角,λ 为入射光波长,λ_s 为超声波波长。若入射光的波长已知,则依(33－5)式只要测出 $\sin\theta_k$,就可以计算出超声波的波长 λ_s。衍射角的测量可以通过测量第 k 级明纹到第 $-k$ 级明纹之间的距离 D_k 以及测得超声光栅到观察屏之间的距离 L 来确定。当满足 $L \gg D_k$ 时,有

$$\sin\theta_k \approx \tan\theta_k = \frac{D_k}{2L}$$

(33－6)

那么,根据(33－5)式有

$$\lambda_s = \frac{2Lk\lambda}{D_k}$$

(33－7)

所以,超声波在该液体中的传播速度 v 为

$$v = \frac{2k\lambda fL}{D_k} \quad (k = 0, 1, 2, 3, \cdots)$$

(33－8)

【实验内容和步骤】

1. 观察声光衍射现象

(1)打开电源,调节换能器的发射平面和反射平面大致平行(观察衍射图样清晰度)。调节入射光垂直于超声光栅,调节声光衍射仪的频率使衍射图样稳定。

(2)将旋转移动传感器接到数字通道上,将光传感器接到模拟通道上。

（3）打开 DataStudio 软件，创建新的实验。点击数字通道，选择转动传感器，设置位置变量，设置合适的取样频率。点击模拟通道选择光传感器，设置光强变量。

（4）用图表显示进行观察，设置 y 轴为光强变量，x 轴为位置变量。移动"旋转移动传感器"并记录光强随位置变化的分布曲线。

（5）反复调节超声波频率 f 及入射光角度，重复上一步，直到采集到较满意的图样（光强分布两边对称）为止。

2. 测量超声波在水中的传播速度

根据公式 $v = \dfrac{2k\lambda fL}{D_k}(k = 0,1,2,3,\cdots)$，频率 f 可以从声光衍射仪上读出，光栅到观察屏之间的距离 L 由光具座上的米尺读出，D_k 可用软件中 x 坐标读出，入射光 λ 为已知，由此可求出传播速度 v。

【数据处理要求】

1. 利用计算机测量出衍射条纹的间距，要求多次测量求平均值；
2. 自己设计数据记录表格；
3. 计算超声波在水中的传播速度以及不确定度。

【思考题】

1. 超声光栅与一般的光栅有何异同？
2. 是否所有的超声频率皆能产生声光衍射？请简述。
3. 可否利用声光衍射来测定液体的浓度？请简述。

附录 超声光栅声速仪

仪器由超声信号源、超声池、高频信号连接线、测微目镜等组成，并配置了具有 11 MHz 左右共振频率的锆钛酸铅陶瓷片。超声信号源面板如图 33-2 所示。图 33-3 为超声信号源后面板及定时选择开关示意图。

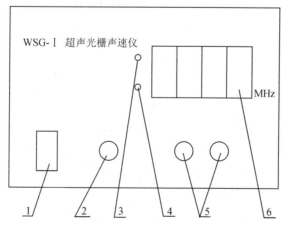

1. 电源开关；2. 频率微调钮；3. 正常工作指示灯；4. 保护状态指示灯；

5. 高频信号输出端（无正负极区别）；6. 频率显示窗

图 33-2 超声信号源面板示意图

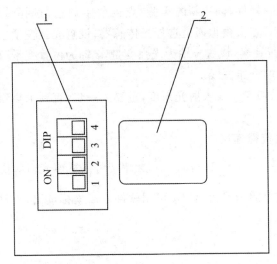

图 33-3　超声信号源后面板及定时选择开关示意图

附录　　常用物理常数表

表 1　　国际单位制(SI)

物理量名称	单位名称	单位中文符号	国际符号	SI 单位形式
长度	米	米	m	
质量	千克(公斤)	千克(公斤)	kg	
时间	秒	秒	s	
电流	安培	安	A	
热力学温标	开尔文	开	K	
物质的量	摩尔	摩	mol	
光强度	坎德拉	坎	cd	
平面角	弧度	弧度	rad	
立体角	球面度	球面度	sr	
面积	平方米	米^2	m^2	
速度	米每秒	米/秒	m/s	
加速度	米每秒平方	米/秒^2	m/s^2	
密度	千克每立方米	千克/米^3	kg/m^3	
频率	赫兹	赫	Hz	s^{-1}
力	牛顿	牛	N	m·kg·s^{-1}
压强、应力	帕斯卡	帕	Pa	N/m^2
功、能量、热量	焦耳	焦	J	
功率、辐射通量	瓦特	瓦	W	J/s
电量、电荷	库仑	库	C	A·s
电位、电压、电动势	伏特	伏	V	W/A
电容	法拉	法	F	C/V
电阻	欧姆	欧	Ω	V/A
磁通	韦伯	韦	Wb	V·s
磁感应强度	特斯拉	特	T	Wb/m^2
电感	亨利	亨	H	Wb/A
光通量	流明	流	lm	
光强度	勒克斯	勒	lx	lm/m^2
比热容	焦耳每千克开尔文	焦/(千克·开)	J/(kg·K)	
热导率	瓦特每米开尔文	瓦/(米·开)	W/(m·K)	
电容率(介电常数)	法拉每米	法/米	F/m	
磁导率	亨利每米	亨/米	H/m	

表 2　基本物理常数（1986 年国际推荐值）

物理量	符号	数值	单位	不确定度 /10^{-6}
真空中光速	c	2.99792458×10^8	m/s	（精确）
真空磁导率	μ_0	$4\pi \times 10^{-7}$	H·m^{-1}	（精确）
真空电容率	ε_0	$8.854187817 \times 10^{-12}$	F·m^{-1}	（精确）
牛顿引力常数	G_0	$6.67259(85) \times 10^{-11}$	m^3·kg^{-1}·s^{-2}	128
普朗克常数	h	$6.6260755(40) \times 10^{-34}$	J·s	0.60
基本电荷	e	$1.60217733(49) \times 10^{-19}$	C	0.30
电子质量	m_e	$0.91093897(54) \times 10^{-30}$	kg	0.59
电子荷质比	$-e/m_e$	$-1.75881962(53) \times 10^{11}$	C·kg^{-1}	0.30
质子质量	m_p	$(1.6726231(10)) \times 10^{-27}$	kg	0.59
质子荷质比	e/m_p	$9.5788309(29) \times 10^7$	C·kg^{-1}	0.30
玻尔半径	α_0	$0.529177249(24) \times 10^{-10}$	m	0.045
阿伏伽德罗常数	N_A, L	$6.0221367(36) \times 10^{23}$	mol^{-1}	0.59
摩尔气体常数	R	$8.314510(70)$	J·mol^{-1}·K^{-1}	8.4
玻耳兹曼常数	k	$(1.380658(12)) \times 10^{-23}$	J·K^{-1}	8.4
法拉第常数	F	$9.6485309(29) \times 10^4$	C·mol^{-1}	0.30
精细结构常数	a	$7.29735308(33) \times 10^{-3}$		0.045
里德伯常数	R_∞	$1.0973731534(13) \times 10^7$	m^{-1}	0.0012

表 3　常用液体和固体的密度（20℃）

物　质	密度 /kg·m^{-3}	物　质	密度 /kg·m^{-3}	物　质	密度 /kg·m^{-3}
甲醇	792	水银	13546.2	冰（℃）	800～920
乙醇	789.4	铝	2698.9	石英玻璃	2900～3000
乙醚	714	铜	8960	普通玻璃	2400～2700
汽油	710～720	铁	7874	石英	2500～2800
变压器油	840～890	银	10500	钢	7600～7900
甘油	1260	金	19320	黄铜	8400～8700
海水	1025	锡	7298	德银	8880
煤油	800～810	铅	11350	软木	220～260

表 4 液体的比热容

液体	温度 /℃	比热容 /kJ・kg^{-1}・K^{-1}
水	0	4.220
	20	4.182
乙醇	0	2.30
	20	2.47
汽油	10	1.42
	50	2.09
水银	0	0.1456
	20	0.1390
变压器油	0 ～ 100	1.88
甲醇	20	2.47

表 5 常用光源的光谱线波长

光源	λ/nm	光源	λ/nm
低压汞灯	579.07	低压钠灯	589.59
	576.96		588.99
	546.07	H 光谱管	656.28
	491.60		486.13
	435.83		434.05
	407.08		410.17
	404.66	He -Ne 激光器	632.8

表 6 几种常用材料的电阻率和电阻温度系数(20℃)

材料名称	电阻率 ρ/Ω・m	电阻温度系数 α/K^{-1}
银(Ag)	1.59×10^{-8}	3.8×10^{-3}
铜(Cu)	1.67×10^{-8}	3.9×10^{-3}
铝(Al)	2.66×10^{-8}	3.8×10^{-3}
钨(W)	5.65×10^{-8}	4.5×10^{-3}
锰铜(84％Cu,12％Mn,4％Ni)	$\approx 44 \times 10^{-8}$	$\approx 0.6 \times 10^{-5}$
康铜(58.5％Cu,40％Ni,1.2％Mn)	$\approx 48 \times 10^{-8}$	$\approx 0.5 \times 10^{-5}$
锗(Ge)	0.46	-4.8×10^{-2}
硅(Si)	640	-7.5×10^{-2}
石英	7.5×10^{17}	—
玻璃	$10^{10} \sim 10^{14}$	—
木材	$10^{8} \sim 10^{11}$	—
聚四氟乙烯	10^{13}	—

参考文献

[1] 陈金太. 大学物理实验[M]. 厦门:厦门大学出版社,2005.

[2] 厦门大学物理基础实验中心. 大学物理实验[M]. 厦门:厦门大学出版社,2005.

[3] 张兆奎,缪连元,张立. 大学物理实验[M]. 北京:高等教育出版社,2016.

[4] 周殿清. 大学物理实验[M]. 武汉:武汉大学出版社,2002.

[5] 沙定国. 误差分析与测量不确定度评定[M]. 北京:中国计量出版社,2003.

[6] 李金海. 误差理论与测量不确定度评定[M]. 北京:中国计量出版社,2003.

[7] 费业泰. 误差理论与数据处理[M]. 北京:机械工业出版社,2004.

[8] 周剑平. 精通 Origin 7.0[M]. 北京:北京航空航天大学出版社,2004.

[9] 黄昆,谢希德等著. 半导体物理[M]. 北京:科学教育出版社,1958.

[10] 吕斯华等. 基础物理实验[M]. 北京:北京大学出版社,2002.

[11] 赵青生等. 大学物理实验[M]. 合肥:中国科技大学出版社,1993.

[12] 贾玉润,王公治,凌佩玲. 大学物理实验[M]. 上海:上海复旦大学出版社,1987.

[13] 汪建章,潘洪明. 大学物理实验[M]. 杭州:浙江大学出版社,2004.

[14] 罗中杰等. 大学物理实验[M]. 武汉:华中科技大学出版社,2008.

[15] 骆万发,黄钟英. 大学物理实验(第一册)[M]. 厦门:厦门大学出版社,2010.

[16] 丁红旗,张清,王爱群. 大学物理实验[M]. 北京:清华大学出版社,2010.

[17] 唐海燕. 大学物理实验[M]. 北京:高等教育出版社,2011.

[18] 熊晓军,周平和,孙彦清. 大学物理实验[M]. 北京:中国水利水电出版社,2012.

[19] 张晓宏,阎占元. 大学物理实验[M]. 北京:科学出版社,2014.